计算机应用基础

李新功　主编

山东大学出版社

图书在版编目(CIP)数据

计算机应用基础/李新功主编.—2版.—济南:山东大学出版社,2011.9
山东省技工院校统编教材　(2019.9重印)
ISBN 978-7-5607-3433-0

Ⅰ.计…
Ⅱ.李…
Ⅲ.电子计算机—技工学校—教材
Ⅳ.TP3

中国版本图书馆CIP数据核字(2007)第127770号

山东大学出版社出版发行
(山东省济南市山大南路20号　邮政编码:250100)
新 华 书 店 经 销
山 东 和 平 商 务 有 限 公 司 印 刷
787毫米×1092毫米　1/16　17印张　388千字
2011年9月第2版　2019年9月第13次印刷
定价:25.00元

本书编写人员名单

主　编　李新功

参　编　孙红文　王恩林　于春野　陈　静

主　审　刘良俊

前　言

随着信息技术的飞速发展，计算机在经济与社会各个领域发展中的地位日益重要，掌握计算机应用知识和技能是当今社会复合型人才必备的基本技能。

为适应当前职业教育教学改革的需求，我们重新编写了本教材。本教材遵循以就业为导向，以培养学生实际操作技能和自主学习能力为目标的原则，吸收新的教学理念，按照任务驱动模式，精选贴近工作岗位、生活应用与企业实际的案例，对教材内容进行统一架构设计和贯穿引领。本教材内容丰富，条理清晰，图文并茂，易教易学，可作为中高职业院校和各类技术院校计算机应用基础课程教材，也可作为计算机初学者和各类办公人员自学用书及各类电脑培训班的培训教材。

本教材由五个项目组成：计算机基础与 Windows XP 操作系统、Word 2003 文字处理应用、Excel 2003 电子表格应用、PowerPoint 2003 演示文稿应用、计算机网络基础应用。每个项目由 4 至 6 任务组成，每个任务由一个综合性任务或多个主题任务贯穿始终。

本教材建议采用“教、学、做一体化”的专业教学模式，教学学时为 72 学时：计算机基础知识 6 学时，操作系统的使用 10 学时，文字处理应用 20 学时，电子表格处理应用 18 学时，演示文稿应用 10 学时，计算机网络应用 8 学时。可根据学校和学生的实际，合理安排。

本教材项目一由王恩林编写，项目二由孙红文编写，项目三由于春野编写，项目四由陈静编写，项目五由李新功编写。全书由李新功任主编，刘良俊任主审。本教材的编写得到了山东省人力资源和社会保障厅、山东省职业技术培训研究室、山东化工技师学院、山东工业技师学院、山东工程技师学院、山东劳动职业技术学院、山东工业技师学院等单位的大力支持，在此一并表示感谢！

由于时间紧迫及编者水平有限，本教材难免有不足之处，恳请批评和指正！

编　者

2011 年 8 月

目 录

项目一　计算机基础与操作系统

项目背景

现代社会是信息化社会，信息化社会是以计算机的广泛使用为特征的时代，计算机的使用已经普及到人类社会生产、生活的各个领域，融入到人们的学习和工作中，计算机正在改变着人们的生产、生活方式。因此，了解计算机基础知识、掌握基本应用操作是当代信息化社会人们所必须具备的技能。

图 1-1　巨型计算机、台式微型机与笔记本电脑

项目分析

本项目的主要内容是计算机基础知识和操作系统的有关内容，目的是了解计算机系统组成，掌握 Windows XP 基本使用和设置方法，熟练掌握汉字输入方法。本项目是学习和操作计算机应首先掌握的知识和技能，为下一步更好地使用计算机打下良好基础。

项目目标

- 了解计算机系统组成及计算机硬件常见部件和功能
- 掌握 Windows XP 的基本操作，学会控制面板的常用设置
- 理解 Windows XP 系统中文件的概念和作用，熟练进行文件及文件夹管理操作
- 掌握一种汉字输入法，并能熟练进行中、英文文字的录入

项目实战

- 任务一　认识计算机
- 任务二　Windows XP 操作系统的使用
- 任务三　安装计算机软件
- 任务四　汉字输入

任务一　认识计算机

【任务引入】

世纪创新学院计算机专业的李文为自己的爷爷组装了一台台式机电脑，希望退休后的爷爷也能够更好地了解信息化社会，找到新的生活乐趣，但是爷爷对电脑一窍不通，你能帮助他，给爷爷讲讲计算机能干什么事情，它又由哪些部件组成的吗？

【任务目标】

本任务要求了解认识计算机硬件和软件的基本组成与作用，掌握计算机常见硬件设备的名称、功能。主要知识点：计算机硬件、软件的概念，硬件组成，微机主机箱结构及接口名称，存储容量的单位等。

任务操作 1　认识计算机硬件和软件

1. 计算机系统组成

计算机系统是由硬件系统和软件系统两大部分组成，其中硬件是"物质基础"，是计算机系统的实体，软件是"上层建筑"，是计算机系统的灵魂，两部分有机协调合作，能够使计算机迅速、准确、高效地完成各种信息处理工作。图 1-2 为计算机系统组成示意图。

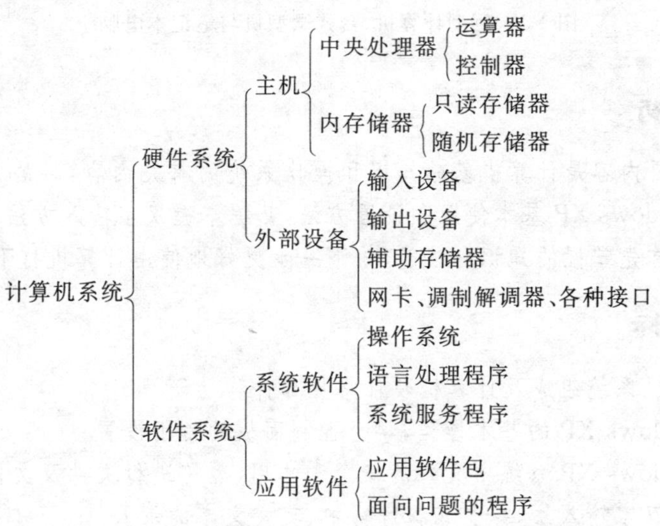

图 1-2　计算机系统组成示意图

知识拓展

发展过程及发展趋势

(1)第一代计算机(1946～1959 年)电子管时期。

(2)第二代计算机(1960～1964 年)晶体管时期。

(3)第三代计算机(1965～1970 年)中小规模集成电路时期。

(4)第四代计算机(1971～至今)大规模和超大规模集成电路时期。

计算机的发展趋势：巨型化、微型化、网络化、智能化。

2. 认识计算机硬件

(1)认识计算机外观

如图 1-3 所示是常见的微型计算机，它由主机、显示器、键盘、鼠标等设备组成。显示器、键盘、鼠标等称为计算机的外围设备，简称为外设，主要负责数据的输入和输出。

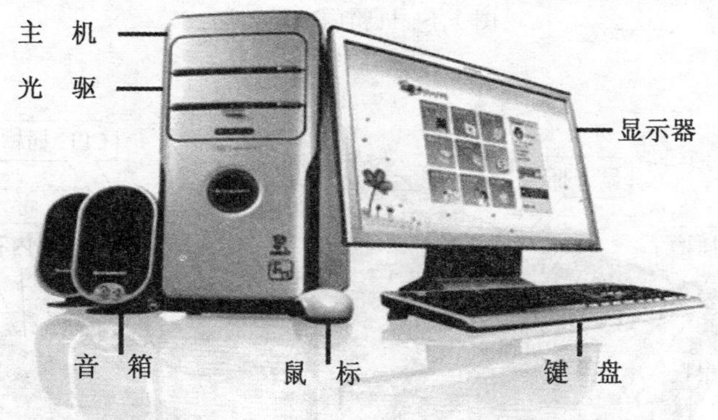

图 1-3　计算机外形图

(2)认识主机

主机就象人的大脑，进行数据运算、信息存储，控制计算机的各种设备协调工作。

如图 1-4 所示的主机箱内部主要有电源、主板、硬盘、光驱等。

(3)认识主板

主板上主要有 CPU 插槽、内存插槽、电源插槽、扩展插槽、硬盘接口、光驱接口和南北桥芯片组等，如图 1-5 所示。

主板背面有键盘、鼠标接口，串行、并行接口，USB 接口，RJ-45 网络接口，耳机和麦克风接口等，如图 1-6 所示。若是集成显卡的主板，还会有显卡接口。其中 USB 接口是通用串行接口，支持即插即用和热插拔，传输速度快，连接灵活，可以连接很多计算机设备。

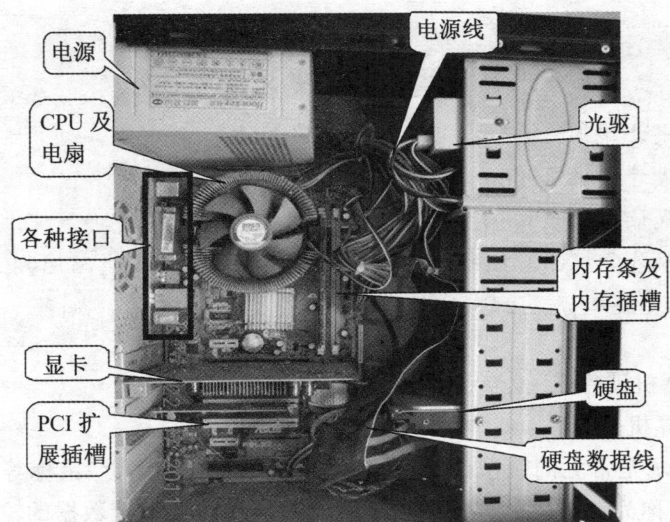

图 1-4　机箱内部结构图

图 1-5　主板结构图

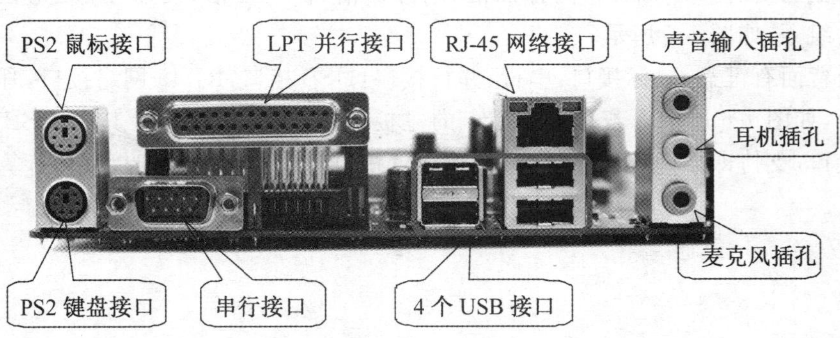

图 1-6　主板背面接口

(4)认识 CPU

中央处理器 CPU(Central Processing Unit)是计算机系统的核心和中枢,内部集成了运算器和控制器。运算器主要负责完成加、减、乘、除等算术运算和"与"、"或"、"非"等逻辑运算;控制器是计算机的指挥控制中心,通过执行指令程序控制计算机各部件实现输入、输出、处理及存储等工作,一台计算机性能的优劣主要取决于 CPU 的好坏。

目前世界上生产 CPU 的厂家主要有 Intel 公司、AMD 公司,其中 Intel 公司占有大部分市场份额,常见产品有 Pentium(奔腾)系列、Celeron(赛杨)系列和酷睿(Core)系列,AMD 公司产品主要有 Duron(毒龙)系列、Athon(速龙)系列、Phenom(弈龙)系列和 Opteron(皓龙)系列。

图 1-7 和图 1-8 分别是 Intel 奔腾 4 和 AMD 速龙 CPU。

图 1-7 Intel Pentium 4 CPU(奔腾 4CPU)

图 1-8 AMD Athlon CPU(AMD 速龙 CPU)

✍ **说明提示**

CPU是衡量计算机性能的重要指标,其发展速度基本符合“摩尔定律”(Intel公司创始人之一戈登·摩尔预测:集成电路的晶体管密度每过18个月就会翻一番,性能提升一倍),从表1-1列出的Intel CPU发展过程可见一斑。

表1-1　Intel CPU发展情况简表

微处理器	发布时间	字长	主频(MHz)	集成度(晶体管数/片)
4004	1971年	4	0.7	2,300
80286	1982年	16	6~25	13.4万
80386	1985年	32	16~40	27.5万
80486	1989年	32	25~100	120万
Pentium	1993年	32	60~233	310万
Pentium Ⅱ	1997年	32	133~450	750万
Pentium Ⅲ	1999年	32	350~550	950万
Pentium Ⅳ	2000年	32	1400以上	4,200万
Itanium 2(安腾)	2002年	64	900~1000	2.2亿
酷睿2双核处理器	2006年	32	1200~3000	2.91亿

而衡量CPU性能的主要指标是字长、主频等。

字长:计算机一次所能处理的二进制位数。字长越长,数据处理精度越高,速度越快。

主频:指CPU的工作时钟频率。主频越快,数据处理速度越快。

(5)认识存储器

存储器是计算机的记忆和存储部件,按照用途可分为主存储器(简称为主存,又称为内部存储器或内存)和辅助存储器(外部存储器或外存)。

● 内部存储器

内部存储器是计算机存放数据和指令的存储部件,通常分为随机存储器(RAM)和只读存储器(ROM),如图1-9所示是RAM和ROM芯片。RAM中的信息可以随时读出或写入,能够存储计算机当前正在操作的程序与数据;而ROM中的信息只能读出不能写入,它存储的信息是芯片生产过程中早就写好的。

RAM主要有动态RAM(DRAM)和静态RAM(SRAM)两大类,DRAM存储容量大,存储速度较慢,但价格便宜,通常提到的内存条大部分都由DRAM构成;SRAM速度快,价格贵,常用于缓存(Cache)。如图1-10所示是台式机和笔记本电脑使用的内存条。

图 1-9　RAM 和 ROM 芯片

图 1-10　内存条

● 外部存储器

在计算机工作时，指令、程序、数据等都要读入到内存中，所有计算机处理的信息都要调入到内存才能进行工作。内存的特点是速度快，能够直接与 CPU 交换数据，但断电后所存储的信息全部丢失，容量小，不能长时间、大容量的保存信息，这就需要保存到可靠性高、存储容量大、能够长久保存的外部存储器中。

常见的外存有硬盘、光盘、移动硬盘、U 盘及各种存储卡等。常见硬盘接口有 IDE、SATA 及 USB 接口等类型，如图 1-11 所示为 IDE 接口的硬盘外形与内部结构图。光盘有 CD-ROM 只读光驱、刻录光驱（CD-R 一次读写型存储器、CD-RW 可反复读写型）、DVD 光驱等。存储移动硬盘与普通硬盘没有本质区别，但经过防震处理，实现即插即用，使用 USB 接口。图 1-12 至图 1-14 是常见的 DVD 光盘和光驱、U 盘及各种存储卡。

图 1-11　硬盘

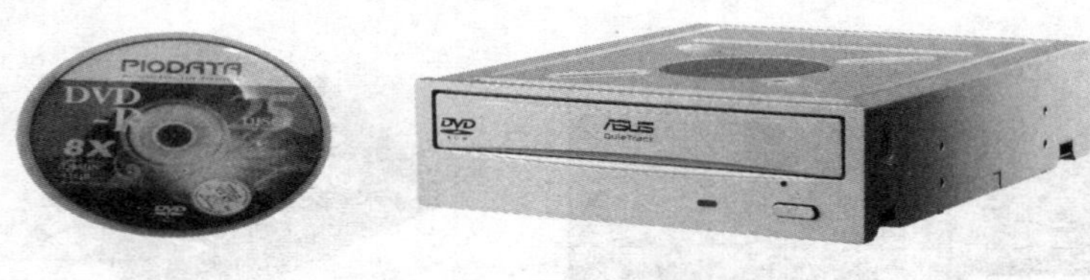

图 1-12 DVD 光盘及光盘驱动器

图 1-13 U 盘

图 1-14 各类存储卡

✍ **说明提示**

计算机中文字、声音、图像等信息都是以二进制形式存在的，计算机常用的基本字符，包括十进制数字、大小写字母、各种运算符号、标点符号及一些控制符等都用 ASCⅡ码（美国标准信息交换码）表示，每个字符用 7 位二进制代码表示。

存储容量的最小单位是一个二进制位（bit），简写为 b，存储容量的基本单位是字节（Byte），依次是千字节、兆字节、吉字节、提字节等，分别用 B、kB、MB、GB、TB 表示，其中：

1B＝8b　1kB＝1024B　1MB＝1024kB　1GB＝1024MB　1TB＝1024GB

(6)输入设备

常见的输入设备有键盘、鼠标、扫描仪、手写板、数字化仪和麦克风、数码摄像机等,负责数据和程序的输入,是计算机与外部设备进行信息交换的主要设备(见图 1-15)。

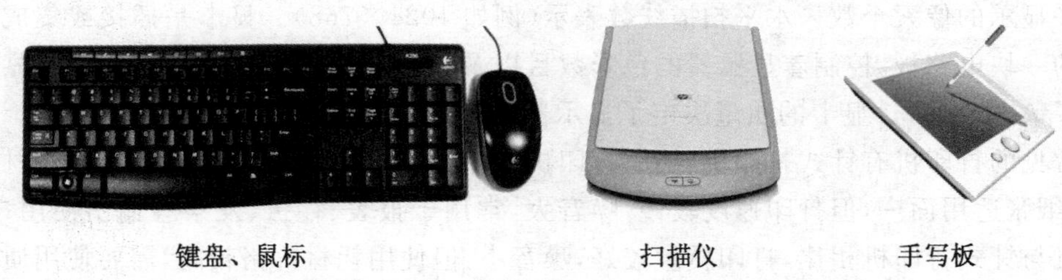

图 1-15　常见输入设备

● 键盘

键盘是计算机最主要的输入设备,承担数据、程序、指令等信息的输入功能。现在多为 104 键盘。

● 鼠标

鼠标是方便易用的点输入设备,目前主要有机械式鼠标、光电式鼠标和无线鼠标,其中机械式鼠标已面临淘汰,而光电式鼠标有光电检测器,在具有反光功能的板材上使用,能够检测鼠标的移动而产生电信号,从而传给计算机,完成光标的同步移动。

键盘以及鼠标的接口类型主要有 PS2 接口、USB 接口和无线接口等,但是无线接口相对于有线来说,价格相对较高,需要额外的电源,必须定期更换电池或充电,而且信号传输相对易受干扰。无线连接的主要方式有红外线、蓝牙、无线电等。

● 手写板与扫描仪

手写板可以同时替代键盘与鼠标,成为功能独立的输入工具。扫描仪是利用光电技术和数字处理技术,以扫描方式将图形或图像信息转换为数字信号的装置。扫描仪和手写板大多为 USB 接口。

(7)输出设备

将计算机处理后的信息以数据、数字、字符、图像、视频、声音等形式输出,常见的输出设备有显示器、打印机、绘图仪等(见图 1-16)。

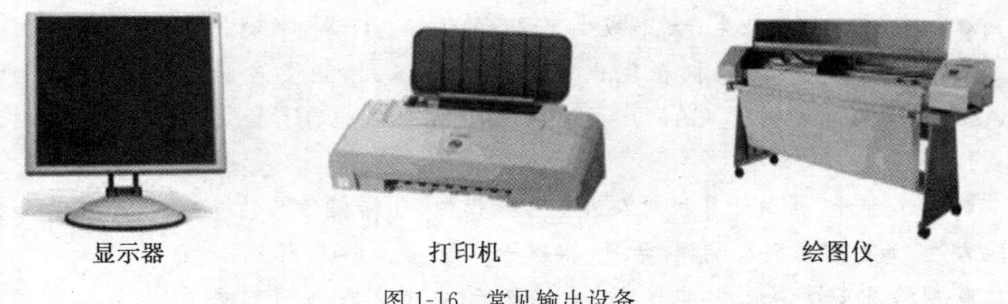

图 1-16　常见输出设备

常见的显示器有 CRT(阴极射线管)显示器、LCD(液晶)显示器、等离子体显示器及 LED(发光二极管)显示器。显示器的常用技术参数有点距、分辨率、刷新频率等技术参数。所谓点距，是指一种给定颜色的一个发光点与离它最近的相邻同色发光点之间的距离，这一点与分辨率是不同的。在任何相同分辨率下，点距越小，图像就越清晰，现在比较常见的显示器点距为 0.28mm 和 0.26mm。分辨率是指单位面积显示像素的数量，通常以水平显示的像素个数×水平扫描线数表示（例如 1024×768）。显卡是插接或集成在主板上的一块电路板，控制着显示器的色彩数目以及显示器的刷新速度。目前主流显卡都采用了 AGP 接口。显卡的质量决定了显示器能否按最佳状态运行。

常见的打印机有针式打印机、喷墨打印机和激光打印机。针式打印机使用耗材价格较低，纸张适用面广，但打印速度较慢，噪音大，常用于报表、存折、发票等输出使用；喷墨打印机与针式打印机相比，打印质量较好，噪音小，但使用耗材价格较高，需要使用质量较好的纸张；激光打印机打印速度快，打印质量高，噪音最低，目前在很多场合可以使用。

3. 认识计算机软件

计算机软件系统是指计算机硬件工作所必需的各种程序以及相关资料的集合，它保存在计算机的外部存储器中，指挥、控制计算机硬件系统按照预定的程序运行、工作，实现用户预定的目标。根据其功能和面向对象可分为系统软件和应用软件两大类。

(1)系统软件

系统软件是管理、监控、维护、协调计算机各部件更有效工作的软件，它为用户提供了计算机操作、使用与开发的工作平台。系统软件主要包括操作系统、数据库管理系统、各种编程语言及其汇编、解释或编译程序等。常见的操作系统有 DOS、Windows、UNIX、Linux 等。

(2)应用软件

应用软件是面向某种应用、具有特定功能、解决某一具体问题的程序，如 Office 办公软件、Photoshop 图像处理、flash 动画制作、AutoCAD 机械制图、360 安全卫士等。

知识拓展

计算机应用领域

● 科学计算：主要用于数学问题的计算，是计算机应用最早的领域。

● 数据处理：又称为信息管理，对信息进行收集、存储和处理等工作，如办公室自动化、企业管理、情报检索等。

● 过程控制：对工业生产过程或生产设备的运行进行实时检测并实施自动控制。

● 辅助工程：指计算机在现代生产领域的应用，主要包括计算机辅助设计(CAD)、计算机辅助制造(CAM)和计算机集成制造系统(CIMS)及计算机辅助测试(CAT)等。

● 人工智能：利用计算机对人进行智能模拟，包括模仿人的感知、思维能力和行为能力等，如语言识别及翻译、学习、推理等。

● 网络及多媒体应用：电子邮件、IP 电话、电子商务、电子政务、BBS 等。

✍ **课堂练习**

1. 完整的计算机系统包括(　　)。

A. 主机和外部设备　　B. 运算器、存储器和控制器

C. 系统软件和应用软件　　D. 硬件系统和软件系统

2. 微机工作过程中突然断电,则(　　)全部丢失,再接通电源也不能恢复。

A. ROM 中的数据　　B. RAM 中的数据

C. ROM 和 RAM 中的数据　　D. 磁盘中的数据

3. 在计算机中,运算器是用来进行(　　)。

A. 算术和逻辑运算的部件　　B. 加减法运算的部件

C. 加减乘除法运算的部件　　D. 乘除法运算的部件

4. 第二代计算机采用的主要器件是(　　)。

A. 电子管　　B. 中小规模集成电路

C. 大规模和超大规模集成电路　　D. 晶体管

5. 光盘驱动器是(　　)。

A. RAM　　B. ROM　　C. CDROM　　D. CPU

任务操作 2　认识键盘

1. 键盘布局

常用的键盘有 104 个键,分为四个区:功能键区、主键盘区、光标控制键区和小键盘区,如图 1-17 所示。

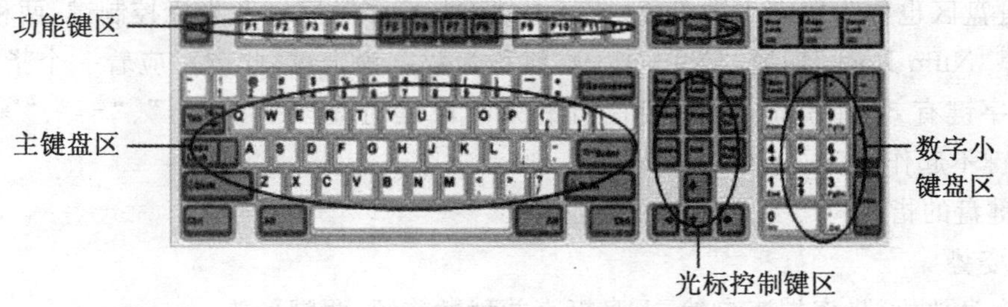

图 1-17　键盘

(1)功能键区

"Esc":放弃键,一般用于取消本次操作。

"F1～F12":在不同的软件环境具有不同的功能,要根据软件的说明去使用。

(2)主键盘区

主键盘区也称打字键区,共有 61 个键位,其键位名称和功能如下:

字母键:26 个,"A～Z",用于输入大小写英文字母或汉字编码。

数字键:10 个,"0～9",主要用于输入数字或序号。

符号键:21 个,用于输入 32 个常用的符号,如"+"、"—"、"?"等。

Windows 专用键"⊞"与"🗎":3 个,专门用于 Windows 系统的操作。

空格键:1 个,用于输入空格,位于键盘下方,最长的一个键。

"Tab"键:表格键,在编辑文档时,按下此键,光标向右跳若干个空格。

"Caps Lock"键:大写字母锁定键,在小键盘上方对应一个指示灯,当此键按下时,指示灯亮,此时输入的字母为大写。

"Shift"键:上下档转换键,用于辅助输入键位上方的字符,如输入"#",则应按下"Shift+3",当键盘处于大写状态时,按下"Shift+A"则输入的是小写字母 a。

"Enter"键:回车键,也叫换行键,在执行命令时,需要按下回车键,计算机才能执行。在编辑文档时,按下此键,则回到下一行。

"Ctrl"键:控制键,此键一般和其他键合用,例"Ctrl+C"为复制选定内容。

"Alt"转换键:和"Ctrl"键类似,一般和其他键合用,例"Ctrl+Alt+DEL"为重新启动机器或结束任务。

"Back Space"键:退格键,按一下此键,光标向后(向左)退一格。

(3)光标控制键区

"Insert"插入/改写键:用于设置插入还是改写字符。

"Delet"删除键:用于删除当前字符。

"Print Screen"屏幕拷贝键:打印屏幕。

"Home"键:光标快速回到行首。

"End"键:光标快速回到行尾。

"Page Up"向上翻页键:上翻一页。

"Page Down"向下翻页键:下翻一页。

(4)小键盘区

小键盘区也称为数字小键盘区,此区上的键复合了数字键和光标控制键,两种键的输入功能靠"Num Lock"切换,"Num Lock"键称为数字锁定键,此键对应着一个指示灯,灯亮时,数字键有效,不亮时,光标控制键有效。该键对此区上的"+"、"-"、"*"、"/"、"Enter"键不起作用。

2. 键盘的指法

(1)姿势

● 全身放松,坐姿端正自然,上身挺直并稍微前倾,两脚平放。

● 两肘贴近身体,下臂和手腕向上倾斜,与键盘保持相同的斜度。

● 手、手腕及手肘应基本保持在一条直线上,手指略弯曲,手指指尖自然轻放在对应的基准键位上,左、右手的大拇指轻轻放在空格键上。

(2)指法

● 基准键位

基准键位指的是位于主键盘区的第三行的 8 个键,如图 1-18 所示,打字时,左、右手的手指分别放置于相应基准键位上,在敲击其他字符键时,都是根据基准键来定位的。

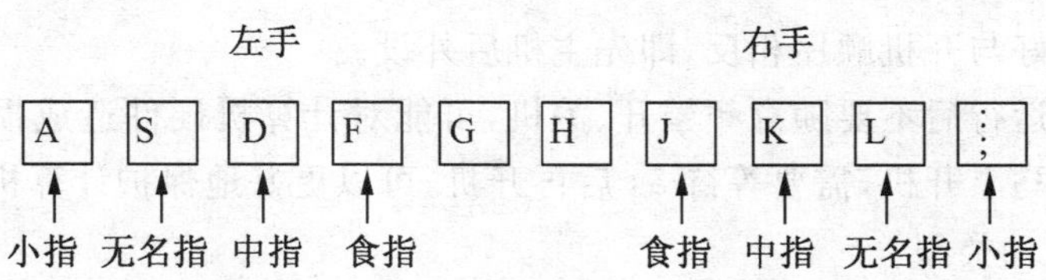

图 1-18　基准键位

● 指法分工

手指分工如图 1-19 所示，手指分工明确，便于操作和记忆。

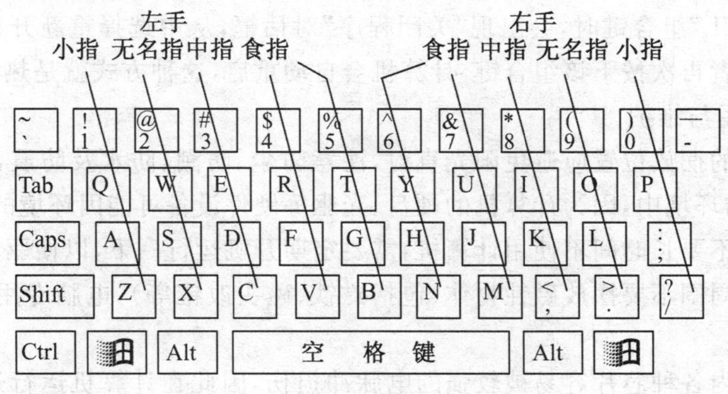

图 1-19　指法分工图

(3)击键要领

● 手腕平直，手臂保持静止，主要是手指动作。

● 手指要保持弯曲，稍微拱起，指尖后的第一关节微成弧形，分别轻轻放在键位中央，手腕要悬起不要压在键盘上。

● 轻轻击键，不可用力过猛。击键要节奏均匀、迅速、轻快、有弹性。

✍ 课堂练习

填空题

1. 基准键有________、S、________、F、________、K、________、________。

2. "Caps Lock"键的作用是________，"Shift"键有________个，作用是________。

3. "Ctrl＋Alt＋DEL"的作用是__________。

4. "Num Lock"键的作用是__________。

操作题

打开金山打字通或 WWT 打字高手等打字练习软件，进行键盘练习和打字练习。

任务操作 3　了解计算机日常维护

1. 开、关机操作

正确的开机顺序为：先外设后主机。即先打开音箱、打印机、显示器等外设后再开主机。关机顺序正好与开机顺序相反，即先主机后外设。

计算机开机运行后不要随意频繁开、关机，可能对计算机硬件造成损伤，并且计算机在关机后也不要马上开机，需要等待 5s 后再开机，可以更好地保护计算机。

2. 计算机启动类型

计算机启动类型主要有冷启动、复位启动和热启动三种方式。

计算机主机箱前面板上有两个按钮，分别是电源按钮“Power”和复位按钮“Reset”。当计算机未加电时，要按电源按钮开机，这种方式是冷启动；当计算机加电后如果需要重新启动计算机时，按复位按钮可以使计算机重新启动，这种方式是复位启动；当按键盘“Ctrl＋Alt＋DEL”组合键时，会出现“关闭程序”对话框，从中选择重新开机、关机或注销用户等操作，或者再次按下该组合键，计算机会自动重启，这种方式就是热启动。

3. 日常使用与维护

(1)计算机的摆放位置应避免阳光直射，注意防尘、防潮、防水及防震，应放置于通风良好便于散热的环境中，因为计算机的硬盘、光驱等硬件设备可能因环境的原因影响计算机的使用寿命，不要长时间不使用计算机，需要定期开机运行一下，以便驱除其内的潮气。

(2)显示器周围不要摆放磁性物体(包括磁铁、磁头改锥等)，电脑专用的防磁音箱则可以。

(3)计算机内各种芯片容易被较强的电脉冲损伤，因此在计算机运行过程中，不要随意带电插拔各种接口卡或外设电缆，当然 USB 接口的设备除外。

(4)擦拭显示器屏幕或键盘时，不要使用酒精、洗衣粉等清洁剂或一切有腐蚀性的溶剂，应该用质地柔软的清洁布和电脑专用清洁剂进行擦拭，一定要注意避免机内进水。

(5)如果触摸计算机内部硬件之前要先放掉身上的静电，禁止电脑运行过程中去触摸主机箱内的硬件。在夏季雷雨天气，最好切断电脑和外部的一切联线，包括电源线、电话线、网线，以避免造成不必要的损失。

(6)不要把重要数据存放到系统盘(C 盘或桌面)，一旦系统崩溃或重装数据将会丢失，要养成将文件进行分类存储的习惯。对于安装的软件也不要全部安装在 C 盘上，以免过多的安装软件会使用 C 盘剩余空间不足，影响机器的正常使用，建议 C 盘最少有 1G 以上的剩余空间。

(7)安装软件过多会导致系统运行速度慢或硬盘空间不足，应定期使用磁盘清理程序或专用工具软件清理垃圾文件、临时文件等。

任务操作 4　认识计算机病毒

由于计算机在现在社会中应用越来越广泛，计算机上的数据和信息安全就越来越重要，特别是计算机病毒对计算机安全的影响和破坏，应该引起高度重视。

1. 什么是计算机病毒

计算机病毒(Computer Virus)是一种人为编制的旨在达到某种破坏目的的计算机程序。它很像微生物病毒，通常寄生在系统文件或某种特定格式文件中，具有隐藏、复制、传播和变异等特点，能够不断消耗、感染和破坏计算机软件和数据资源，使得计算机系统运行速度变慢甚至瘫痪，因此被形象地称为“计算机病毒”。

2. 计算机病毒的特点

(1)破坏性

不同的计算机病毒的破坏性和表现形式也各不相同，主要表现在占用系统资源、干扰系统的运行、破坏计算机的数据、造成系统瘫痪。

(2)传染性

具有很强的再生和变异特性。病毒程序运行过程中，可以不断地进行病毒体的扩散、自我复制并感染其他程序。

(3)潜伏性

计算机病毒程序往往在相当一段时间内潜伏在合法文件中而不被人发现，在潜伏的过程中不断自我复制，通过备份和副本感染其他系统。

(4)激发性

在特定日期、特定时间、特定条件或进行文件的特定操作刺激下可使病毒程序发作。

3. 计算机病毒的种类

(1)引导区电脑病毒

引导区病毒会隐藏并感染启动盘的引导区，这样在系统文件启动以前，电脑病毒已驻留在内存内，以便进行病毒传播和破坏活动。

(2)文件型电脑病毒

文件型电脑病毒又称寄生病毒，通常感染“. EXE”、“. DLL”等可执行文件，每次执行受感染的文件时，电脑病毒便会发作，并且会将自己复制到其他可执行文件中，并且继续执行原有的程序，以免被用户所察觉。

(3)宏病毒

宏病毒专门针对特定的应用软件，特别是针对 Office 办公软件，可感染依附于某些应用软件内的宏指令，并且很容易透过电子邮件附件、文件下载等方式进行传播。

(4)木马病毒

木马病毒通常潜伏在正常的应用程序中，多数有恶意企图，占用系统资源，降低电脑效能，常与黑客工具相结合以窃取用户的密码资料等个人重要信息，远程控制植入木马的计算机，盗取、破坏硬盘内的程序或数据等。

(5)蠕虫病毒

蠕虫病毒是能自行复制和经由网络扩散的程序。随着互联网的普及，蠕虫利用电子邮件系统去复制，例如把自己隐藏于附件并于短时间内通过电子邮件发给多个用户。有些蠕虫病毒会利用软件上的漏洞去扩散和进行破坏。

4. 感染计算机病毒的症状

计算机受到病毒感染后，会表现出不同的症状，甚至是同一种病毒，它的变种和原病毒出现的症状也可能不同，常见的症状如下：

(1)系统运行速度减慢、经常自动重启或者死机。像“新快乐时光”病毒，会感染 HTML、ASP、PHP 等网页文件，被感染的逻辑盘的每个目录都被生成“desktop. ini”、“folder. htt”文件，病毒交叉感染使得操作系统速度变慢。而像“冲击波”、“终结者”等病毒会在启动时自动发作，并会开启上百个线程扫描网络，大量消耗系统资源。

(2)文件型病毒感染可在执行文件后，会增加文件长度。如果发现文件长度莫名其妙地发生了变化，就可能是感染了病毒。并且可执行文件的图标可能发生改变，像“熊猫烧香”病毒或其他变种病毒。

(3)系统无法正常启动，病毒修改了硬盘的引导信息，或删除了某些启动文件。

(4)上网时会不断地弹出若干莫名其妙的网页窗口，并且无法关闭，影响正常的上网。

(5)在机器内存与硬盘空间充足的情况下，经常报告内存不足或提示硬盘空间不够。

(6)硬盘上用户重要数据文件丢失，出现大量来历不明的文件或出现大量莫名其妙的进程。

(7)键盘或鼠标无端地锁死，有些木马病毒会运行键盘或鼠标锁定程序，表现出按键盘或鼠标不起作用。

(8)修改系统文件，无法在计算机上安装反病毒程序，或安装的反病毒程序无法运行，甚至无法上网搜索有关查杀病毒的网页。

5. 计算机病毒的防治

对于已经感染上病毒的计算机，应当采用干净的系统盘启动系统，利用最新杀病毒软件进行清除病毒的相关措施。然而防范重于治疗，在预防病毒传播上需要做很多必要的工作：

(1)由于光盘和可移动磁盘等是主要的病毒传播媒体，因此使用前要谨慎，要用杀病毒程序先进行杀毒，防止病毒侵入感染系统。

(2)经常进行系统升级，修补系统漏洞，安装并及时升级安全补丁程序，可以使用一些常用的工具软件进行维护，如 360 安全卫士、瑞星小助手等。

(3)经常备份主机上的重要数据和文件，定期查杀计算机硬盘及其他存储设备。

(4)不要运行来路不明的软件和打开来路不明的邮件，无论多么诱人的标题或者附件。

(5)正确地配置系统，可以手工或利用安全卫士等工具软件关闭不必要的端口或服务功能，减少病毒入侵机会。

(6)正确配置和使用防火墙、杀毒软件及安全卫士等软件，开启防护功能，经常升级或更新杀毒软件或病毒库等。

任务二　Windows XP 操作系统的使用

【任务引入】

李文同学帮助爷爷安装了一些常用的软件，让爷爷可以打扑克、下象棋、听音乐、看电影，爷爷感觉电脑太神奇了，可以做很多有趣的事情，但是上了年纪的爷爷凡事比较认真，总爱追着小王问这问那，“这个图标是什么意思？”“我没动电脑，屏幕画面怎么突然动起来了？”“这个程序不想要了可以直接删除吗”等问题，可把李文愁坏了，那么，你能帮助李文解决这个难题吗？

【任务目标】

本任务要求熟练掌握 Windows XP 桌面、任务栏、窗口、菜单、对话框等操作，掌握资源管理器的使用方法，理解文件文件夹的概念，熟练地对文件和文件夹进行操作和管理，并学会利用控制面板和磁盘管理工具对计算机进行有效设置和管理。

任务操作 1　认识 Windows XP

Windows XP 负责管理计算机系统的全部资源，控制程序运行，为其他应用软件提供支持等，使计算机最大限度地发挥作用，为用户提供方便、有效、友善的服务界面，它是计算机的使用平台，是设备和程序的"总管"。

1. 认识桌面和图标

(1)桌面

Windows XP 启动后，屏幕上的整个区域称为桌面，如图 1-20 所示。Windows XP 中所有的操作都是从桌面开始的。

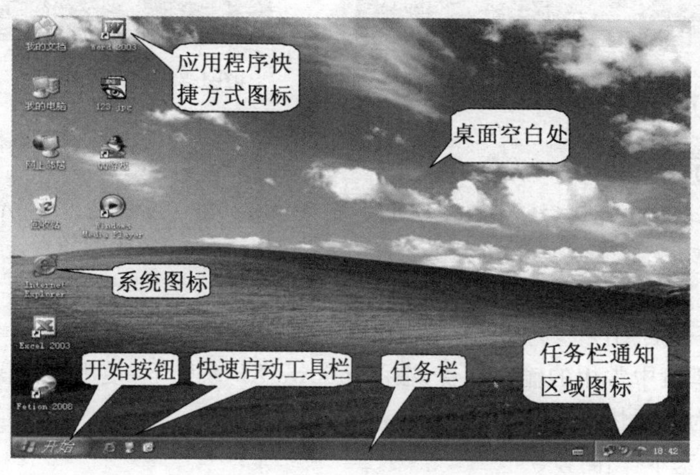

图 1-20　Windows XP 的桌面

(2)图标

桌面上代表文件、文件夹的图形符号就是图标，桌面图标有"我的文档"、"我的电脑"、"网上邻居"、"回收站"、"Internet Explorer"等系统图标，而类似"Word 2003"、"Excel 2003"等为应用程序快捷方式图标。

2. Windows XP 的启动与退出

Windows XP 安装成功后，打开计算机电源就会自动启动系统，并出现 XP 系统桌面。如果用户计算机是局域网联网或有多个用户使用，系统将会提示用户输入用户名和密码进行身份验证。

退出 Windows XP 的正确操作步骤如下：

关闭所有正在运行的应用程序→单击任务栏上的"开始"按钮→从如图 1-21 所示的菜单中选择"关闭计算机"命令→出现"关闭计算机"对话框(见图 1-22)→单击"关闭"按

钮即可关闭计算机。

图 1-21　开始菜单

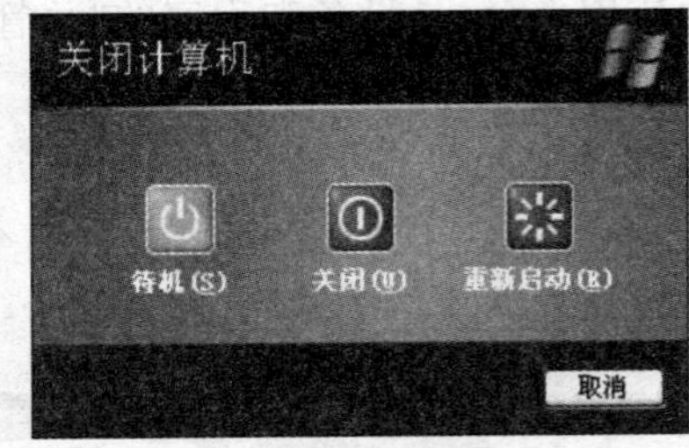

图 1-22　“关闭计算机”对话框

✍ 说明提示

在图 1-21 中单击“注销”按钮，则可以关闭所有的程序，并退出 Windows XP，但系统不会关机，此时可用其他用户身份重新登录 Windows XP 操作系统。

3. 鼠标与键盘操作

鼠标是计算机中常用的输入设备，在 Windows XP 系统下，使用鼠标操作图标、菜单、工具按钮等更为方便快捷。

(1)鼠标的基本操作

- 指向：将鼠标指针移动到某一对象上。
- 单击左键：简称“单击”，快速按下鼠标左键，然后松开。
- 单击右键：简称“右击”，快速按下鼠标右键，然后松开。
- 双击：快速连续地按两下鼠标按键。
- 拖动：将鼠标指针移动到操作对象上，按住鼠标按键不放，移动鼠标到其他位置，然后松开鼠标按键。拖动操作也有按住鼠标左键和按住鼠标右键之分，常用于移动对象或复制对象。

(2)鼠标的基本形状

用鼠标操作时，会出现不同形状的鼠标指针，表 1-2 是各种鼠标指针的含义。

表 1-2　鼠标指针形状

指针形状	含义说明
	系统处于就绪状态，用于指向、单击、双击、拖动等操作
	求助指针，此时指向某个对象并单击，即可显示该项目的帮助说明
	表示当前操作正在后台运行
	表示系统忙，要等待操作完成后，才能接收鼠标操作
I	出现在文本区，用于选择文本或定位插入点
	不可用指针，表示当前操作无效
↕	垂直调整指针，鼠标指向可改变对象上、下边界的大小，出现该指针，拖动可改变对象的纵向大小
↔	水平调整指针，鼠标指向可改变对象左、右边界的大小，出现该指针，拖动可改变对象的横向大小
↘ ↙	对角线调整指针，鼠标指向可改变对象四角的大小，出现该指针，拖动可同时改变对象的纵向和横向大小
	移动指针，鼠标指向可移动对象时出现该指针，拖动鼠标可移动对象
	超级链接指针，鼠标指向超级链接时出现该指针，单击可打开该链接

(3)键盘的基本操作

在 Windows XP 中，除了用鼠标操作，也可以用键盘来操作，大多数键盘操作需要组合键来完成。常用的组合键及其功能如表 1-3 所示。

表 1-3　常用的组合键及其功能

键盘快捷键	功能描述
Ctrl＋Esc	打开“开始”菜单
Ctrl＋Alt＋Del	打开任务管理器
Alt＋Space	打开控制菜单
Alt＋Tab	切换窗口
Alt＋F4	关闭当前窗口
Print Screen	将当前屏幕复制到剪贴板
Alt＋Print Screen	将当前窗口复制到剪贴板
F10	激活菜单栏
Alt	激活菜单栏
Shift＋F10	打开对象的快捷菜单
Ctrl＋A	全选
Ctrl＋C	复制

续表

Ctrl＋X	剪切
Ctrl＋V	粘贴
Ctrl＋Z	撤销

任务操作 2　学会设置任务栏与开始菜单

1. 任务栏基本设置

任务栏默认情况下位于桌面底部，可以通过任务栏的设置操作进行个性化定义。任务栏显示计算机当前正在运行的程序，每执行一个程序，任务栏上就出现该程序图标按钮，如图 1-23 所示，说明打开了“任务二”文档窗口。

图 1-23　任务栏

(1)调整任务栏的大小

默认任务栏位于桌面下方，只能容纳一行按钮，但将鼠标移动到任务栏的上边界，鼠标指针变成“↕”形状时，单击鼠标左键拖动即可调整任务栏的高度。

(2)调整任务栏的位置

在任务栏的空白处单击鼠标左键进行拖动，即可移动任务栏到屏幕的顶部或两侧。

(3)设置任务栏属性

右击任务栏空白处，在快捷菜单中选择“属性”命令，将弹出如图 1-24 所示的“任务栏和开始菜单属性”对话框，选择图 1-24(a)所示的“任务栏”选项卡，用户可以设置任务栏属性。

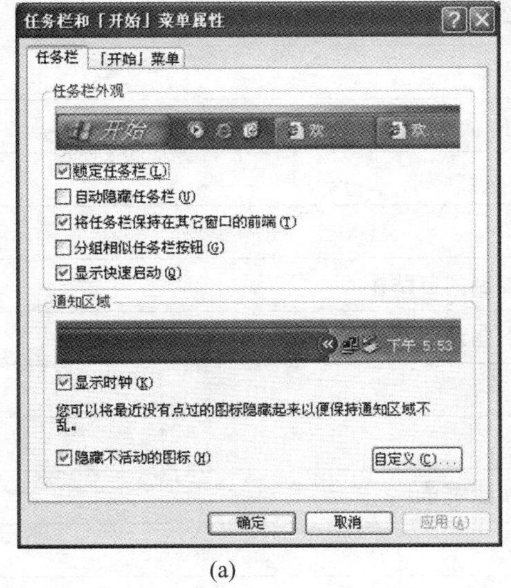

(a)

(b)

图 1-24　“任务栏和开始菜单属性”对话框

● 锁定任务栏：锁定任务栏后，其位置、大小和内容等将不会变化。

● 自动隐藏任务栏：将任务栏隐藏，当鼠标指向它所在的位置时再显示出来。

● 将任务栏保持在其他窗口的前端：保证任务栏始终处于屏幕的最前面，不会被其他打开的窗口所遮盖。

● 分组相似任务栏按钮：可以将性质相似的窗口以组的形式排列在任务栏上。例如，当有 5 个 Word 文档窗口时，可将其合成一组，组的名字为应用程序的名字，数字是组中窗口的数目。当单击这个组时，组中的窗口以下拉菜单的形式显示，如图 1-25 所示。

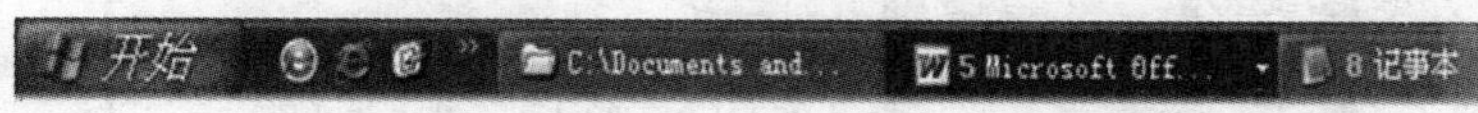

图 1-25　分组相似任务栏

● 显示快速启动：在任务栏左端显示"快速启动"工具栏按钮"　"。

● 显示时钟：在任务栏的右端显示时钟。

● 隐藏不活动的图标：将暂时不用的图标隐藏起来，从而使任务栏的有效长度变大。

(4)定制任务栏的工具栏

在任务栏中还可以放置"链接"工具栏或"桌面"工具栏以及用户自己定制的工具栏。其操作步骤是：右击任务栏→"工具栏"→在子菜单中单击相应选项。此时在任务栏上将显示相应的工具栏。

2. 开始菜单基本设置

"开始"按钮位于任务栏的最左侧，单击"开始"按钮将打开"开始"菜单，如图 1-21 所示，包含了用户能够快速方便开始工作的几乎所有命令，通常包含程序、文档、设置、搜索、帮助、运行、注销和关闭系统等部分。

为照顾 Windows 操作系统早期用户，Windows XP 保留了过去的"开始"菜单样式，如图 1-24 右图所示，可以通过选择"经典开始菜单"进行设置。

任务操作 3　认识窗口、菜单和对话框

1. 窗口的组成和操作

窗口是应用程序的执行而呈现的界面，用户每打开一个文件夹或运行某个程序都会打开一个窗口，通过窗口提供的菜单、命令等来进一步完成其他操作。

(1)窗口的组成

窗口组成：标题栏、菜单栏、工具栏、地址栏、工作区、状态栏等。有时在窗口中还会出现水平滚动条和垂直滚动条，如图 1-26 所示。

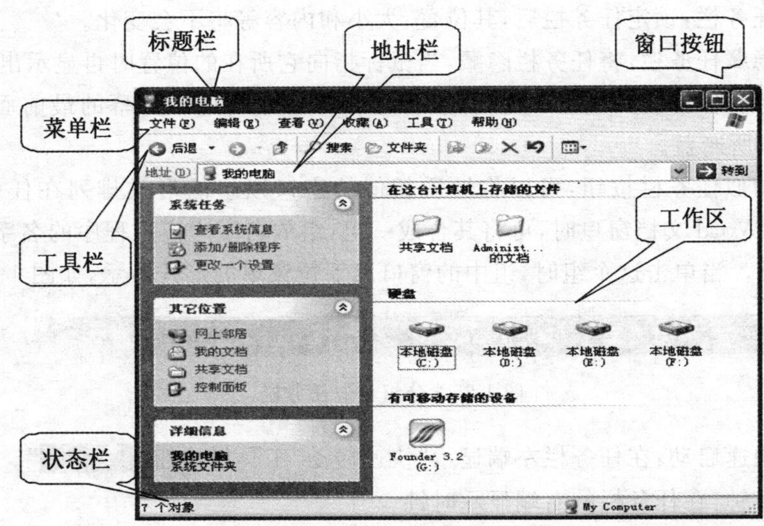

图 1-26 我的电脑窗口

● 标题栏：位于窗口的最上方，显示窗口的名称，提供窗口的控制命令。其左端是控制菜单按钮，右端有最小化、最大化或还原、关闭按钮。

● 控制菜单按钮“”：不同的窗口其图标不同，但控制菜单是相同的，如图 1-27 所示。

还原(R)
移动(M)
大小(S)
最小化(N)
最大化(X)
关闭(C) Alt+F4

图 1-27 窗口控制菜单

● 最小化按钮“”：单击该按钮可以将窗口缩小为任务栏上的一个图标。

● 最大化“”或还原“”按钮：当窗口处于最大化时，该按钮显示为“还原”，否则该按钮显示为“最大化”。

● 关闭按钮“”：单击该按钮可以关闭窗口，退出该程序。

● 菜单栏：位于标题栏下方，分类放置了该窗口的功能命令。不同的应用程序窗口的菜单栏有不同的菜单项，但很多窗口都有“文件”、“编辑”、“帮助”等。

● 工具栏：工具栏可以说是图形化的快捷菜单。系统将常用命令以工具按钮图标的形式分类组织在不同的工具栏中，供用户选用。工具栏常常设有显示/隐藏开关，有些程序窗口还允许用户改变工具栏的位置和自己定义工具按钮。

● 状态栏：位于窗口的底部，显示当前窗口的状态或帮助信息。

● 窗口工作区：显示窗口的操作对象。

● 滚动条：当前窗口的大小不能显示全部工作区对象时，才会出现滚动条，以便滚动查看。滚动条有垂直滚动条和水平滚动条两种。

● 窗口边框：是区分窗口内、外的边界，拖动它可以改变窗口的大小。

(2)窗口的操作

● 改变窗口的位置：鼠标指向窗口标题栏单击并进行拖动至目标位置。

● 改变窗口的大小：除单击标题栏上的“最大化”、“还原”、“最小化”按钮，还可以将鼠标移动到窗口边框,指针分别变成“↔ ↕ ⤢ ⤡”时,按住鼠标左键拖动来改变窗口的大小。

● 排列窗口:要将多个窗口整齐地排列在桌面上,可以使用排列窗口命令。其操作方法为:

右击任务栏空白处→出现如图 1-28 所示的快捷菜单→选择“层叠窗口、横向平铺窗口、纵向平铺窗口”三种窗口排列方式。

工具栏(T) ▶
层叠窗口(S)
横向平铺窗口(H)
纵向平铺窗口(E)
显示桌面(S)
任务管理器(K)
✔ 锁定任务栏(L)
属性(R)

图 1-28　任务栏快捷菜单

● 切换窗口:在打开多个窗口中,只有一个窗口是当前窗口,它的标题栏颜色是鲜艳的,该程序在前台运行,其他窗口中的程序则在后台运行。要在不同窗口间切换,有以下几种方法。

方法一:单击任务栏上对应的窗口图标按钮。

方法二:单击后台窗口的标题栏等窗口可见部分。

方法三:按“Alt+Tab”组合键逐个浏览窗口标题切换。

● 关闭窗口:对于应用程序窗口来说,关闭窗口意味着终止程序的运行。

方法一:利用菜单命令“文件”→“关闭”。

方法二:单击窗口标题栏的关闭按钮。

方法三:双击控制菜单按钮。

方法四:按 Alt+F4 快捷组合键。

方法五:右击任务栏对应程序图标,在弹出的快捷菜单中单击“关闭”命令。

2. 菜单操作

(1)菜单命令使用约定(表 1-4)

表 1-4　　菜单命令使用约定

菜单符号	菜单功能
分组线———	菜单中常通过分组线将菜单项分成几组
黑色菜单项	表示目前操作状态下可以使用的命令
灰色菜单项	表示目前操作状态下不能使用的命令
选中标记✔	复选框按钮,表示目前正在起作用的标记,可以有多个选中标记
选定标志·	单选按钮选项,表示目前正在起作用的标志,只能有一个选中标记
省略号标记…	表示打开带有该标记的菜单项后会弹出一个对话框
三角形标记▶	表示有下级子菜单
快捷键标记	表示该菜单项可以通过键盘快捷命令来执行
折叠标记	不常用的命令项通常折叠起来,以减少占用屏幕空间,如果要使用被折叠的菜单项,可将鼠标指向该标记等待一会儿或单击该标记

(2)菜单的操作

● 用鼠标选择菜单:用鼠标单击菜单栏中菜单名,打开菜单,然后指向所选命令项,再单击。

● 用键盘选择菜单:菜单栏中每个菜单名后面都有一个带下划线的字母,按住 Alt 键加对应的字母键即可打开功能菜单,再使用光标键选择菜单命令,按回车键。

● 取消菜单:用鼠标单击菜单外部任意区域或按 Esc 键。

3. 对话框操作

对话框是用户与程序之间进行信息交互的界面,如图 1-29 所示。

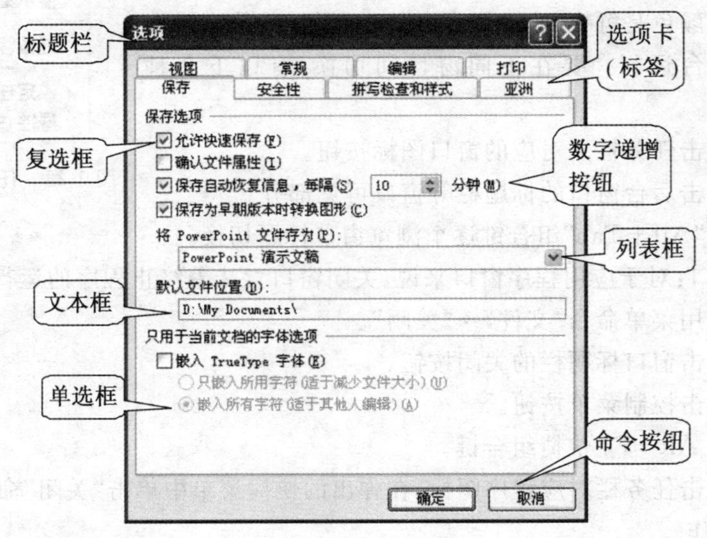

图 1-29　对话框

(1)标题栏:位于对话框最顶部,左侧显示对话框名称,右侧有“帮助”和“关闭”按钮。

(2)文本框:是输入文字的区域。单击该区域,文本框中出现插入点光标,可输入文字。

(3)列表框:列出可供用户选择的项目。当可选项较多时,有的列表框带有滚动条,有的是右侧带一个下三角的下拉式列表框。在选取时,要先打开下拉式列表框或拖动滚动条找到需要的项目,再单击它。

(4)单选框:一组带有圆圈的互斥选择项目,其中圈中有小黑点的是被选中的项目。

(5)复选框:带有小方框的选择项目,其中框中有勾的是被选中的项目。复选的含义是在该选项组中可以同时选中多个。要取消已选取的项目,只需再次单击该复选框即可。

(6)数字增减按钮:是一个带有增、减按钮的数字文本框。用户可直接在该框中输入数字,也可以单击其中的上、下箭头按钮增加或减少一个数字单位。

(7)滑块:有一个可以左右移动的滑块,鼠标拖动滑块可以改变数值,是数值增减按钮的另一种表现形式。

(8)选项卡(标签):对话框内容较多时可用选项卡将其分类,标签就是选项卡的标题,只要单击标签就可以切换到该选项卡。

(9)命令按钮：一般数情况下只有“确定”、“取消”、“应用”按钮。

- 确定按钮：使当前对话框设置生效，结束并关闭对话框。
- 取消按钮：放弃当前对话框的设置，结束并关闭对话框。
- 应用按钮：当前对话框的设置生效，不关闭对话框，继续进行其他设置。

问题思考

对话框与窗口有何异同？注意比较其标题栏、菜单栏、大小设置等方面。

课堂练习

1. 用鼠标在桌面上指向、单击、双击、右击、拖动“我的电脑”，再在其他图标上试一试。
2. 分别按“Ctrl＋Esc”、“Ctrl＋Alt＋Del”组合键看看会有什么反应。
3. 在我的电脑窗口中分别按“Alt＋Space”、“Alt＋F4”组合键。
4. 调整任务栏的大小和位置，设置任务栏属性为不显示时间、自动隐藏任务栏。
5. 打开“我的电脑”窗口，调整“我的电脑”窗口的大小、位置。

任务操作 4　文件管理与资源管理器

文件是 Windows XP 中信息存储的基本单位，是一组相关信息的集合，具体表现为程序、文档、图片、声音及视频等形式。

文件管理是操作系统的重要功能之一，而 Windows XP 操作系统通过“我的电脑”与“资源管理器”两种途径对系统中的文件和文件夹进行管理。资源管理器采用树状管理机制对文件和文件夹进行管理，这样便于分类管理，提高搜索文件的速度。

说明提示

文件命名规则

(1)文件名由文件主名和扩展名两部分组成，主名与扩展名之间用小数点隔开，如果文件名中包含多个小数点，则最右端一个小数点后面的部分是扩展名。

(2)文件名最多由 255 个字符组成，这些字符可以是字母、数字、空格、汉字和一些特定符号，其中英文字母不区分大小写。

(3)文件名中不允许使用下列字符：*、?、\、/、"、＜、＞、:、。、|。

(4)在同一文件夹下不能有重名的文件。

1. 启动资源管理器

方法一：单击“开始”→“所有程序”→“附件”→“Windows 资源管理器”命令。

方法二：右键单击“开始”按钮，从右键菜单中选择“资源管理器”命令。

方法三：按下"田"键＋"E"组合键。

方法四：右击桌面上"我的电脑"、"我的文档"或者任何一个文件夹图标→从快捷菜单中选择"资源管理器"。

2. 资源管理器窗口

资源管理器窗口如图 1-30 所示，左侧窗格显示"文件夹"列表，右侧窗格显示左侧所选文件夹的内容。

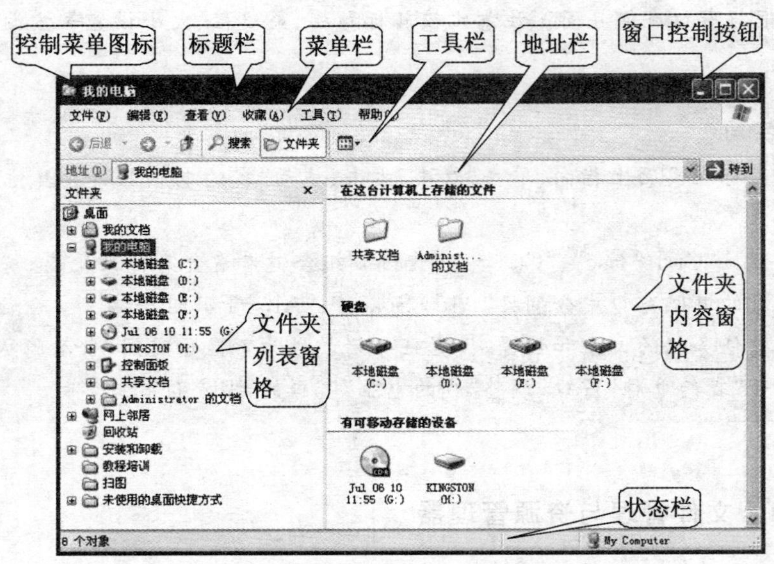

图 1-30 "资源管理器"窗口

3. 资源管理器操作

(1)文件夹展开与折叠

图 1-30 中左侧窗格的"＋"或"－"标志，凡是含有"＋"标志的表示该文件夹中还包含有子文件夹，可单击"＋"图标展开。含有"－"标志的表示该文件夹已经被展开，可单击"－"图标进行折叠。

(2)文件显示方式

文件和文件夹在资源管理器中的显示方式有"缩略图、图标、平铺、列表和详细资料"等几种。操作方法是：

- 单击"查看"菜单→打开如图 1-31 左图所示的菜单设置切换显示方式。
- 单击"工具栏"上的"查看"按钮"▦▾"→从下拉列表中选择显示方式。

缩略图：一种直观显示方式，其中图片类型的文件以缩略内容替代文件的图标，不用打开文件就能看到它的大致内容。

平铺、图标、列表：这三种都是图标加文件名称的显示方式，区别是图标的大小以及文件名称显示位置的不同。

详细资料：包括文件的显示图标、文件名称、大小、类型和修改日期信息。

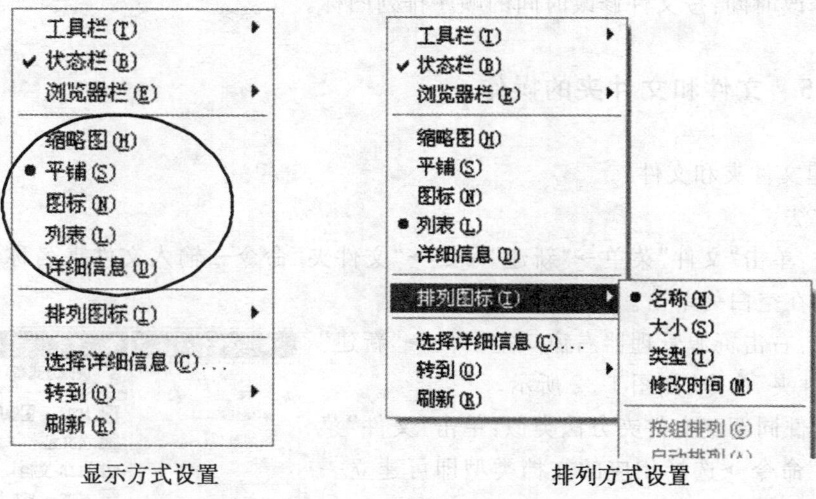

图 1-31　“文件显示方式”与“文件排列方式”设置

知识拓展

常见文件类型

文件类型通过文件扩展名进行区分，不同类型的文件可以采用不同的应用程序打开，并且显示为不同类型的文件图标，下表显示出常见的文件类型。

图标	文件类型	扩展名	图标	文件类型	扩展名
	文本文件	. txt		Excel 工作簿	. xls
	位图文件	. bmp		演示文稿	. ppt
	网页文件	. htm (. html)		电子文档	. pdf
	Word 文档	. doc		压缩文件	. rar
	Flash 动画	. swf		图像文件	. jpg

(3)文件排列方式

排列图标可以方便分类和查找，如图 1-31 右图所示。操作方法为：

选择“查看”菜单→“排列图标”命令→选择“名称”、“大小”、“类型”、“修改时间”排列方式。

- 按名称排列：按文件主名字符的字典顺序排列图标。
- 按大小排列：按文件的大小排列图标。
- 按类型排列：按文件扩展名字符的字典顺序排列图标。

● 按修改时间：按文件修改时间的顺序排列图标。

任务操作 5　文件和文件夹的操作

1. 新建文件夹和文件

操作方法：

方法一：单击“文件”菜单→“新建”命令→“文件夹”命令→输入文件夹名称→按回车键或用鼠标在空白处单击。

方法二：右击资源管理器右窗口空白处→“新建”命令→“文件夹”命令，如图 1-32 所示。

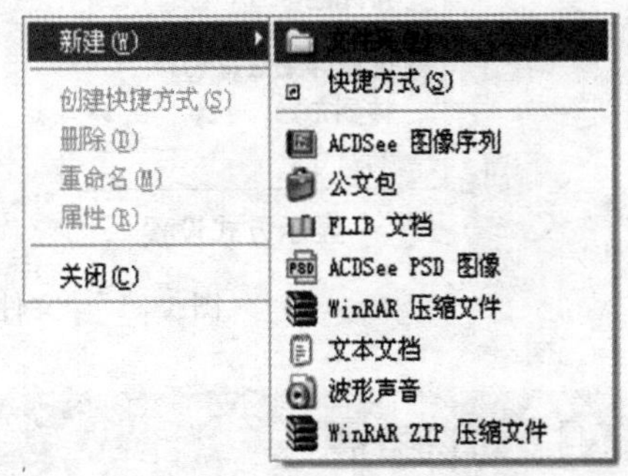

图 1-32　新建菜单

新建文件同新建文件夹方法类似：单击“文件”菜单→“新建”命令→选择相应的文档类型即可建立一个名为“新建 xxx”的文档→输入文件名称即可。

2. 文件或文件夹的选择

● 选定单个文件或文件夹：单击文件或文件夹。

● 选定多个连续文件或文件夹：单击选中第一个文件或文件夹，按住“Shift”键，然后单击最后一个文件或文件夹，则介于第一个和最后一个文件或文件夹之间的所有文件或文件夹都被选中，如图 1-33(a)所示。

● 选定多个不连续的文件或文件夹：按住“Ctrl”键再单击选定其他的文件或文件夹，如图 1-33(b)所示。

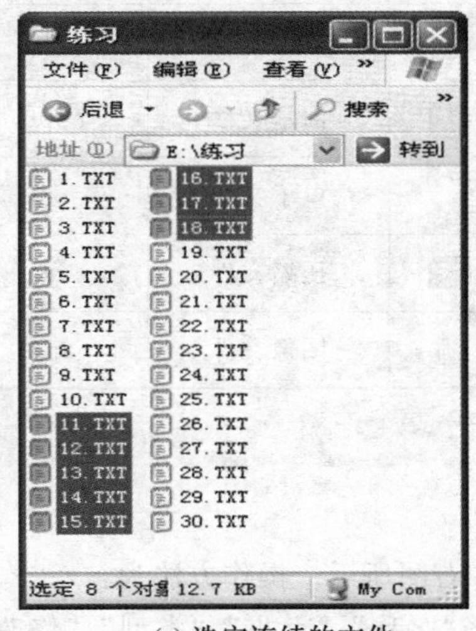

(a) 选定连续的文件

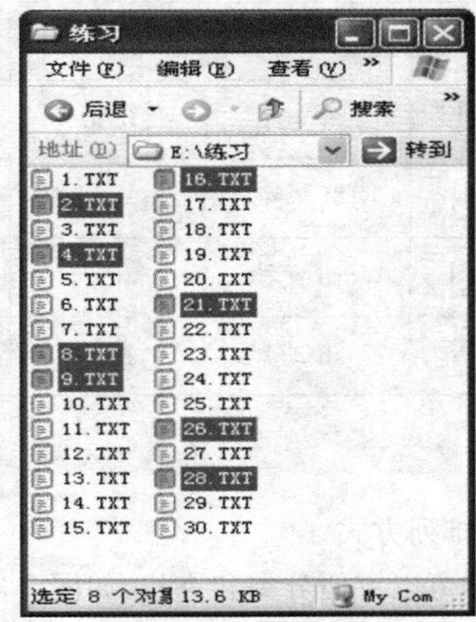

(b) 选定不连续的文件

图 1-33　选定多个文件

3. 移动和复制文件、文件夹

“剪贴板”是系统在内存中保留的一块公共区域，用于交换数据，可以使用“剪切”、“复制”、“粘贴”等操作完成相关数据交换功能。

(1)复制操作

打开“资源管理器”窗口→选定要复制的文件或文件夹→单击“编辑”菜单→“复制”命令→在目的位置选择“编辑”菜单→“粘贴”命令。

(2)移动操作

打开“资源管理器”窗口→选定要移动的文件或文件夹→单击“编辑”菜单→“剪切”命令→在目的位置选择“编辑”菜单→“粘贴”命令。

技能拓展

文件复制或移动的其他方法

利用快捷菜单:在选择的文件或文件夹上右击,在弹出的快捷菜单中选择“复制”命令或“剪切”命令。

利用工具按钮:工具栏上单击“复制”按钮或“剪切”按钮。

利用快捷键:在键盘上按“Ctrl+C”或“Ctrl+X”。

利用鼠标左键拖动:

- 在同一驱动器上进行直接拖动,实现移动操作。
- 在不同驱动器上进行直接拖动,实现复制操作。
- 按住“Shift”键进行拖动,实现移动操作。
- 按住“Ctrl”键进行拖动,实现复制操作。

利用鼠标右键拖动:

右键单击拖动选定的文件或文件夹至目的文件夹→出现快捷菜单

复制到当前位置(C)
移动到当前位置(M)
在当前位置创建快捷方式(S)
取消

→选择相应复制或移动操作即可。

4. 删除文件(文件夹)

选定要删除的文件或文件夹,采用下列方法之一:

(1)“文件”菜单→“删除”命令。

(2)右键快捷菜单选择“删除”命令。

(3)直接按“Delete”或“Del”键。

一般情况下,删除文件时会弹出如图 1-34 所示的“确认文件删除”对话框,确认删除就单击“是”按钮,文件被放到回收站中。

图 1-34　确认文件删除对话框

知识拓展

回收站的有关内容

回收站是系统在硬盘中开辟的一块存储区域，用于暂存被删除的文件或文件夹。

清空回收站：打开回收站→"文件"→"清空回收站"。

还原操作：打开回收站→选定需还原的文件→"文件"→"还原"。

直接删除文件：按"Shift +Del"键或按"Shift"并拖动要删除的文件至回收站，这样删除的文件就不进回收站了，实现直接删除。

5. 重命名文件或文件夹

方法一：选中需重命名的文件或文件夹→"文件"菜单→"重命名"

方法二：选中需重命名的文件或文件夹→右击→从快捷菜单中选择"重命名"

方法三：选中需重命名的文件或文件夹→再单击文件名称位置→文件名称出现插入符→重命名即可。

说明提示

● 如果当前计算机文件的扩展名显示出来，在对文件进行重命名操作时，要注意文件扩展名不要改变。如果改变或丢失，会出现提示"如果改变文件扩展名，可能会导致文件不可用的"的警告提示。

● 为避免上述操作错误，可将文件扩展名隐藏起来，操作方法是：在"资源管理器"里→"工具"菜单→"文件夹选项"命令→出现"文件夹选项"对话框→"查看"选项卡→设置选中"隐藏已知文件类型的扩展名"复选框。

● 同样的方法也可以设置扩展名显示出来。

6. 设置文件或文件夹的属性

选中文件或文件夹→"文件"菜单→"属性"命令，出现如图 1-35 所示的文件属性对话框→选择设置"只读"、"隐藏"等属性。

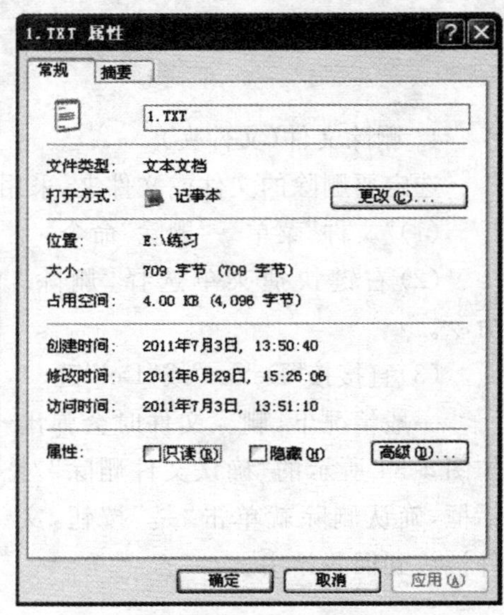

图 1-35 "文件属性"对话框

7. 查找搜索文件或文件夹

要想在存储了成千上万个文件的磁盘上快速查找所需要的文件，可以使用系统提供的搜索功能，查找文件和文件夹的具体存储位置。

(1)打开"搜索"窗口

可以使用以下任意一种方法：

● 单击"开始"按钮→"搜索"命令。

● 在"我的电脑"或"资源管理器"窗口中，单击工具栏中" 搜索 "按钮。

● 选定要搜索的磁盘或文件夹，选择"文件"→

“搜索”命令。

上述操作会出现如图 1-36 所示的“搜索结果”窗口。

图 1-36　“搜索结果”窗口

(2)指定搜索条件

搜索条件可以使用单个条件或多个条件组合查找。

● 在“要搜索的文件或文件夹名为”文本框中，输入要查找的文件或文件夹名称。可以用通配符“?”、“*”来实现模糊查找，例如“*.doc”表示所有 Word 文档，“*.txt”代表所有文本文件。

● 在“包含文字”文本框中，输入要查找文件所包含的某些文字。

● 选中“日期”复选框，按照文件创建和访问的指定日期范围查找。

● 选中“类型”复选框，会展开选择文件类型的下拉列表框，如图 1-36 所示，选择某种类型的文件即可查找特定类型的文件。例如要查找“*.doc”类型的文件，在这里需选“Microsoft Word 文档”。

● 选中“大小”复选框，可以指定要查找文件的大小。

(3)指定搜索范围

在“搜索范围”下拉列表中，指定查找的驱动器范围或某一文件夹。

选中“搜索选项”中的“高级选项”复选框，可设置是否搜索系统文件夹、隐藏文件夹以及下级子文件夹。

设置好搜索条件及搜索范围后，单击“立即搜索”按钮，开始查找，在右窗格显示查找的结果，对查找到的文件可以使用文件的基本操作对其进行设置。

8. 创建文件、文件夹的快捷方式

所谓快捷方式是利用图标链接一个应用程序或文档，通过双击或单击此图标来启动它所链接的对象。用户可以在桌面上、“开始菜单”和文件夹中创建程序或文档的快捷方式。

举例：在桌面建立“画图”程序的快捷方式，可以采用以下几种方式。

● 采用“快捷菜单”完成

右击桌面空白处→从快捷菜单中选择“新建”→“快捷方式”→出现“创建快捷方式”的对话框，如图 1-37(a)所示→在“请键入项目所在位置”对话框中输入程序的位置和名称或者单击“浏览”按钮选择文件所在位置(画图程序位置和名称为：“C:\Windows\system32\mspaint.exe”)→单击“下一步”→出现“选择程序标题”对话框，如图 1-37(b)所示→输入快捷方式的名称即可。

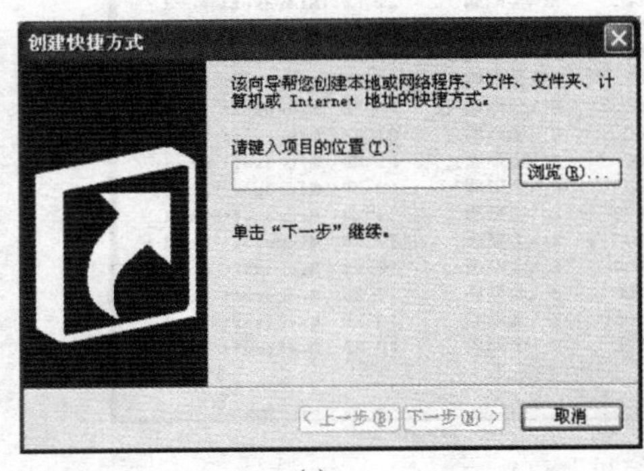

(a)

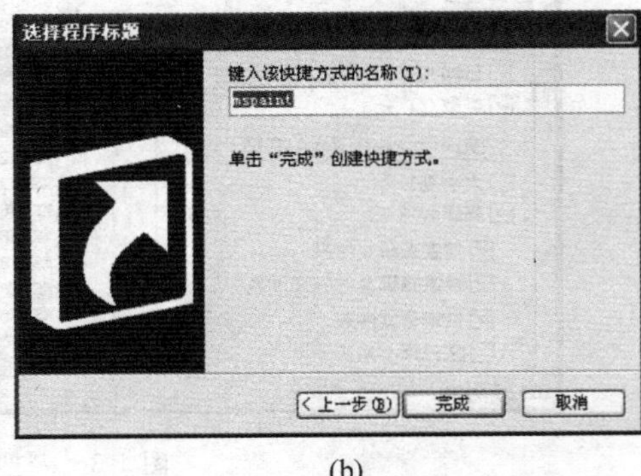

(b)

图 1-37 “创建快捷方式”与“选择程序标题”对话框

● 采用“发送到”完成

在“资源管理器”中定位“画图”程序所在位置→选择“Mspaint.exe”→右击从快捷菜单中选择“发送到”→“桌面快捷方式”。

● 采用“右键拖动方式”完成

在“资源管理器”中定位“画图程序”所在位置→选择“Mspaint.exe”→右击并拖动图标至桌面→出现快捷菜单→选择“创建快捷方式”。

✍ 说明提示

由于画图程序“mspaint.exe”是处在 Windows XP 的系统文件夹中，在进行拖动时，注意一定要选对文件，避免将系统文件夹中的文件误操作。

✍ 课堂练习

选择题

1. 在 Windows XP 的应用程序窗口中，要关闭该窗口，可以用鼠标双击(　　)。

A. 标题栏　　B. “控制菜单”按钮　　C. 菜单栏　　D. 边框

2. 用记事本程序制作的文件默认类型是(　　)。

A. txt　　B. doc　　C. gif　　D. bmp

3. 在“资源管理器”左窗格中，若文件夹图标前带有加号(+)，则表示该文件夹(　　)。

A. 含有下级文件夹　　B. 仅含文件

C. 是空文件夹　　D. 不含下级文件夹

4. 在 Windows 中打开一个菜单后，表示有下级子菜单的标识是(　　)。

A. 菜单右侧有一组英文提示　　B. 菜单左侧有一个黑点

C. 菜单右侧有一黑三角　　D. 菜单左侧有一个 V

5. 在“资源管理器”右窗格中，若单击了一个文件，又按住“Ctrl”键并单击了第六个文件，则(　　)。

A. 有 0 个文件被选中　　B. 有 6 个文件被选中

C. 有 1 个文件被选中　　D. 有 2 个文件被选中

6. 在 Windows 中，当一个窗口已经最大化后，下列叙述中错误的是(　　)。

A. 该窗口可以被关闭　　B. 该窗口可以移动

C. 该窗口可以最小化　　D. 该窗口可以还原

填空题

1. Windows 中的剪贴板是________中的一块区域。

2. Windows 中下文件名最多可以使用________个字符。

3. 在 Windows 中回收站是________中的一块区域，通常用于存放________。

4. 复制、剪切、粘贴命令的快捷键分别是________、________、________。

操作题

1. 在 D 盘上建立“LX”文件夹，在“LX”文件夹中分别建立名为“STUDENT”、“EXAM”的文件夹。

2. 在“STUDENT”文件夹中建立名为“PASSWORD”的文本文档，内容自定。

3. 在“STUDENT”文件夹中建立名为“PICTURE”的位图文件，内容自定。

4. 将“PASSWORD”文本文档复制到“EXAM”文件夹中，并将其属性设置为只读。

5. 打开记事本程序，输入自己的姓名、性别、年龄，并以“个人简介”为文件名保存到“STUDENT”文件夹中。

6. 在桌面上创建“个人简介”文本文档的快捷方式。

7. 搜索 D 盘上的以“P”开头的且长度不大于 100kB 的所有文件。

任务操作 6　设置控制面板

控制面板是 Windows XP 中用以设置系统功能的关键组件，通过它可以更好地了解、配置和使用计算机。

单击“开始”→“控制面板”，即可打开“控制面板”窗口，如图 1-38 所示。

图 1-38　“控制面板”窗口

1. 显示设置

打开“控制面板”→双击“显示”图标→打开“显示属性”对话框→选择设置“主题”、“桌面”、“屏幕保护程序”、“外观”及“设置”选项卡，如图 1-39 所示。

● “主题”选项卡：主题是系统预置好的桌面风格、壁纸、屏保、鼠标指针、系统声音事件、图标等集合。

● “桌面”选项卡：用来设置桌面的背景图案以及桌面图标，背景图片显示方式有居中、平铺、拉伸 3 种。

● “屏幕保护程序”选项卡：对于 CRT 显示器而言，长时间地显示一个静止画面，对显示器有损害的。利用屏幕保护程序可以设置机器空闲一段时间后启动屏幕保护程序，从而达到保护显示器的目的。可以选择“在恢复时使用密码保护”复选框将在激活屏幕保护程序时锁定你的计算机。重新开始工作时，系统将提示键入密码进行解锁，而屏幕保护密码和用户登录密码是相同的。

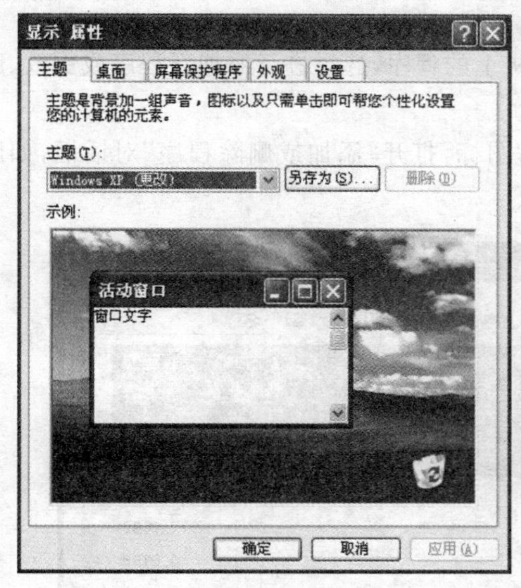

图 1-39　显示属性之“主题”与“屏幕保护程序”选项卡对话框

2. 鼠标的设置

在“控制面板”中，双击“鼠标”图标，打开“鼠标属性”对话框，如图 1-40(a)所示。

● 在“鼠标键”选项卡中可以设置“切换主要和次要的按钮”、“双击速度”等常见鼠标操作，其中“双击速度”可以通过调节滑杆实现，利用右侧的文件夹图标“📁”进行测试。

● 在“指针”选项卡上可以改变鼠标指针方案，使鼠标指针更具个性化。

3. 日期与时间设置

在“控制面板”中，双击“日期和时间”图标，打开“日期和时间”对话框，如图 1-40(b)所示，可以选择设置年份、日期与时间等，也可以在“时区”选项卡中设置当前所处的时区。

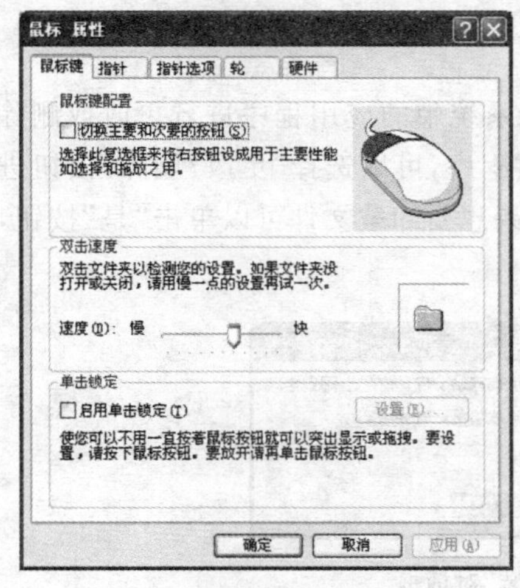

(a) “鼠标属性” 对话框

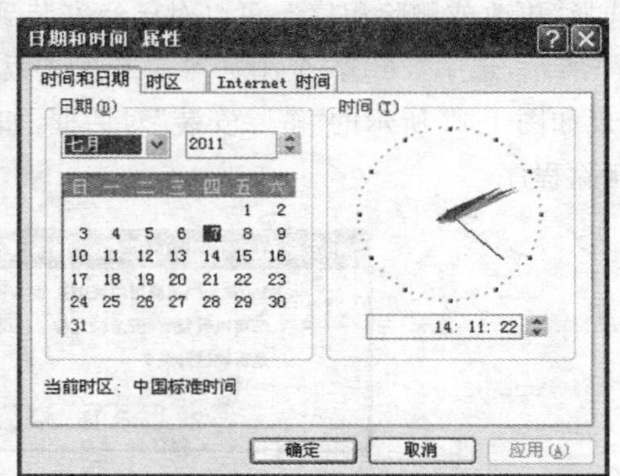

(b) “日期与时间属性” 对话框

图 1-40

4. 添加或删除程序

添加或删除程序可以帮助用户管理计算机上的程序，选择进行添加新程序或更改、删除已有的程序。

在“控制面板”中，双击“添加或删除程序”图标，打开“添加或删除程序”对话框，如图1-41所示。

图 1-41　“添加或删除程序”对话框

● 更改或删除程序

选择“更改或删除程序”，可以对已经安装到系统中的应用程序进行更改或删除。如图1-41所示，选中“360安全浏览器 3.0 正式版”程序，可以选择“更改/删除”按钮进行设置，出现如图1-42所示的“解除安装”对话框，如果想要卸载文件可以单击“是”按钮，即可实现删除程序。

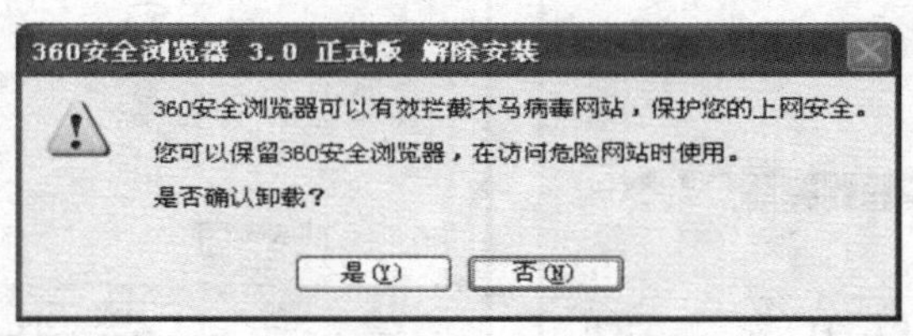

图 1-42　“解除安装”对话框

● 添加/删除 Windows 组件

如果用户是以管理员身份(系统默认的管理员账户为 Administrator)登录，则可以设置进行“添加/删除 Windows 组件”的操作。如图 1-43 所示的“Windows 组件向导”对话框中，根据有关系统组件左侧复选框中的指示标志，按照安装向导提示可以选择添加或删除。

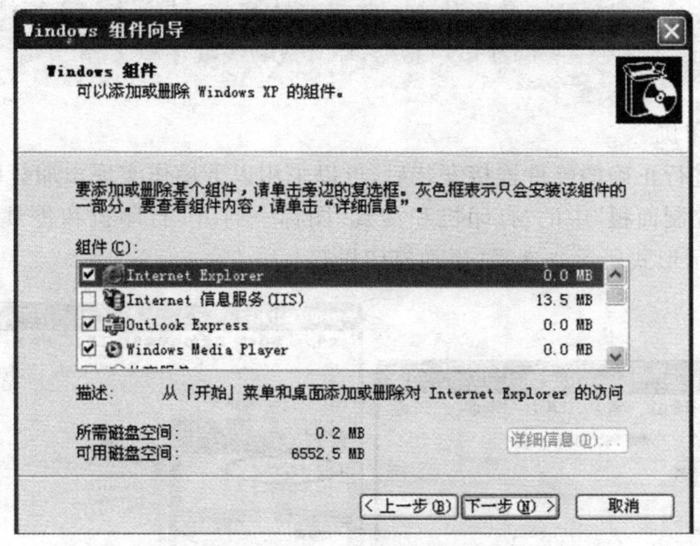

图 1-43　“添加/删除 Windows 组件”对话框

5. 添加字体

(1)双击“控制面板”中的“字体”图标→打开“字体”窗口。

(2)选择“文件”菜单→“安装新字体”命令→出现“添加字体”对话框，如图 1-44(a)所示。

(3)在“驱动器”列表框中选择需要安装字体文件所在的磁盘位置→在“文件夹”列表框中选择新字体所在的文件夹，如图 1-44(b)所示。

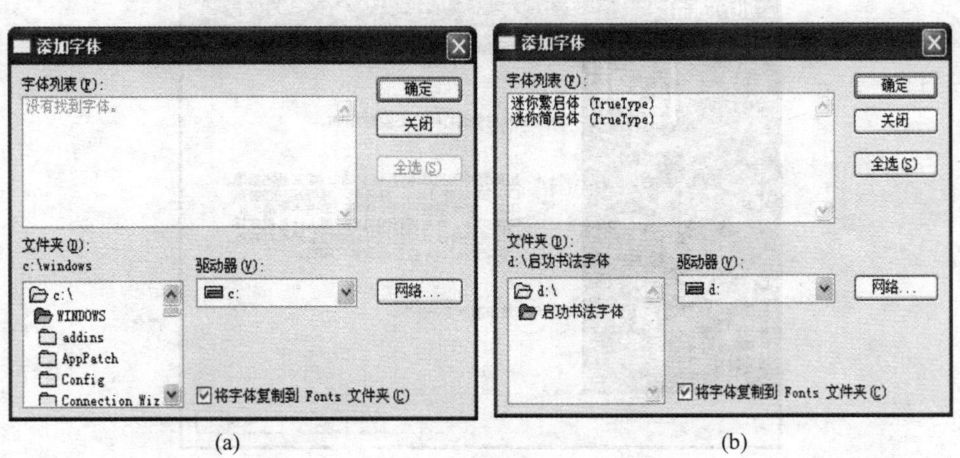

图 1-44　“添加字体”对话框

(4)在“字体列表”选中要安装的字体→勾选“将字体复制到 Fonts 文件夹”复选框→按“确定”按钮。

技能拓展

安装字体的简便操作

打开需要安装字体所在的文件夹→选定安装字体→“Ctrl＋C”复制→打开“c:\windows\fonts”文件夹→“Ctrl＋V”粘贴，即可成功安装字体文件

6. 添加打印机

打印机在进行正确的硬件连接安装后，可以采用以下操作实现添加打印机。

(1)双击“控制面板”中的“打印机和传真”图标→打开“打印机和传真”窗口，如图 1-45 两种窗口显示形式所示→选择“添加打印机”。

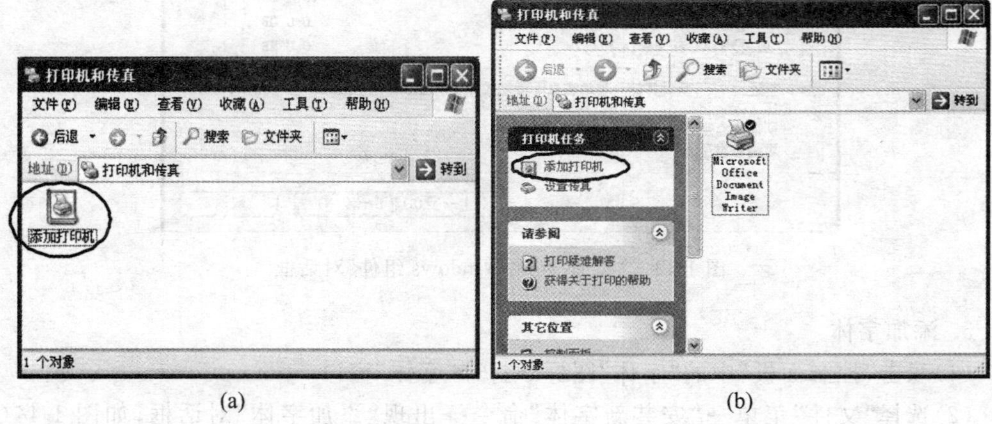

(a) (b)

图 1-45 “打印机和传真”对话框

(2)出现如图 1-46 所示“添加打印机”向导之一:选择“下一步”。

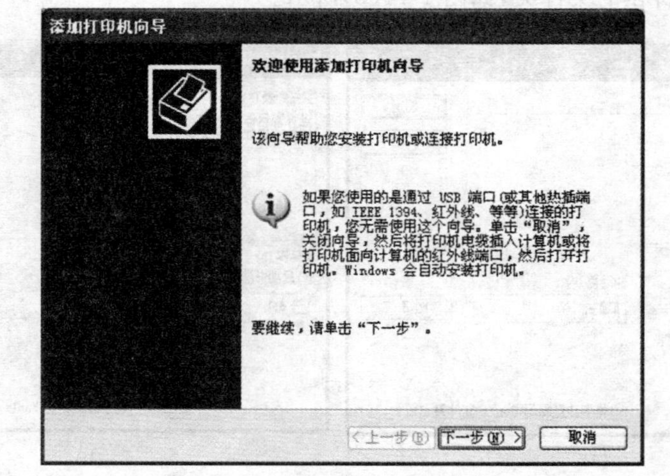

图 1-46 添加打印机向导之一“欢迎使用添加打印机向导”

(3)出现“添加打印机”向导之二:选择“连接到此计算机的本地打印机”或者“网络打印机或连接到其他计算机的打印机”，如图 1-47 所示是选择“本地打印机”，如果当前计

算机已连接打印机，可以选择“自动检测并安装即插即用打印机”，但如果未连接，可以不勾选该复选框，选择“下一步”。

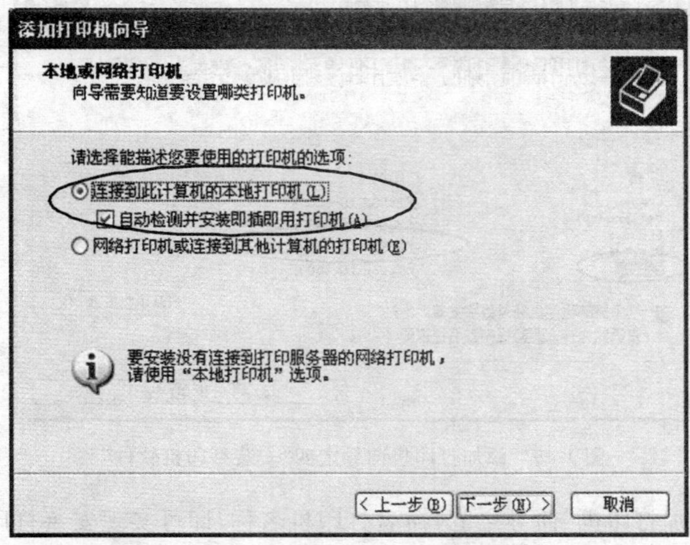

图 1-47 添加打印机向导之二“本地或网络打印机”

(3)出现“添加打印机”向导之三：选择打印机端口，如图 1-48 所示，选择的是默认的并行“LPT1”端口。

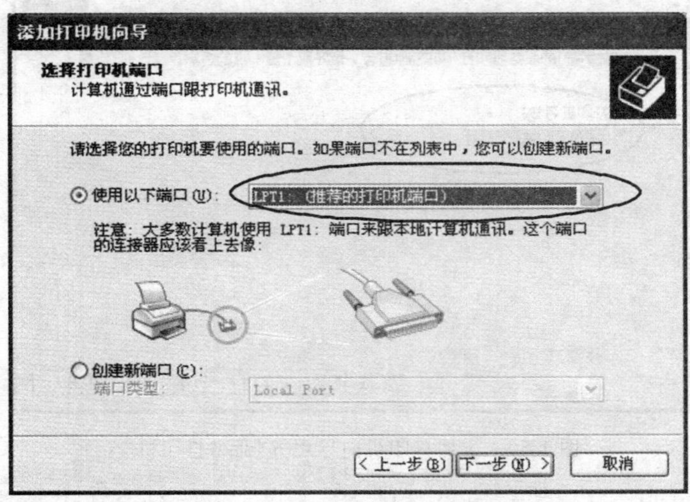

图 1-48 添加打印机向导之三“选择打印机端口”

(4)出现“添加打印机”向导之四：选择打印机生产厂商及打印机型号，如图 1-49 所示，选择的是厂商“EPSON”的“LQ-1600KIII”打印机。

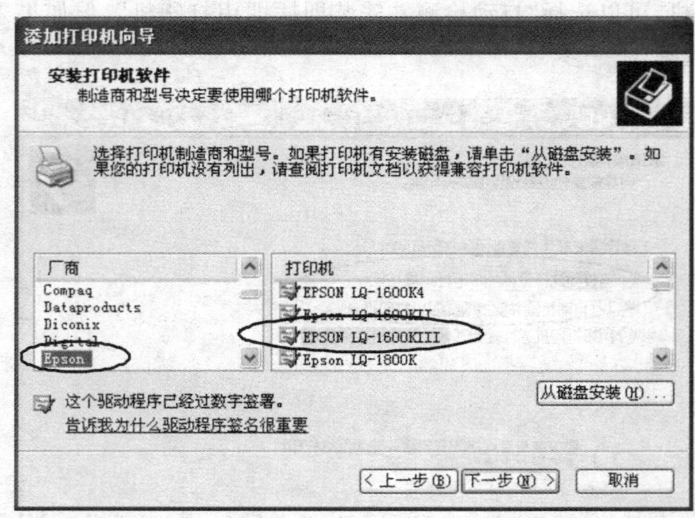

图 1-49　添加打印机向导之四“安装打印机软件”

(5)出现“添加打印机”向导之五:命名打印机名称,即可实现安装打印机,如图 1-50 所示。

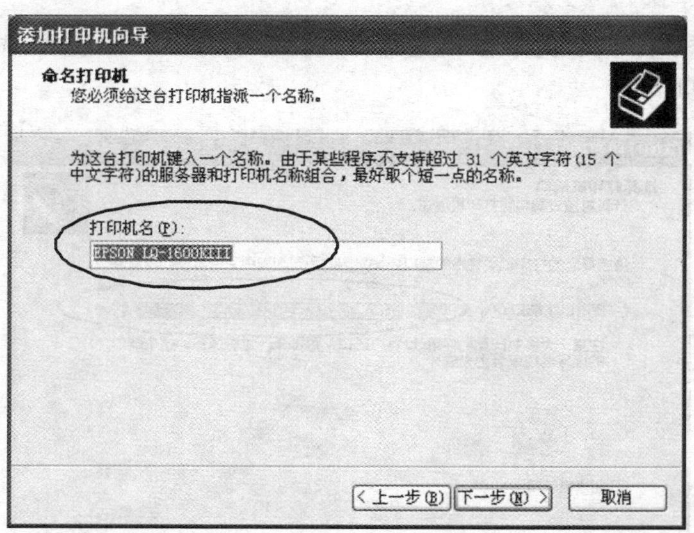

图 1-50　添加打印机向导之五“命名打印机”

技能拓展

设置默认打印机

当计算机上安装多个打印机后,需要设置“默认打印机”,可以通过以下操作完成:选中打印机图标→右击→选择设置为“默认打印机”。

✍ 课堂练习

1. 设置 Windows XP 主题为“Windows 经典”。

2. 使用“画图”程序创建宽为 5cm、高为 6cm 的画布，在其上画一个边框为红色，中心为绿色的标准圆，并以“几何图形”为文件名，扩展名为“.bmp”，保存在“我的文档”中。

3. 将“几何图形”文件设置为桌面背景，尝试使用“平铺”、“拉伸”和“居中”三种显示效果。

4. 设置屏幕保护程序为“三维文字”，文字内容为“Welcome”并设置其方式。

5. 设置鼠标的左右键切换功能操作，并设置属于自己的双击速度。

6. 从网上下载“华文新魏”字体，并进行安装。

7. 学会安装添加 HP LaserJet 6P 打印机。

任务操作 7　学会磁盘管理

使用 Windows XP 提供的磁盘管理工具，可以对磁盘进行清理、维护和优化。

1. 磁盘清理工具

磁盘清理工具可以帮助用户删除系统临时文件和不再使用的程序，释放磁盘空间。其操作步骤如下：

(1)单击“开始”按钮→“所有程序”→“附件”→“系统工具”→“磁盘清理”命令，打开如图 1-51 所示的对话框，选择要清理的驱动器，单击“确定”按钮，打开“磁盘清理”对话框，如图 1-52 所示。

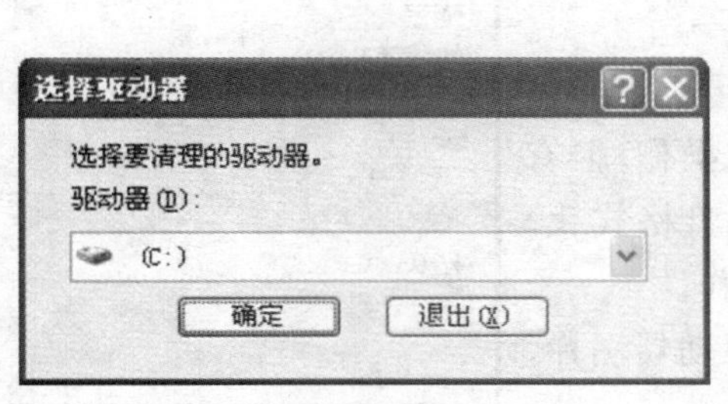

图 1-51　“选择驱动器”对话框

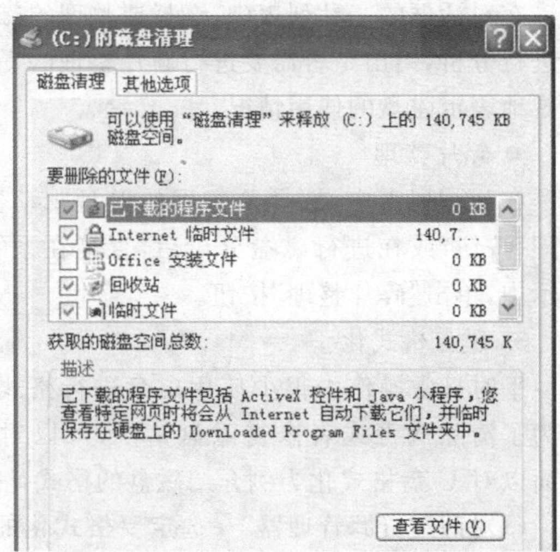

图 1-52　“磁盘清理”对话框

(2)选择“磁盘清理”选项卡→从“要删除文件”下拉列表中选择类别→单击“查看文件”按钮，确认所包含的文件→单击“确定”按钮→弹出“磁盘清理”确认对话框→单击“是”

按钮，进行删除。

2. 磁盘碎片整理

用户频繁地在磁盘上新建、删除文件，会造成文件在磁盘上存储位置的不连续，这就是所谓的磁盘碎片，它影响数据的存取速度。碎片整理可以重新安排文件的存储位置，优化磁盘。

● 启动磁盘碎片整理程序

单击“开始”按钮→“所有程序”→“附件”→“系统工具”→“磁盘碎片整理程序”命令，打开如图 1-53 所示的“磁盘碎片整理程序”窗口。

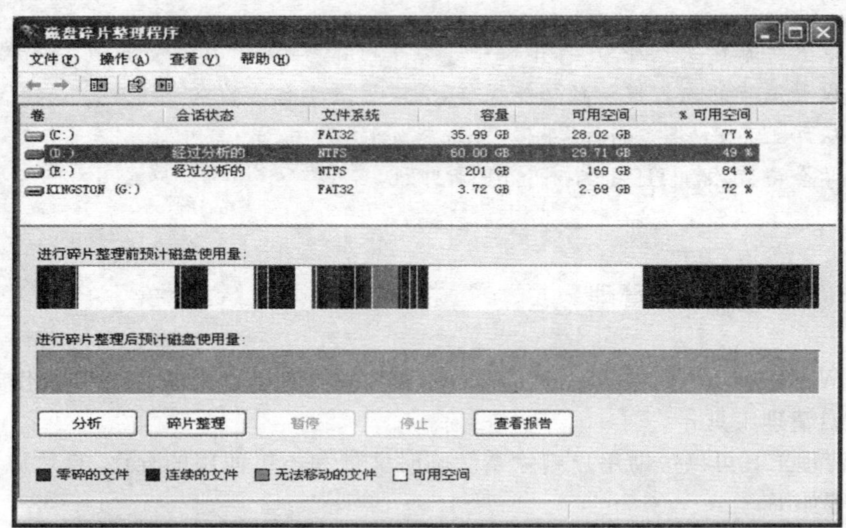

图 1-53 “磁盘碎片整理程序”窗口

● 分析是否需要碎片整理

在对话框的“卷”列表中，选择要整理的磁盘驱动器，单击“分析”按钮，对磁盘存储状态进行分析，给出是否需要进行碎片整理的提示，并生成分析报告，同时用几种不同颜色直观地表示磁盘的使用情况。

● 碎片整理

在“卷”列表中，选择要整理的磁盘驱动器，单击“碎片整理”按钮，或在进行磁盘分析后，直接在系统的分析结果提示中，单击“碎片整理”按钮。

3. 磁盘格式化

平时日常操作中很少使用磁盘进行格式化操作，但有时为了清除病毒或者修复磁盘错误，可以对磁盘格式化。下面以对 U 盘格式化为例介绍磁盘的格式化操作。

(1)打开“资源管理器”→选定要格式化的驱动器图标，如 G 盘。

(2)选择“文件”菜单→“格式化”命令，出现如图 1-54 所示对话框。

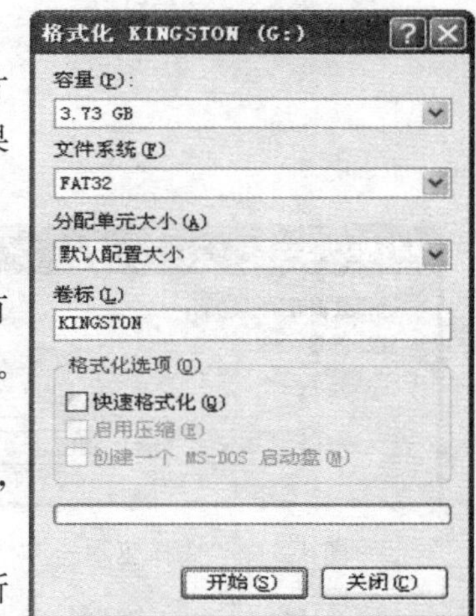

图 1-54 “格式化”对话框

(3)选择“容量”、“文件系统”及“分配单元大小”下拉列表框中所需参数→在“卷标”文本框中输入磁盘的卷标→在“格式化选项”中选择格式化方式→单击“开始”按钮，即可进行格式化操作。

✍ 说明提示

格式化操作会使磁盘上的信息全部消失，因此一定要慎重使用该操作，一般没有特殊情况不要对磁盘进行格式化操作，以免造成不必要的损失。

任务三　安装计算机软件

【任务引入】

李文同学成功地帮助爷爷从一名“电脑文盲”变成了一名“准电脑高手”，他基本掌握了 Windows XP 系统的操作使用，把自己使用的各种数据文件进行了有机分类管理，并制作了“夕阳红”图片设置成自己的电脑桌面，但是这位“准高手”似乎并不满足，“Windows XP 系统是怎么安装到计算机中的呢？”“我平时使用的‘Office 办公软件’、‘360 安全卫士’等程序是如何安装到计算机上的呢？”。

【任务目标】

本任务要求学生掌握常用计算机软件的安装方法和过程，了解 Windows XP 系统的安装方法，能根据软件的安装说明掌握一些常用应用软件和工具软件的安装方法，如 Office 2003 办公软件、WinRAR 压缩解压缩软件、360 安全卫士等。

任务操作 1　安装 Windows XP

1. 光盘启动安装

(1)将 Windows XP 安装光盘插入光驱(BIOS 中要设置启动顺序为光盘启动)→光盘启动后将自动运行安装程序，如图 1-55 所示→按“ENTER”键。

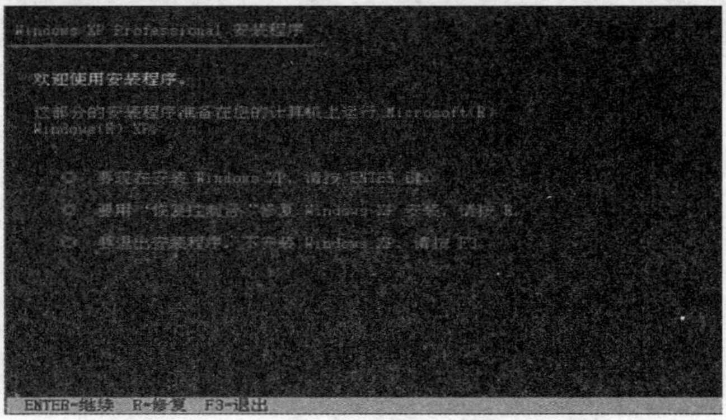

图 1-55　Windows XP 安装菜单

(2)出现如图 1-56 所示“Windows XP 许可协议”信息→选择“F8”键表示同意协议。

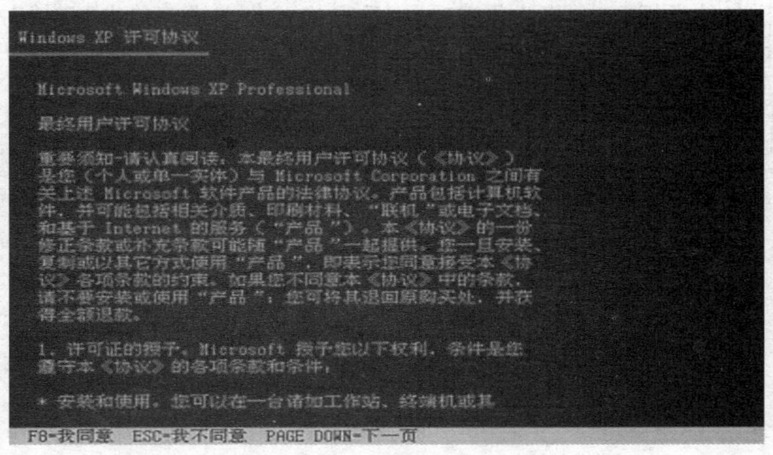

图 1-56　Windows XP 安装许可协议

(3)用“向下或向上”箭头方向键选择安装系统所用的分区，一般情况下选择系统盘在 C 分区，按“Enter”键，系统将复制文件到目标盘分区，如图 1-57 所示。

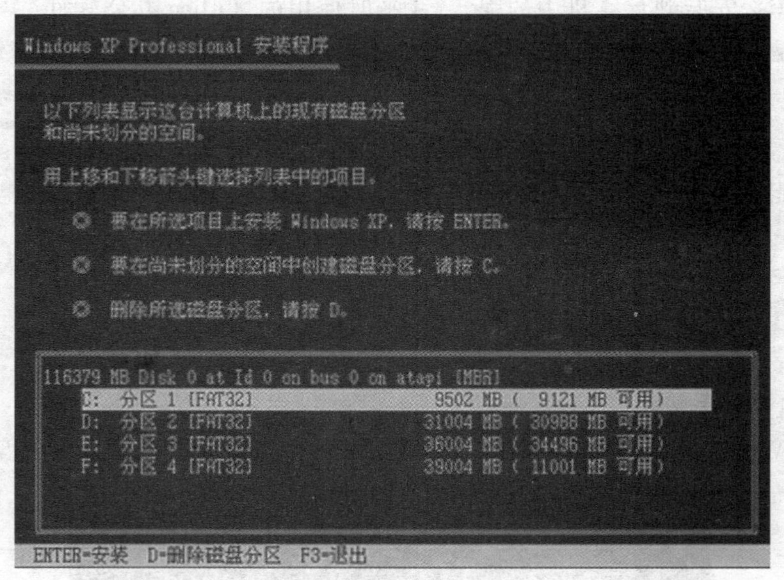

图 1-57　选择目标磁盘分区

(4)出现 Windows XP 系统安装过程界面→在安装过程中会出现要求输入“您的产品密钥”窗口，如图 1-58 所示→按照系统盘上提供的密钥(序列号)输入即可。

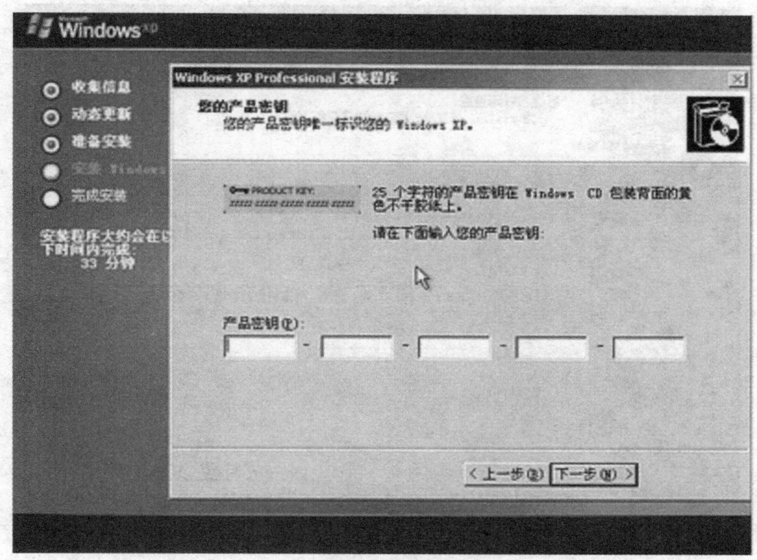

图 1-58 安装过程中输入“产品密钥”窗口

(5)安装过程中会出现要求输入“计算机名和系统管理员密码”窗口界面，如图 1-59 所示。一般来说，安装程序会自动创建计算机名称，自己可任意更改，要求输入两次系统管理员密码，请记住这个密码，“Administrator”是系统默认的系统管理员名称，它在系统中具有最高权限。

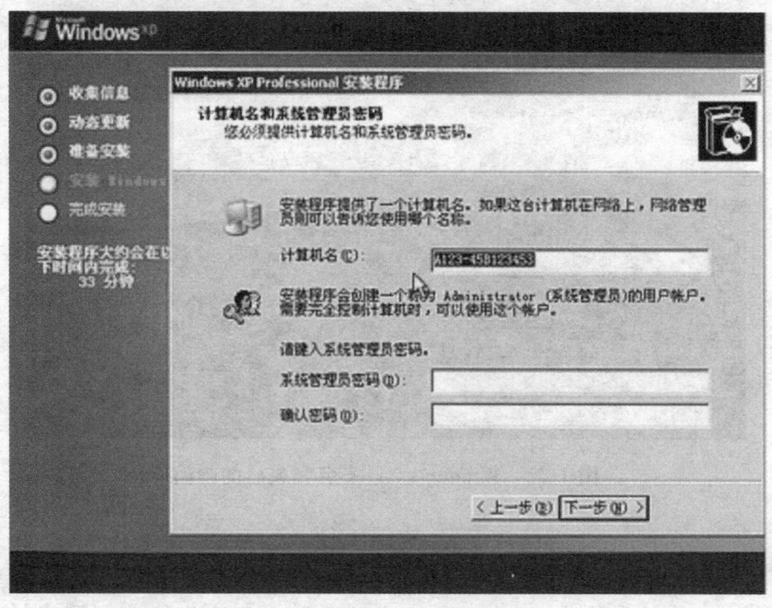

图 1-59 安装过程中输入“计算机名称和管理员密码”窗口

(6)安装过程中会出现“日期与时间设置”内容，如图 1-60 所示，按照用户所在的时区、日期和时间进行设置即可。

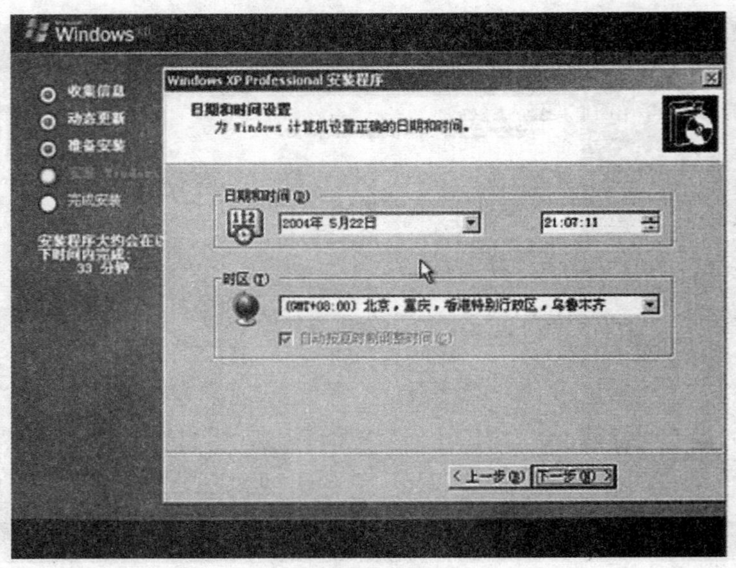

图 1-60　设置日期和时间

(7)经过其他硬件和网络设备安装后，系统会自动重新启动，会出现“Windows XP”安装成功后的桌面，如图 1-61 所示。

图 1-61　Windows XP 安装完成后的画面

✍ 说明提示

在 Windows XP 系统安装时，一般会主动识别并安装各种设备驱动，但有时会出现不能正确识别设备或者缺少驱动程序的情况，这就需要手工安装设备驱动程序。这些设备主要有主板驱动程序、显卡驱动程序、声卡驱动程序、网卡驱动程序程序以及外部设备驱动程序等。

任务操作 2　安装应用软件

大部分应用软件多是需要安装后才能运行的，安装的方法基本上相同。下面以办公应用软件 Office 2003 安装过程为例，来说明应用软件的安装过程。

(1)打开 Office 2003 安装光盘，双击一个名为“SETUP. EXE”的安装文件，如图 1-62 所示。要注意，有时将 Office 2003 安装光盘放入光驱，安装程序会自动运行。

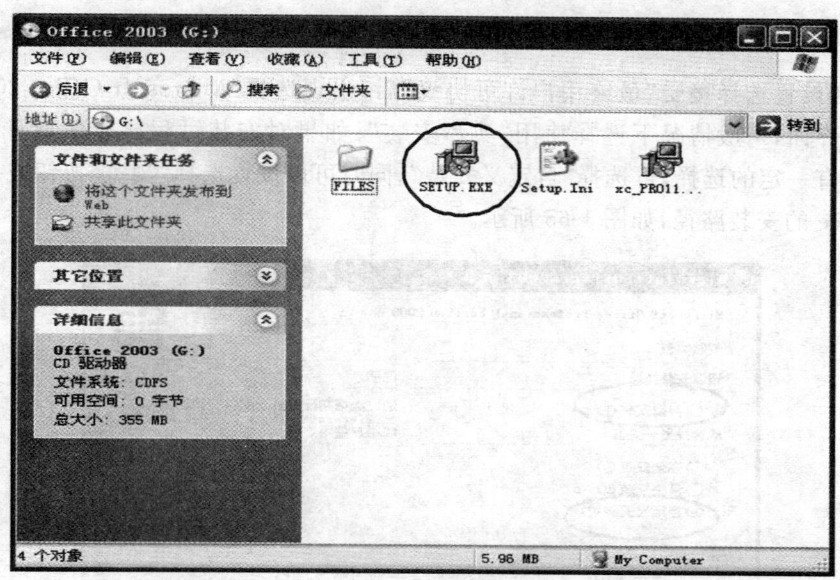

图 1-62　Office 2003 光盘文件

(2)出现“Microsoft Office 2003”安装向导，在安装过程中会出现“产品密钥”的输入窗口，如图 1-63 所示。查看安装光盘封面或光盘内的“sn. txt”文件，可找到这个密钥，密钥是用 25 位数字和字母组合而成的。

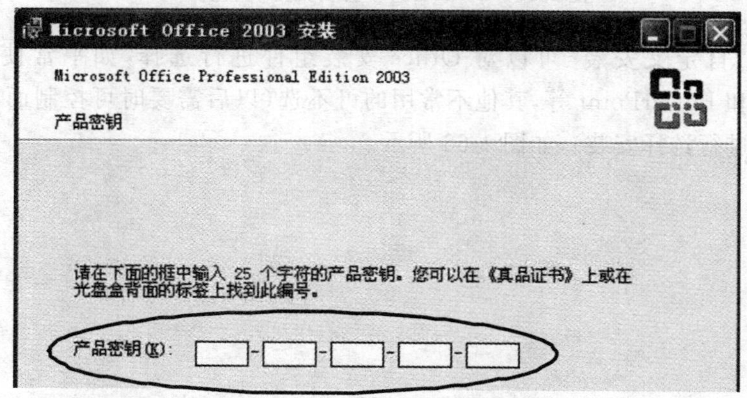

图 1-63　Office 2003“产品密钥”输入窗口

(3)安装过程中会提示用户输入“用户信息”，如图 1-64 所示。

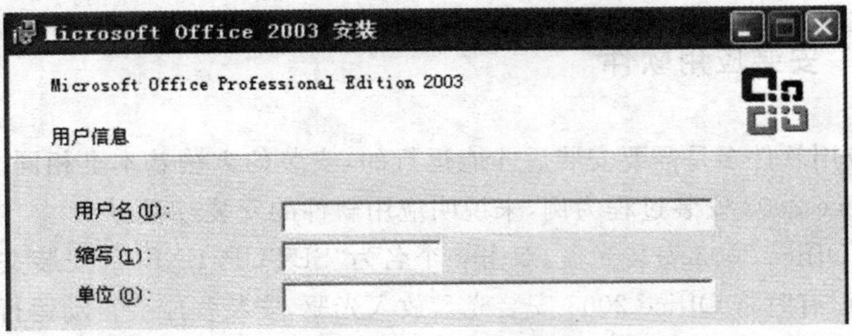

图 1-64　Office 2003“用户信息”输入窗口

(4)在设置选择接受“最终用户许可协议”后，出现选择“Microsoft Office 2003”安装类型窗口界面，一般情况下选择使用“典型安装”；如果对安装过程比较熟悉且对 Office 安装组件有一定的选择，可选择“自定义安装”，同时可以设置选择“浏览”按钮或手工输入改变 Office 的安装路径，如图 1-65 所示。

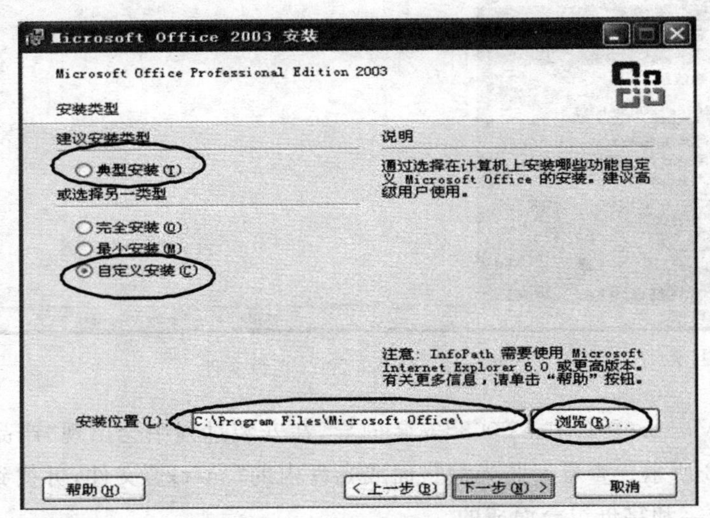

图 1-65　Office 2003“安装类型”设置窗口

(5)进入“自定义安装”可以对 Office 安装组件进行选择，如平常使用最多的是 Word、Excel 和 PowerPoint 等，其他不常用的可不选(以后需要时可控制面板的“添加与删除”程序再进行选择安装)，如图 1-66 所示。

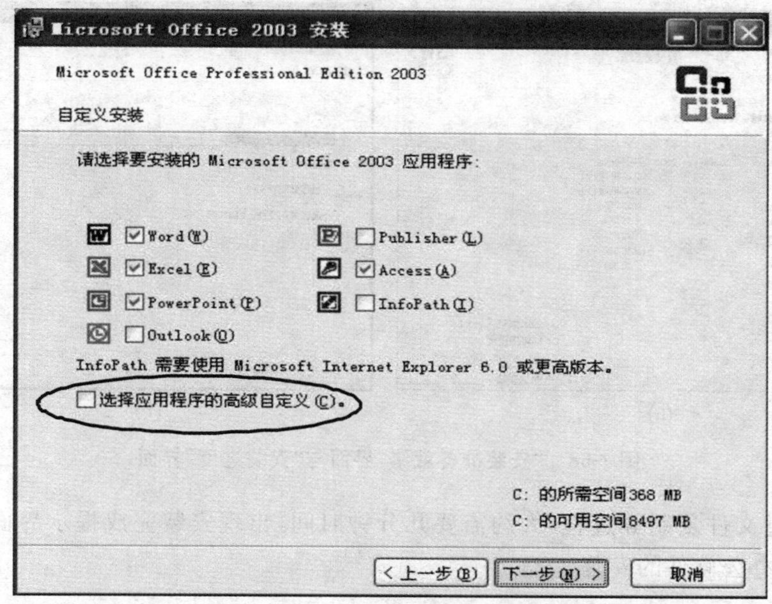

图 1-66　自定义安装窗口

(6)在自定义安装过程中,可以选择"选择应用程序的高级自定义"复选框,进行"高级自定义"安装设置,如图 1-67 所示,选择的是比较有用的"公式编辑器"功能(该功能在典型安装过程中不进行安装),选择"从本机运行"即可完成公式编辑器的安装。

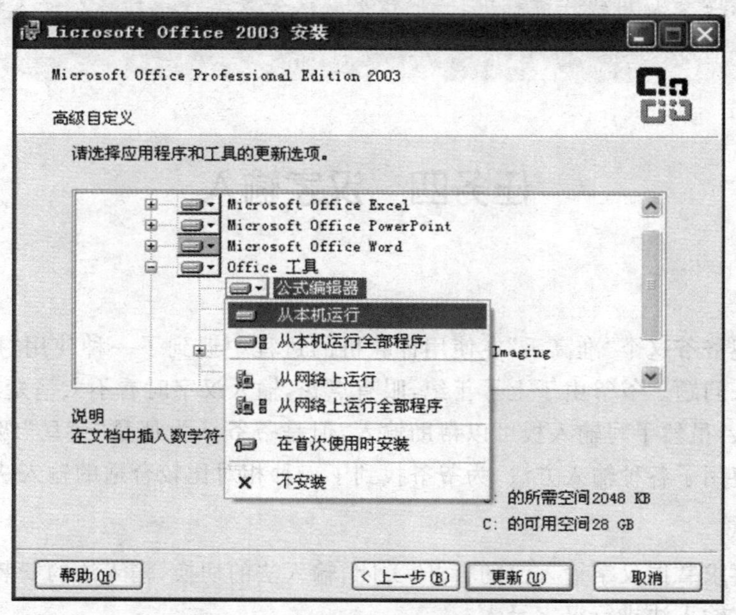

图 1-67　选择安装公式编辑器

(7)经过以上步骤的选择设置后,单击"安装"按钮,就开始安装被选择的 Office 组件,如图 1-68(a)所示,并出现安装进度提示,如图 1-68(b)所示。

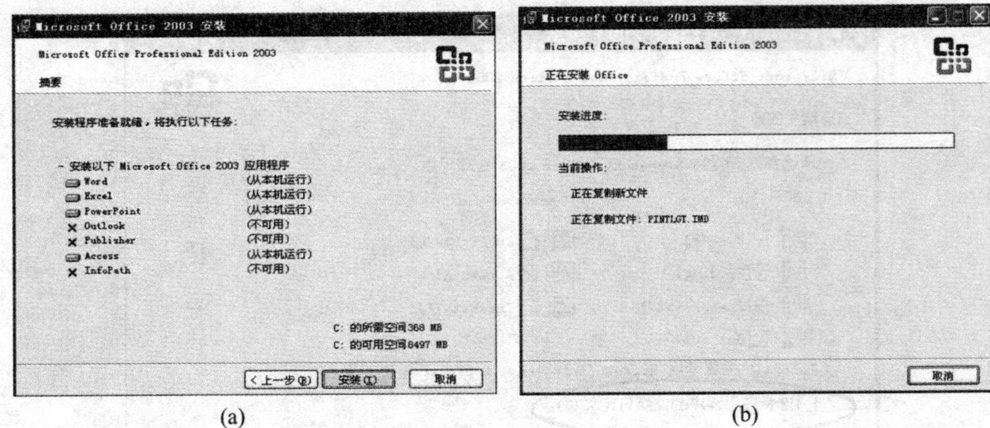

图 1-68 “安装准备就绪”界面与“安装进度”界面

(8)经过文件复制等过程，大约需要几分钟时间，出现安装完成提示界面，就实现了Office 2003 办公软件的安装。

课堂练习

1. 在计算机上安装“360 安全卫士”，注意安装过程中的各个安装环节，总结一般应用软件安装的常见步骤。

2. 安装 WinRAR 压缩解压缩工具软件(若当前机器已安装，请先卸载再安装)

3. 思考安装应用软件过程中，一般情况默认安装路径是什么？安装路径是否需要改变？如果需要改变，为什么？

任务四 汉字输入

【任务引入】

李文发现爷爷这个“准高手”在使用计算机的过程中遇到了一种使用“瓶颈”问题，那就是汉字输入问题。爷爷由于上了年纪，眼有点花，输入汉字时看不太清楚或者有些字不认识无法输入，虽然手写输入板可以帮助输入，但是爷爷认为那是“菜鸟”级的用法，于是他就尝试着使用了各种输入方法，为爷爷找到了一种相对比较合适的输入法。

【任务目标】

本任务要求掌握汉字输入法的打开、关闭，输入法的切换，输入法的安装设置，并熟练使用一种汉字输入法进行汉字录入。

任务操作 1 认识语言栏

Windows XP 中文版系统提供了微软拼音、智能 ABC、全拼、郑码等中文输入法。

1. 语言栏使用与输入法的切换

在 Windows XP 中，各种汉字输入法切换由“语言栏”进行管理，如图 1-69 左图所示。语言栏上的图标从左到右依次是：

● 中、英文输入标识：单击可以选择中文或者英文。

● 当前输入法标识：单击它可以打开输入法菜单，如图 1-69 右图所示，其中“极点五笔”和“谷歌拼音输入法”是用户安装的输入法。

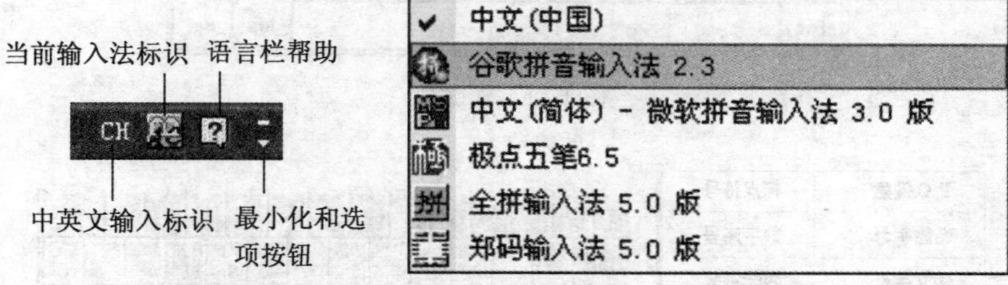

图 1-69　“语言栏”与“输入法菜单”

● 语言栏帮助：可以获得输入法的有关帮助内容。

● 最小化和选项按钮。上边是语言栏最小化按钮，下边是语言栏选项菜单，用于设置语言栏。

2. 输入法状态栏

如图 1-70 所示为“智能 ABC”输入法的状态栏，从左至右按钮依次为：

图 1-70　智能 ABC 输入法

● 中/英文输入法开关：快捷键“Ctrl＋Space”

● 输入法名称：单击它可以在“标准”和“双打”两种子输入法之间切换。

● 半角/全角切换：系统默认的快捷键是“Shift＋Space”。

● 中/英文标点切换：快捷键“Ctrl＋.”，常见的“中/英文标点”如表 1-5 所示。

表 1-5　　中英文标点符号对照表

中文标点符号	键位(英文标点符号)	中文标点符号	键位(英文标点符号)
，	,	—	Shift＋7(&)
。	.	——	Shift＋－(—)
、	\	《	Shift＋,(<)
：	:	》	Shift＋.(>)
……	Shift＋6(^)	“”	Shift＋'(")
·	Shift＋2(@)	￥	Shift＋4($)

● 软键盘：默认状态下是“灰色”键盘符号，这表明软键盘是关闭的，当单击该按钮，变成“黑色”键盘符号，这表明打开了软键盘，如图 1-71 所示；当右键单击软键盘按钮时，

会出现选择“软键盘”菜单，如图 1-72 左图所示，选择“数字序号”软键盘可以方便输入有关数字序号，如图 1-72 右图所示。

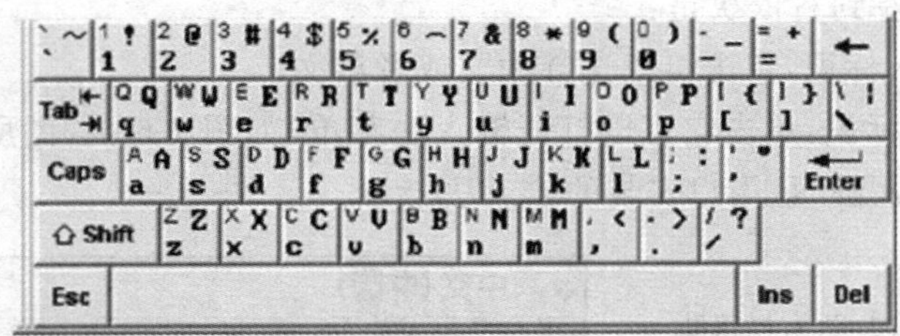

图 1-71 软键盘

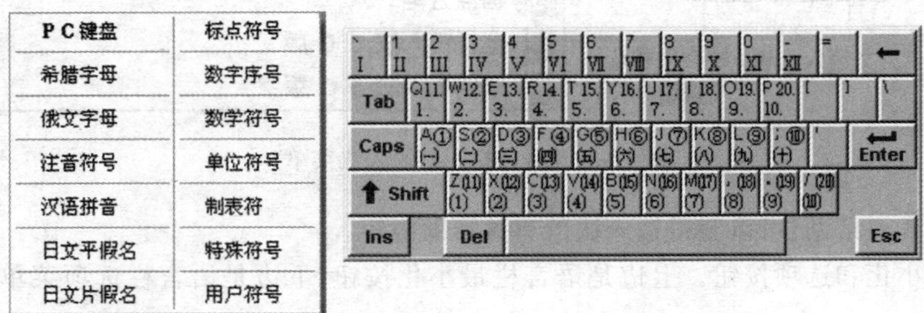

图 1-72 “软键盘”设置菜单与“数字序号”软键盘

任务操作 2 输入法使用

1. 常用中文输入法

(1) 智能 ABC 输入法

智能 ABC 输入法是以拼音为主，辅以笔形信息的智能型输入法，它集全拼、简拼、混拼、笔形等多种输入方式于一体，简单易学、快速灵活。

● 全拼输入：按照规范的汉语拼音输入。按词组输入时，词与词之间应使用空格隔开，若输入语句，可以一直输入下去，直到超过系统允许的字符个数时，系统会响铃警告。在输入词组时，当输入象“亲爱(qinai)”、“西安(xian)”等词组时，就加上隔音符“'”以示区分，即应输入“qin'ai，xi'an”。

● 简拼输入：取每个字声母的第一个字母组成，也可以加隔音符。如“山东(shan dong)”可以输入“sd”或“s'd”，“发展”可以输入“fz”或“f'z”，“计算机”输入“jsj”，“共产党”输入“gcd”等。

● 混拼输入：对于两个音节以上的词语，为了减少重码，提高输入速度，有的音节采用全拼，有的音节采用简拼。如“长江(chang jiang)”可以输入“changj”或“chjiang”。

● 属性设置

右击“输入法状态栏”中的“输入法名称”，出现“属性设置”对话框，如图 1-73 所示，可以设置有关输入风格或“笔形输入”等功能。

(2)搜狗拼音输入法

搜狗拼音输入法是目前一款非常优秀的拼音输入法,"让你的打字速度提升 2～3 倍"的广告口号也体现了这种输入法的实力,成为了目前大多数用户的共同选择。

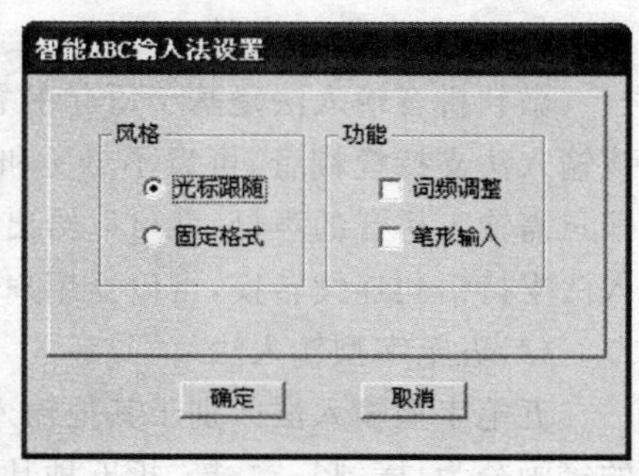

图 1-73　"智能 ABC"属性设置

它具有以下几个典型特点:

● 输入法状态栏功能强大:除具有其他输入法状态常见的功能外,还具有"用户登录"和"菜单"功能设置,如图 1-74 所示。

图 1-74　搜狗输入法状态栏

● 拥有大容量词库和智能学习功能:搜狗拥有目前最全、最新的互联网词库,几乎所有的影视、歌曲、动漫、体育、医学、教育等专业词汇均可打出,提高了输入速度。词组只要输入声母即可,"教研组"只要输入"jyz";"林永菁",第一次输入码"linyongjing"(全拼),第二次只要输入"lyj"(声母)即可;多于四个字的词组,只要输入前四个字的声母即可。

● 不认识的汉字输入:u+笔画。笔画规定为:横 h、竖 s、撇 p、捺(点属于捺)n、折 z,例如"冏"字,笔画是:竖折撇捺竖折横,因此输入码为:uszpnszh。

● 模糊音输入:zh 和 z,ch 和 c,sh 和 s,r、l、n,an 和 ang,en 和 eng,这些拼音,南方人往往无法正确区分,"搜狗拼音"提供模糊音输入选项,无需区分这些拼音均可输入正确的汉字。

● 支持 GBK 大字符集:"智能 ABC"只能输入 7000 多个汉字,而"搜狗拼音"能输入 20000 多个汉字(包括很多新华字典没有收录的生僻字)。

● 可设置输入时显示的汉字大小:对于象老年人或眼睛不好的人来说,这个功能就非常强大。操作方法为:选择"输入法状态栏"中的"菜单"按钮→"设置属性"命令→"外观"选项卡→选中"重设字体"复选框→设置字体大小,如图 1-75 所示。

图 1-75　搜狗输入法的属性设置

(3)微软拼音输入法

微软拼音输入法是基于语句的智能型拼音输入法,支持以句子为单位的连续输入。该输入法支持模糊音,可以不分 z 和 zh,an 和 ang 等南方口音;支持拼音的不完整输入,即只需输入拼音的声母,就可以给出备选的字或词;支持全拼输入法和双拼输入法;该输入法支持语句连续转换,可以让用户不间断地键入整句话的拼音。

(4)五笔字型输入法

五笔字型输入法区别于其他输入方法,它是利用汉字的字型信息进行编码的,将汉字的笔画分为:横、竖、撇、捺、折五种基本笔画,由笔画组成 125 种码元;把汉字的字型分为:左右型、上下型、杂合型 3 种字型;然后用码元和字型组成汉字输入编码。这种输入方法重码率低,可以很容易实现盲打,经过一定专业训练,可以达到较快的汉字录入速度,一般情况下适合于专业速录、排版设计等人员使用。

2. 安装和删除输入法

Windows XP 系统自带很多种输入法,但有些比较好用的输入方法就需要用户自行进行安装使用,例如“五笔输入法”和“搜狗输入法”等。下面就以“五笔输入法”的安装方法为例来说明如何安装输入法。

(1)安装输入法

安装输入法非常简单,利用前面学习的应用软件安装方法即可实现。在相应安装文件中找到名为“Setup. exe”的文件双击,然后按照向导提示进行安装。安装成功后,语言栏中就会出现五笔输入法了。

(2)添加/删除输入法

有时新安装的输入方法不一定会出现在语言栏中,需要进行“添加”才能到语言栏中。

添加输入法的操作步骤如下:

右键单击语言栏→弹出快捷菜单,如图 1-76 所示→选择“设置”→出现“文字服务与输入语言”对话框,如图 1-77 所示→选择“设置”选项卡→单击“添加”按钮→出现“添加输入语言”对话框,如图 1-78 所示→选择“键盘布局/输入法”下拉列表框→选择一种输入法(例“郑码”输入法)→单击“确定”按钮。

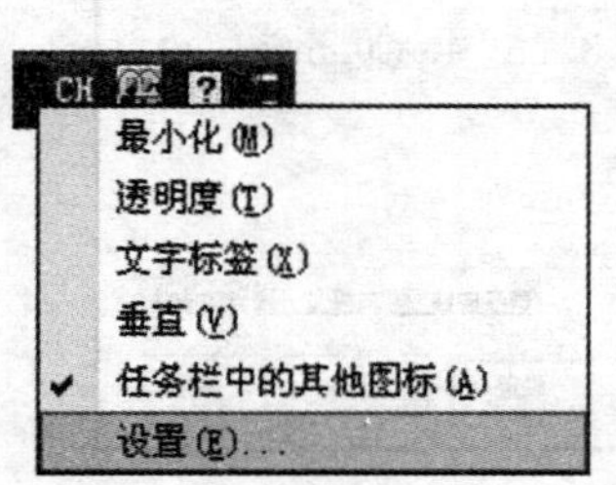

图 1-76　语言栏选项菜单

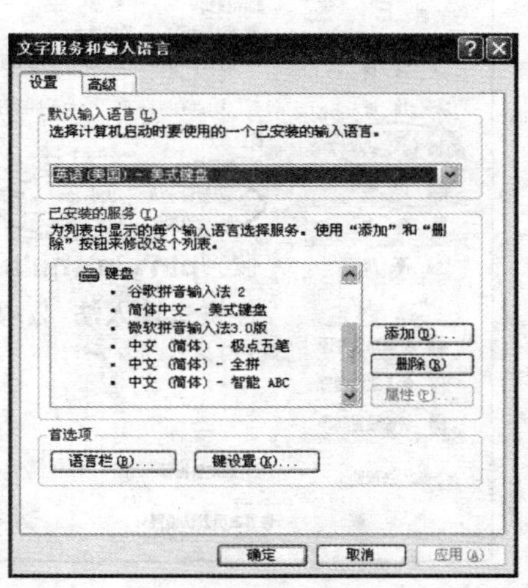

图 1-77　“文字服务和输入语言”对话框

这时再单击语言栏上的“ ”图标时，将会看到新添加的输入法“郑码输入法 5.0 版”已经在可选择的输入法列表中了，如图 1-79 所示。

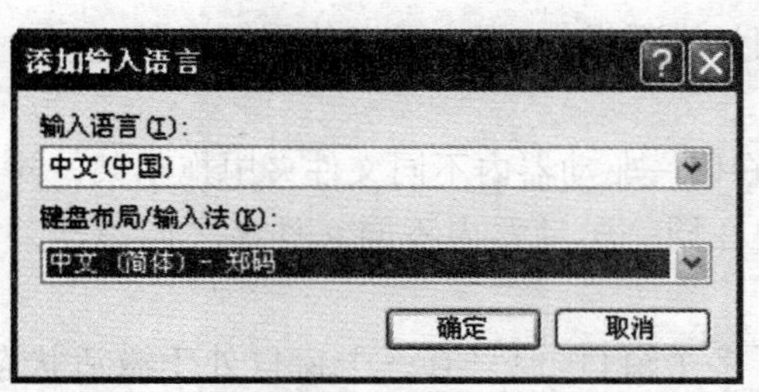

图 1-78 “添加输入语言”对话框

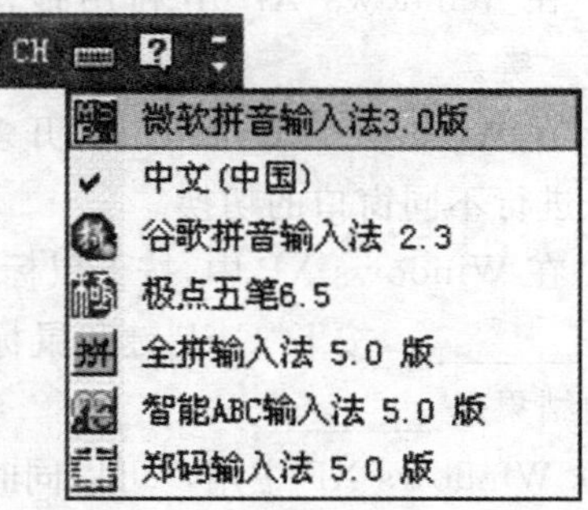

图 1-79 输入法列表菜单

删除输入法的操作方法类似添加输入方法，在如图 1-77 所示的“文字服务和输入语言”对话框的“已安装的服务”中，选中要删除的输入法，单击右侧的“删除”按钮即可实现输入法的删除操作。

说明提示

删除输入法并不是将输入法的相关文件从系统中删除，这些文件仍然被保留在系统文件夹中，只不过是将选中的输入法从输入法列表中删除。

课堂练习

1. 分别添加和删除全拼输入法。
2. 学会安装搜狗拼音输入方法，并多挖掘其强大的功能应用。
3. 中文录入练习，注意中英文标点、全/半角的符号使用区别。

任务五　综合实训

实训操作 1　练练手(计算机基础)

一、填空题

1. Windows XP 提供了完全________的友好用户界面，而且几乎每个应用程序和文档都以________的形式提供给用户。

2. 用画图程序画标准圆时应按住________键再拖动鼠标。

3. 在 Windows XP 中，可以利用拖动________来移动整个窗口，可以使用________组合键来实现输入法的切换。

4. 在 Windows XP 中，利用“记事本”程序编辑的文本文档扩展名为________。

5. Windows XP 中墙纸的排列方式有居中、________和________三种。

6. 在 Windows XP 中利用拖动进行复制的方法是在移动的过程中同时按住________键。

7. 在 Windows XP 中可以打开多个窗口进行操作，用户可以使用键盘的________组合键来进行不同窗口的切换。

8. 在 Windows XP 中，按下鼠标左键在同一驱动器内不同文件夹中拖动某一对象的结果是________，按下“Ctrl”键和鼠标左键在同一驱动器内不同文件夹之间拖动某一个对象的结果是________。

10. Windows XP 中用户可以同时打开多个窗口，但只有一个窗口处于激活状态，该窗口叫做________，窗口中的程序处于________运行状态，其他窗口的程序则在________运行。

11. Windows XP 菜单中的命令字符通常有两种颜色，其中黑色字符表示该命令________，灰色字符表示该命令________。

12. Windows XP 的“文档”菜单中保留了用户最近使用过的最多________个文档。

13. Windows XP 中的“复制”和“粘贴”所对应的快捷键分别是________和________。

14. 在 Windows XP 中，除了可以在“控制面板”中打开“显示”来进行有关显示的设置，还可以在________的空白之处单击右键，然后选取菜单中的“________”命令。

15. 在 Windows XP 中，如果要直接删除文件或文件夹，可以在选定后直接按键盘上的________＋________键。

16. Windows XP 对话框中的选择按钮包括________和________两种。

17. 关闭对话框除了单击关闭按钮“×”外，还可以使用键盘上的________键。

二、选择题

1. 可以使用桌面上的(　　)来浏览或查看系统提供的所有软、硬件资源。

A. 公文包　　B. 回收站　　C. 我的电脑　　D. 网上邻居

2. 在 Windows XP 中，同时按下(　　)键可以打开“开始”菜单。

A. Alt＋F4　　B. Ctrl＋F4　　C. Alt＋Esc　　D. Ctrl＋Esc

3. 退出 Windows XP 时，直接关闭微机电源可能产生的后果是(　　)

A. 可能破坏临时设置　　B. 可能破坏某些程序的数据

C. 可能造成下次启动时的故障　　D. 上述各点均是

4. 选定文件或文件夹后，下列(　　)操作不能删除所选文件或文件夹。

A. 按 Del 键

B. 选择“文件”菜单中的“删除”命令

C. 用鼠标右键单击该文件或文件夹，打开快捷菜单，选择“剪切”命令

D. 单击工具栏上的“删除”按钮

5. 在 Windows XP 中，能更改文件名的操作是(　　)。

A. 用鼠标左键单击文件名，然后键入新文件名后按回车键

B. 用鼠标左键单击文件图标，然后键入新文件名后按回车键

C. 用鼠标左键双击文件名，然后选择“重命名”，键入新文件名后按回车键

D. 用鼠标右键单击文件名，然后选择“重命名”，键入新文件名后按回车键

6. 在 Windows XP 中，文件名中不可以包括(　　)。

A. ?　　B. 空格　　C. !　　D. %

7. 在资源管理器中，如果发生误操作将某文件删除，可以立即采用(　　)。

A. 在回收站中对此文件进行“还原”命令

B. 从回收站中将此文件拖回原位置

C. 在资源管理器中执行“撤销”命令

D. 以上均可

8. 下面说法正确的是(　　)。

A. 任务栏总是位于桌面底部

B. 任务栏的尺寸和位置都能让用户任意进行调整

C. 用户不能够隐藏任务栏

D. 任务栏可以放在桌面的底部、左侧和右侧，但不能放在顶部

9. 下列操作中能在各种中英文输入法之间切换的是(　　)。

A. 用“Ctrl＋Shift”键

B. 用鼠标右键单击输入方式切换按钮

C. 用“Shift＋空格键”

D. 用“Alt＋Shift”键

10. 当系统正在运行某个应用程序时，若鼠标指针形状变成“沙漏”状，表明(　　)。

A. 当前执行的程序出错，必须终止其执行

B. 当前必须等待该应用程序运行完毕

C. 提示用户注意某个事项，并不影响计算机继续工作

D. 等待用户做出选择，以便继续工作

11. 在 Windows XP 中，下列正确的文件名是(　　)。

A. MY DOCUMENTS XITI. DOC　　B. BOT|BAT

C. COM<>TAB. BAK　　D. ABC? D. EXE

12. 在 Windows XP 中，关于对话框叙述不正确的是(　　)。

A. 对话框没有最大化按钮　　B. 对话框没有最小化按钮

C. 对话框形状大小不能改变　　D. 对话框不能移动

13. 在 Windows XP 中，“剪贴板”与“回收站”分别是(　　)和(　　)。

A. 软盘上的一块区域　　B. 内存中的一块区域

C. 硬盘上的一块区域　　D. 光盘中的一块区域

14. 下列(　　)输入法，不是中文 Windows XP 系统自动安装的。

A. 智能 ABC　　B. 五笔字型　　C. 双拼　　D. 郑码

15. 在 Windows XP 中，若连续进行了多次剪切操作，则“剪贴板”中存放的是(　　)。

A. 空白　　B. 所有剪切过的内容

C. 最后一次剪切的内容　　　　　　　D. 第一次剪切的内容

16. 在 Windows XP 中,有关文件和文件夹的属性的说法不正确的是(　　)。

A. 所有文件或文件夹都有自己的属性

B. 文件存盘以后,其属性就不可以改变了

C. 用户可以重新设置文件或文件夹的属性

D. 文件或文件夹的属性包括只读、隐藏、存档等类型

实训操作 2　文件管理与设置(Windows XP 操作系统)

1. 通过资源管理器,在 E 盘上建立“学生”文件夹。

(1)在“学生”文件夹下建立“成绩”、“英语”、“数学”和“语文”4 个子文件夹。

(2)将“英语”、“数学”和“语文”文件夹复制到“成绩”文件夹中。

(3)将“成绩”文件夹中的“英语”、“数学”和“语文”文件夹设置为“隐藏”属性(仅将更改应用于所选文件)。

2. 在桌面上创建“附件”中的“计算器”程序的快捷方式,快捷方式名称为“打开计算器”。(提示:“计算机”程序位置在:C:\Windows\System32\Calc. exe)

3. 将桌面出现上述计算器快捷方式的界面保存下来,以文件名为“jsq. bmp”为文件保存在“学生”文件夹下。(提示:利用“Prtsc”键或“Print Screen”键与画图程序完成)

4. 在“学生”的“语文”文件夹下建立一个名为“TEST”的文本文件,并输入内容为“让世界充满爱”。

5. 将“语文”文件夹下的“TEST. txt”文件复制到“英语”文件夹下,并改名为“love. txt”。

6. 利用“画图”程序,创建宽为 7. 5cm,高为 6. 5cm 的画布,并在其中画正方体图形,最后以“体 . bmp”为文件名保存在“数学”文件夹中。

7. 设置以“飞越星空”为图案的屏幕保护程序,且等待时间为 15 分钟,并将其设置界面保存在“数学”文件夹,文件名为“图”,扩展名为“. jpg”(提示:利用“Prtsc”键或“Print Screen”键与画图程序完成)。

8. 查找 C 盘上的以“a”开头且长度不大于 1kB 的所有文件,并将其中任意一个文件复制到“数学”文件夹中,并重命名为“文”,扩展名不改变。

9. 将“数学”文件夹中的“体”、“图”与“文”复制到“英语”文件夹中。

10. 将“英语”文件夹中的“文”进行直接删除,将“图”删除到回收站中。

11. 打开回收站,将“图”进行“还原”操作,观察回收站中是否有“文”这个文件。

12. 在“语文”文件夹下新建一个 Word 文档,内容为学习计算机知识的有关体会。

项目二　Word 2003 文字处理系统

项目背景

Word 2003 是 Microsoft Office 2003 办公配套软件中的主要软件之一，是美国微软公司提供的建立在 Windows 平台下功能强大的字表处理软件。它可以进行文档的编辑排版、表格的处理及文档图文混排等，达到了图文并茂的效果。

项目分析

本项目要学习到文档的建立、打开、保存及关闭等基本操作；文档内容的录入、选定、移动、复制、查找和替换等编辑操作；文档的字符格式、段落格式设置和页面格式的设置及打印；表格的制作、编辑、格式化及文档的图文混排的功能。遵循教育规律，遵从“由易到难”原则，通过以下五个任务设置来完成各知识点的学习，实现图文混排的功能，如图 2-1 所示。

项目目标

- 熟练掌握文字的录入与编辑排版
- 熟练掌握表格的制作
- 熟练掌握图文混排的方法
- 熟练掌握页面格式的设置与打印

项目实战

- 任务一　录入素材
- 任务二　编排字符和段落格式
- 任务三　表格处理
- 任务四　图文混排
- 任务五　设置页面格式并打印

健康专页 责任编辑：李文 心理健康专栏

英国心理学家英格里认为：心理健康是一种持续的心理状态，并能充分发挥其身心潜能。麦格尔认为：心理健康是指人们对环境及相互间具有最高效率及快乐的适应情况。可见，心理健康包含着人的正常认识活动、情感活动、意志活动、适当行为、和谐的人际关系和良好的个性。

什么是心理健康？

心理健康教育的必要性

近年来，我国学者对全国 12.6 万大学生的抽样结果中，有心理障碍或心理疾病的大学生占 20.23%[1]。各大城市，对不同类型学校的在校大学生进行心理健康测试，结果不容乐观，而中度以上心理障碍的学生有上升的趋势。目前，在我国高校患心理疾病而无法继续学习，被迫休学的人数占因病休学的学生人数的 64.4%，位于病退之首。这足以说明开展心理健康教育，维护与促进学生的心理健康是学校教育当前的必要，是无法回避的课题。

【体育运动对大学生心理健康的影响】

- 能健脑益智
- 改善情绪
- 培养和谐的人际关系
- 健全人格
- 培养良好的意志品质
- 治疗心理疾病

"大学生心理健康教育"征文获奖情况表

系部 \ 征文情况	提交论文（篇）	获奖（篇）	获奖率
数控技术系	16	8	50%
机电工程系	8	3	37.5%
印刷工程系	20	9	45%
信息工程系	9	5	62%
备注：此次征文征集只限系部教师			

[1] 此结果是 2008 年抽样调查得出的结论，近两年有上升趋势。

1

图 2-1 "心理健康专栏"效果图

任务一 录入素材

【任务引入】

世纪创新学院最近正在筹办 2011 年第 5 期校报，李文同学是学院校报的一名编辑，本次他负责校报心理健康专栏的组织和排版，而他的首要工作就是要利用 Word 2003 将一些有关的素材进行录入并进行简单编辑，如图 2-2 所示。

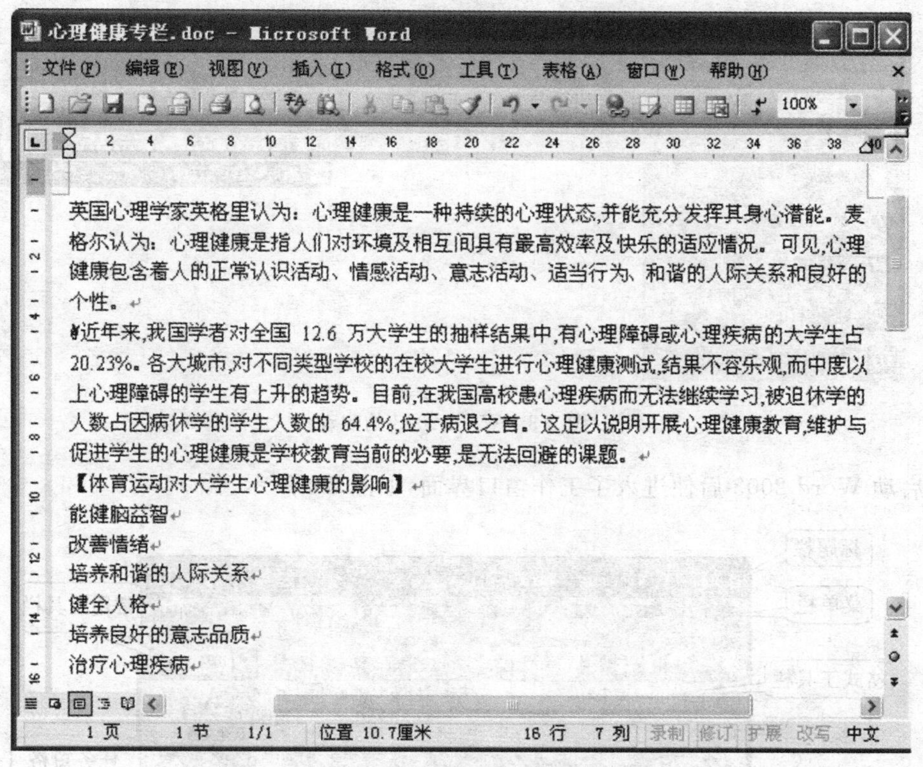

图 2-2 “心理健康专栏”素材的录入

【任务目标】

在 Word 2003 下把那些相关的素材输入到计算机中并保存起来,这是使用 Word 进行文档处理最基础也是最重要的一项工作,这里要涉及到文档的建立、文字录入、特殊符号选择、选定、移动及保存等基础性知识点,掌握良好的操作方法和操作习惯对完成录入工作有很大帮助,同时也为文档进一步的处理奠定了基础。

任务操作 1 建立并保存文档

> **说明提示**
>
> 由于制作专栏需要很多内容,为了便于保存和整理,在建立文档前,我们首先建立一个命名为“健康专栏”的文件夹。

1. 启动 Word 2003

单击“开始”→“程序”→“Microsoft Office”→“Microsoft Office Word 2003”,就可以完成启动,如图 2-3 所示。如果在桌面上存在 Word 2003 的图标,也可以通过双击图标的方式启动。

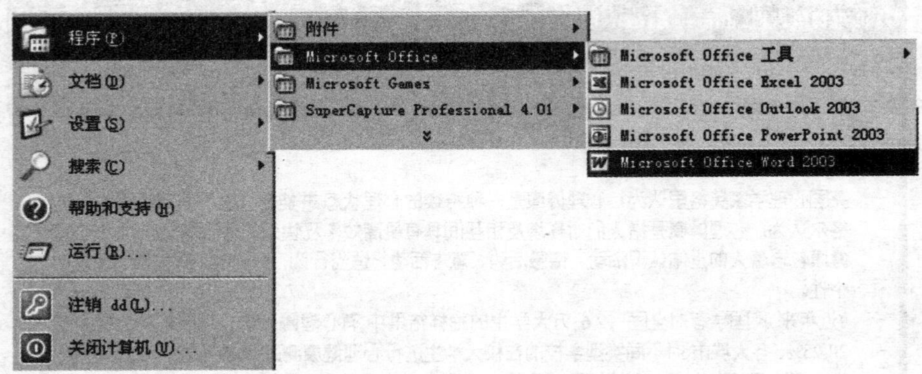

图 2-3 Word 2003 的启动

启动 Word 2003 后便进入了工作窗口界面,如图 2-4 所示。

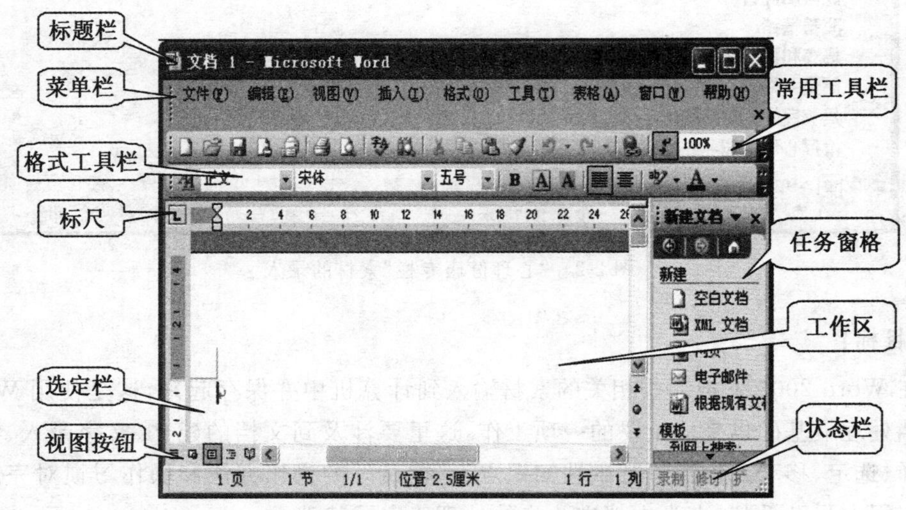

图 2-4 Word 2003 的窗口界面

各部分的名称和功能如下:

● 标题栏:用来显示正在编辑的文档名和应用程序名。

● 菜单栏:列出了 Word 2003 中可以完成的许多功能,单击相应的菜单项,可以完成相应的操作。

● 工具栏:由一组快速执行的命令按钮组成,一般默认显示“常用”和“格式”工具栏,若需显示其他工具栏可以单击“视图”→“工具栏”→选择所需的工具栏。

● 标尺:分水平标尺和垂直标尺,它不但可以在编辑中提供尺寸参考,而且在页面、段落设置及制表中有着重要作用。

● 任务窗格:Word 2003 中提供常用命令的窗口,可以边使用这些命令,同时继续处理文件。

● 工作区:可以进行录入、编辑、排版、插入图片及公式等对象的区域。

● 视图按钮:用于视图方式的转换。视图方式是指在文档窗口中显示文档的方式,在 Word 2003 中有普通、Web 版式、页面、大纲和阅读版式五种方式，人们可以根据不同的需要选择所需的视图方式。

● 状态栏：用于显示当前页插入点的位置、文档的当前页数及总页数、编辑的状态等与当前编辑文档相关的一些信息。

2. 建立空白文档

启动 Word 后，系统会自动创建一个新文档，如图 2-5 所示，默认的文档名是“文档 1. doc”。

图 2-5　新建 word 文档

技能链接

启动 Word 后新建文档的方法

如果在启动 Word 之后，需要建立另外一个新文档，可用下述三种方法：

● 单击“文件”→“新建”→弹出“新建文档”窗格，如图 2-6 所示→单击“空白文档”，即可建立一个新空白文档。

● 单击常用工具栏中的“新建空白文档”按钮，如图 2-7 所示。

● 按组合快捷键“Ctrl＋N”，即可新建文档。

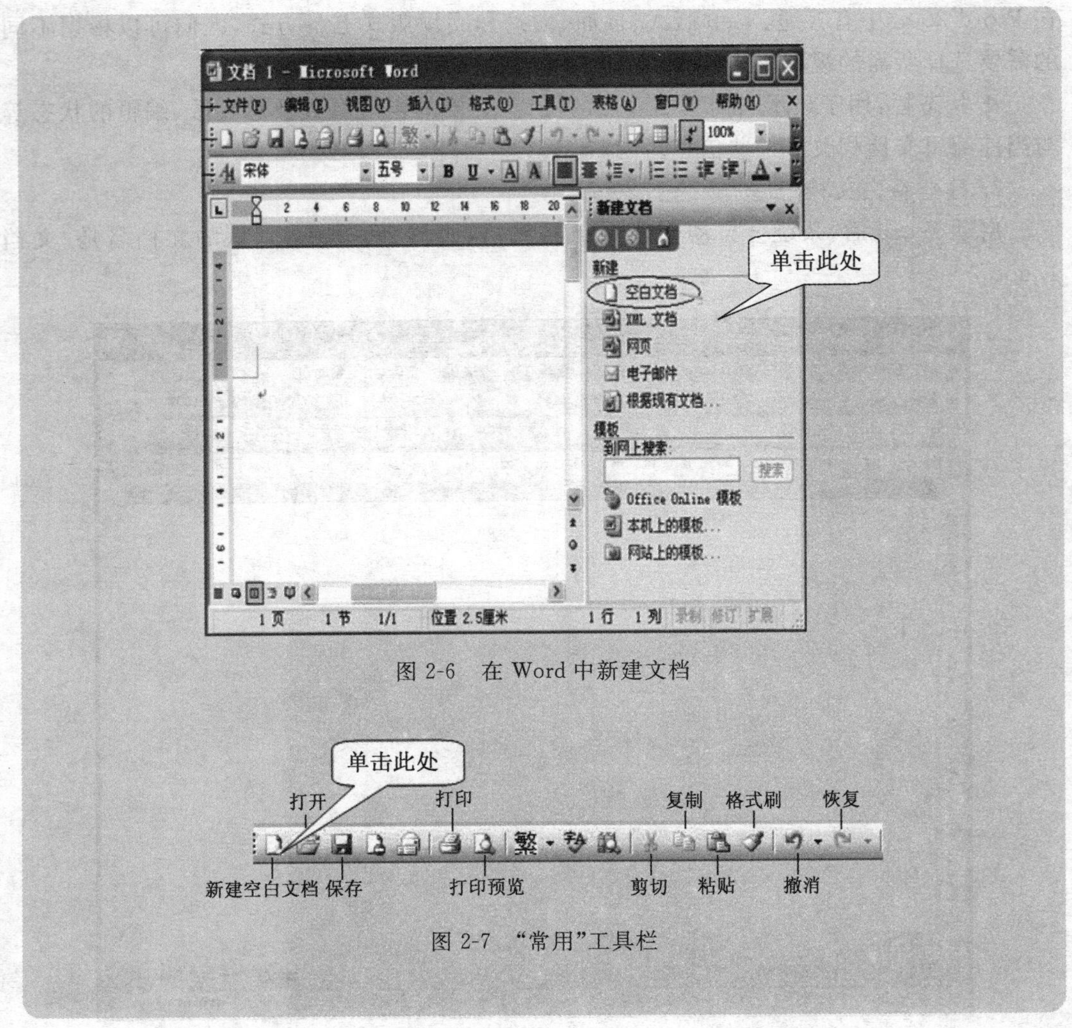

图 2-6 在 Word 中新建文档

图 2-7 "常用"工具栏

3. 文档保存

新建一个文档后,不要急于录入内容,正确的做法是先进行保存,以免录入过程中出现问题而导致新建文档的内容丢失。这样不但有利于文档长久保存,而且便于以后再次使用。

当新建的文档第一次保存时,单击"文件"→"保存"(或"文件"→"另存为")→弹出"另存为"对话框,如图 2-8 所示→在"保存位置"列表中选择"健康专栏"文件夹→在"文件名"文本框中输入文件名称"心理健康专栏"→在"保存类型"列表中选择文件类型为"Word 文档"(一般默认为"Word 文档")→单击"保存"即可。

同样,我们也可以通过"常用"工具栏中的"保存"和快捷键"Ctrl+S"实现保存的操作。

对一个曾经保存过的文档再次进行编辑修改时,如果想把修改后的文档仍然保存到原文件中,只需单击"文件"→"保存"(或"常用"工具栏中的"保存")即可;如果不想影响原文件还要保存修改后的内容,这时需要单击"文件"→"另存为"→弹出"另存为"对话框,参见图 2-8，后续操作同初次保存所述。

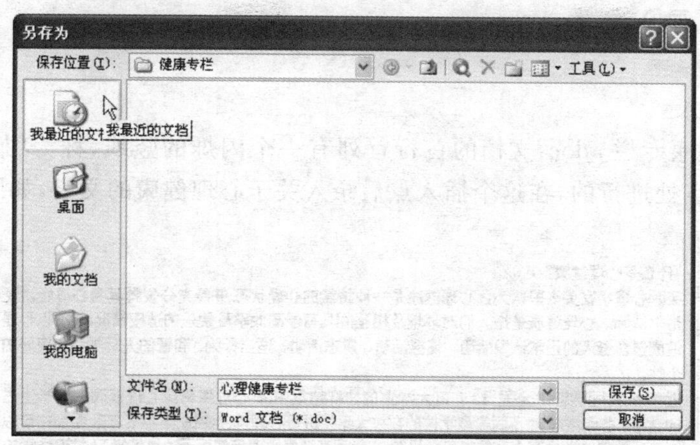

图 2-8　“另存为”对话框

技能链接

Word 文档的自动保存

单击“工具”→“选项”→在弹出的“选项”对话框中→“保存”，如图 2-9 所示→选择“自动保存时间间隔”复选项→调整分钟值→单击“确定”。

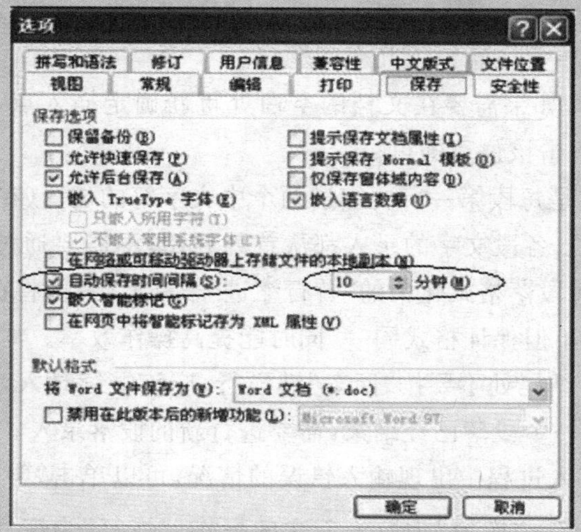

图 2-9　“选项”对话框中的“保存”选项卡

说明提示

利用 Word 中“工具”→“选项”，可以对 Word 的一些属性进行设置。同学们在今后的应用中，可以根据自己的使用习惯进行设定。

任务操作 2　录入文本

1. 文字录入

在“心理健康专栏 . doc”文档的首行首列有一个闪烁的竖线，称为“插入点”，文字录入都是从插入点处进行的，在这个插入点后录入关于心理健康的文字，如图 2-10 所示。

什么是心理健康?

英国心理学家英格里认为：心理健康是一种持续的心理状态,并能充分发挥其身心潜能。麦格尔认为：心理健康是指人们对环境及相互间具有最高效率及快乐的适应情况。可见,心理健康包含着人的正常认识活动、情感活动、意志活动、适当行为、和谐的人际关系和良好的个性。

近年来,我国学者对全国 12.6 万大学生的抽样结果中,有心理障碍或心理疾病的大学生占 20.23%。各大城市,对不同类型学校的在校大学生进行心理健康测试,结果不容乐观,而中度以上心理障碍的学生有上升的趋势。目前,在我国高校患心理疾病而无法继续学习,被迫休学的人数占因病休学的学生人数的 64.4%,位于病退之首。这足以说明开展心理健康教育,维护与促进学生的心理健康是学校教育当前的必要,是无法回避的课题。

体育运动对大学生心理健康的影响

能健脑益智

改善情绪

培养和谐的人际关系

健全人格

培养良好的意志品质

治疗心理疾病

图 2-10　录入素材文字

在文字录入过程中要注意以下几个问题：

- 在录入过程中，如果需要在文档的空白处重新确定插入点，可以将鼠标指针移动到所需的位置，选择双击该位置即可。
- 中文书写习惯是每段第一行要缩进两个中文字符的位置(在 Word 中称为“首行缩进”)，但为了排版方便，各段文字的录入都从首列开始，不需要通过按空格键确定输入的起始位置，后续可通过段落格式化中的“首行缩进”来完成(我们将在以后的任务中接触到这部分的操作)，这样不但保证格式同一，同时能提高操作效率。
- 在录入到各行结尾处不要按“回车”键换行，应该继续录入，直至 Word 自动转行。按回车键换行意味着一个段落已经结束，需要进行新的段落录入。
- 如果在文字录入过程中出现输入错误的情况，可以单击“常用”工具栏中撤销按钮“ ”和恢复按钮“ ”。“撤销”为取消前次的操作，“恢复”为恢复到撤销前的状态。这是一个很常用的操作，不但应用在文字录入中，在 Word 其他处理中也经常会使用到。
- 为防止由于死机或断电而导致录入的文字丢失，因此要在录入过程中经常地保存文件。养成一个良好的保存习惯在 Word 使用中是非常重要的。
- 在文字录入过程中有两种工作状态：一是“插入状态”，就是我们常用的在插入点处直接录入文字的状态，它不影响已经录入的文字；二是“改写状态”，在这个状态录入的文字将自动替换插入点后已经录入的文字。可以通过点击键盘中“Insert”键或双击状态栏中的“改写”进行转换。

2. 录入符号与特殊符号

仔细观察我们设定的任务文档(见图 2-2)可以发现,在该文档中有特殊的符号“✌”、“【”和“】”,这些符号在键盘上是无法直接输入,这时我们需要通过“插入符号”的方法进行输入,操作步骤如下:

(1)将插入点置于需插入符号的位置→单击“插入”→“符号”→弹出“符号”对话框→单击“符号”选项卡,如图 2-11 所示。

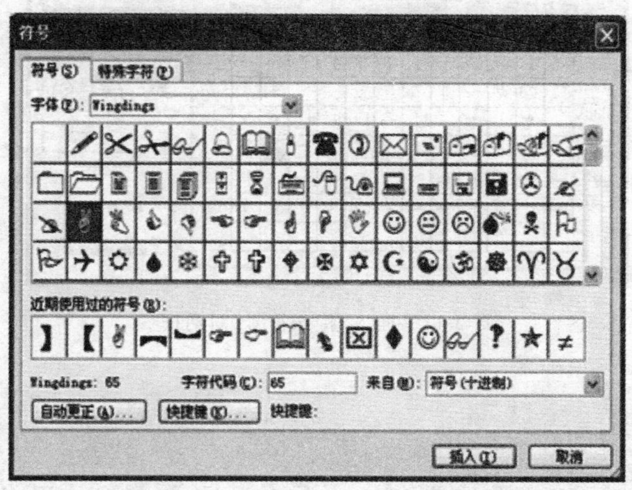

图 2-11　插入“✌”的“符号”对话框

(2)在“字体”下拉列表框中选择“Wingdings”项,双击该符号或单击该符号后再单击“插入”即可。

(3)在“字体”下拉列表框中选择“宋体”,在“子集”下拉列表框中选择“CJK 符号和标点”,这时会看到符号“【”、“】”,如图 2-12 所示,然后双击该符号。

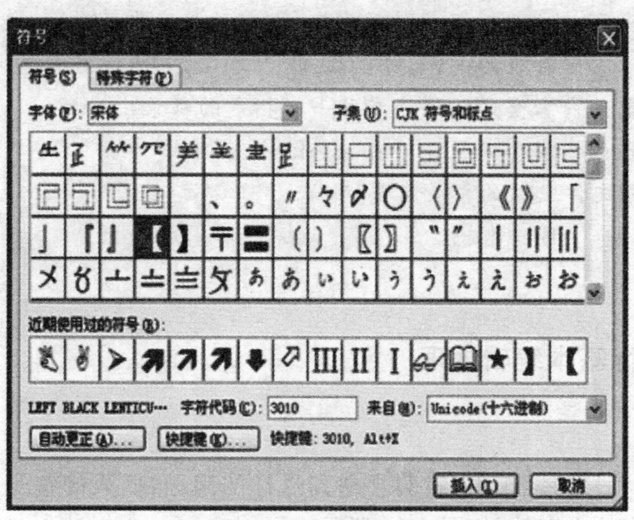

图 2-12　插入“【”、“】”的“符号”对话框

(4)关闭“符号”对话框。

对于一些常用的特殊符号,也可以通过单击“插入”→“特殊符号”命令来完成。在弹出的“特殊符号”对话框中单击“标点符号”选项卡,选择符号“【”,如图 2-13 所示,最后单击“确定”,这时会在文档中插入一对括号“【】”。

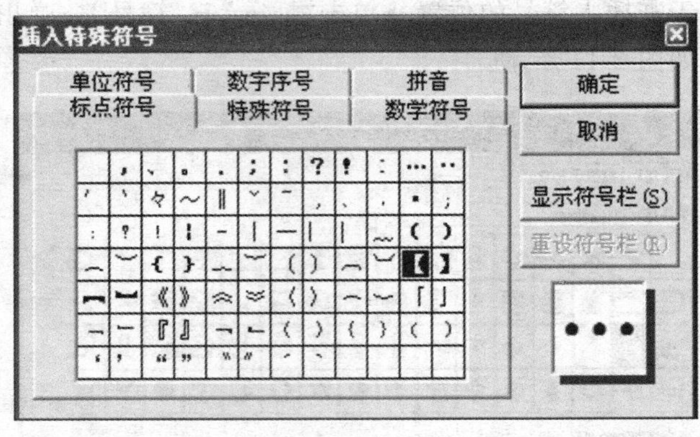

图 2-13　插入“特殊符号”对话框

✍ 课堂练习

填空题

1. Word 2003 的视图方式有________、________、________、________和________五种。

2. 在窗口中添加工具栏,需要使用________菜单下的________命令。

选择题

1. 用户在输入 a1. doc 文档时,设置了自动保存,若在输入过程中突然停电,则(　　)。

A. 用户最近一次自动保存过的内容,全部被保存在 a1. doc 文档中

B. 最后一次保存过的内容,可以找回,但不在 a1. doc 文档中

C. 断电前的内容全部被保存在另一个指定的目录中

D. 断电前的内容全部被保存在 a1. doc 文档中

2. Word 文档文件默认的扩展名是(　　)。

A. . txt　　B. . doc　　C. . wps　　D. . blp

任务操作 3　进行基本编辑处理

1. 选定

在上一步插入符号的操作中,我们会遇到这样的问题:插入的符号“【】”是一对出现的,并没有括在相应的文字外,如图 2-14 所示。

这时,就需要进行编辑处理,将“体育运动对大学生心理健康的影响”几个字放在

“【】”中。

首先要选定“体育运动对大学生心理健康的影响”这几个字符。在 Word 中，若要对文本进行操作，首先要将被操作的文本选择出来，使其以反白显示，这就是“选定”，它是我们进行各种编辑工作的基础。

先将光标插入到“体育运动对大学生心理健康的影响”前，按住鼠标左键拖至“体育运动对大学生心理健康的影响”后，这是最基本也最常用的操作方法，如图 2-15 所示。

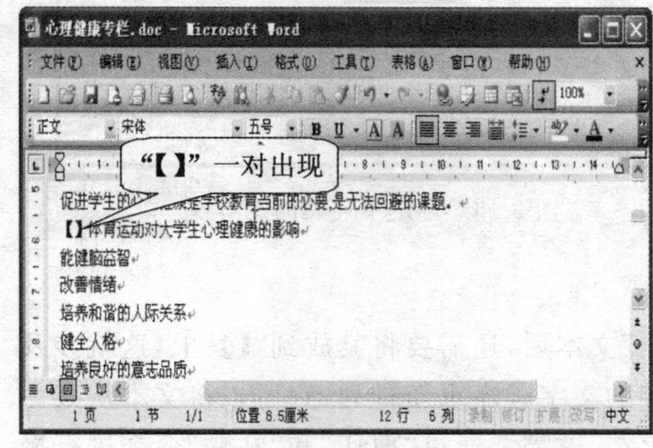

图 2-14　“特殊符号”位置

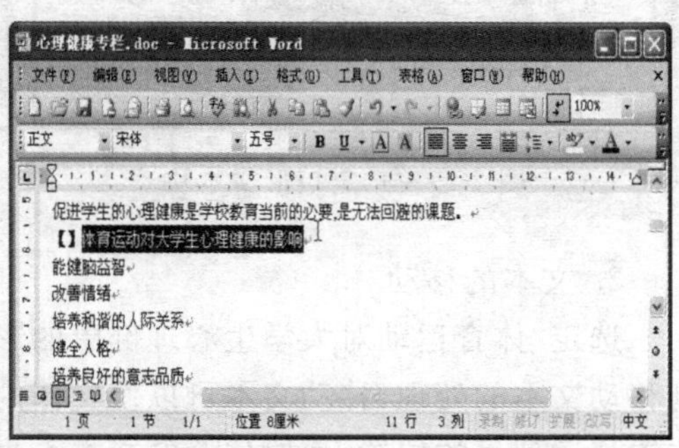

图 2-15　选定文本

技能链接

选定的其他方法

● 单击需选定文本的开始处，按住 Shift 键，单击选定文本结束处。

● 在选定栏单击某行，可选定该行；双击某段，可选定该段；三击选定栏，可选定整篇文档，如图 2-16 所示。

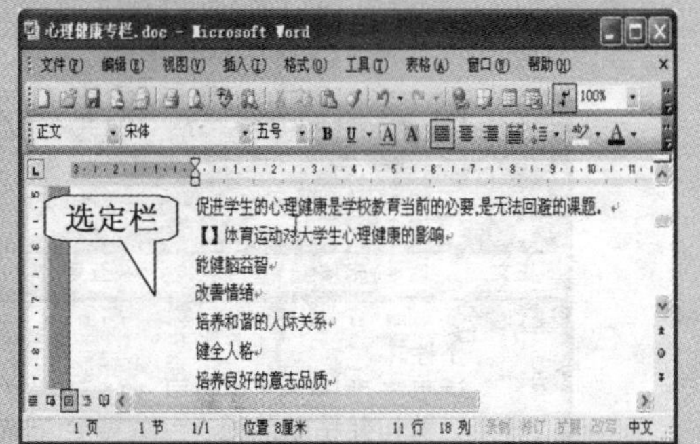

图 2-16　利用选定栏选定文本

● 按组合快捷键“Ctrl＋A”，可选种整篇文档。

● 选择矩形文本，可先将光标插入到该矩形的左上角，按住“Alt”键，在按住鼠标左键的同时将其拖动到矩形块的右下角，如图 2-17 所示。

● 选择不连续的若干文本块，可以在选择了第一个文本块后，按下“Ctrl”键的同时选择其他文本块，如图 2-18 所示。

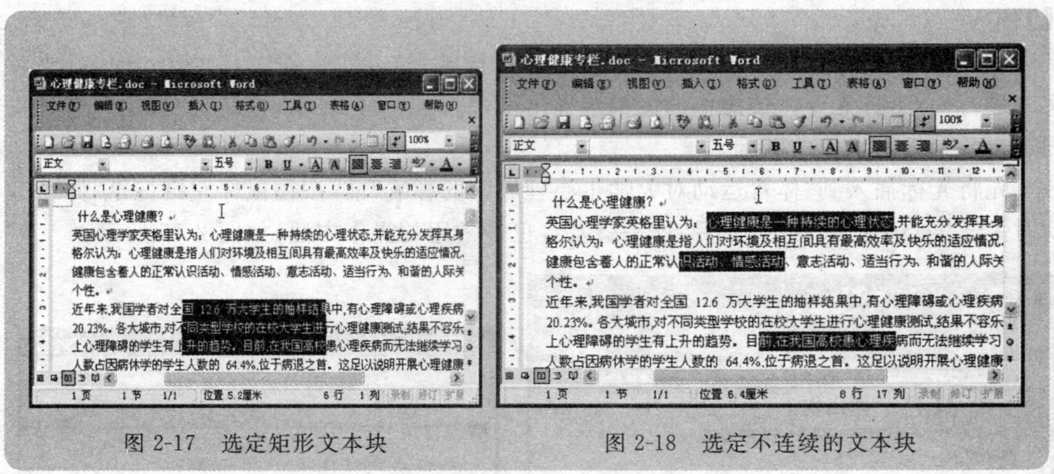

图 2-17　选定矩形文本块　　　　图 2-18　选定不连续的文本块

2. 文本的移动

选定“体育运动对大学生心理健康的影响”文本后，还需要将其放到“【】”上，这就涉及到移动文本的处理，移动文本可以使文档内容的文字顺序重新排列，它可以将文本从某一位置移动到目的位置，而原位置的文本不再存在，这需要通过“剪切”和“粘贴”命令进行操作，操作步骤如下：

(1)选定“体育运动对大学生心理健康的影响”。

(2)单击“编辑”→“剪切”。

(3)单击“【】”符号中间的位置，将插入点置于此处。

(4)单击“编辑”→“粘贴”，如图 2-19 所示。

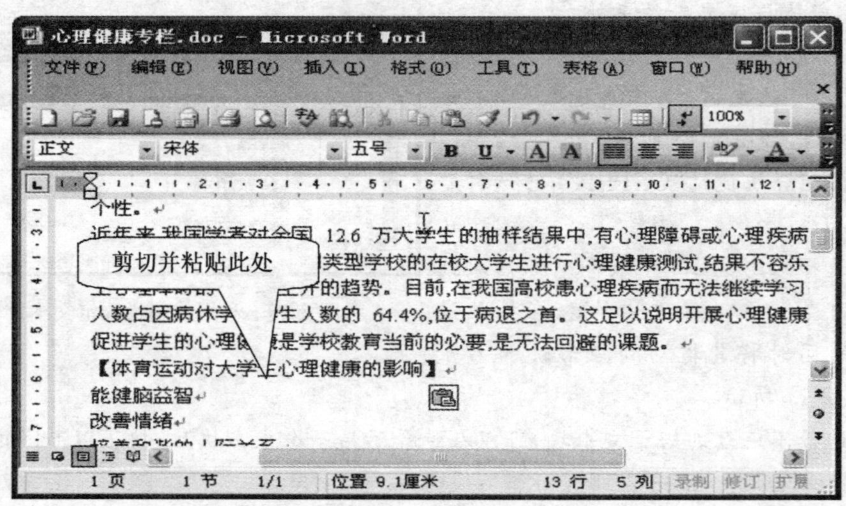

图 2-19　剪切并粘贴文本

技能链接

文本移动的其他方法

● 选定要移动的文本，拖动鼠标至需加入文本的位置。

● 选定要移动的文本→单击鼠标右键→“剪切”→将鼠标放到需加入文本的位置→单击鼠标右键→“粘贴”，如图 2-20 所示。

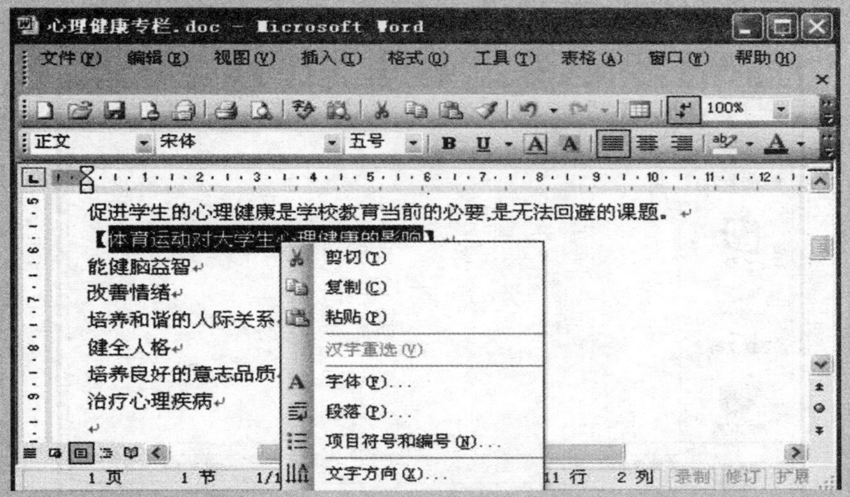

图 2-20 利用鼠标右键移动文本

● 选定要移动的文本→单击“常用”工具栏中“剪切”→“粘贴”进行移动。

3. 文本的删除

如果在我们录入或编辑过程中出现了错误或输入了不需要的文本时，就需要进行删除。使用键盘上“Backspace”键可以删除光标左侧的字符，使用“Delete”键可以删除光标右侧的字符。

当我们要删除大量的文字时，如果用“Backspace”或“Delete”键逐字删除是很不方便的，此时可以在选定需要删除的文本后，通过单击“编辑”菜单中的“清除”命令或按“Backspace”或“Delete”键删除文本。

如果需将我们素材的第一段“什么是心理健康教育?”删除，操作步骤如下：

(1)选定第一段。

(2)单击“Backspace”键。

至此，此任务全部完成。

技能拓展

1. 文档的打开。

2. 其他常用的基本编辑操作。

1. 文档的打开

当我们完成任务一后，如果要再次编辑“心理健康专栏”，就必须首先打开该文档。“打开文档”就是将存放在外存中的文件调入到内存中并显示出来。在 Word 窗口中单击“常用”工具栏中的“打开”命令（或单击“文件”菜单中的“打开”命令）→弹出“打开”对话框，如图 2-21 所示→在“查找范围”下拉列表中选择“健康专栏”文件夹，在“健康专栏”文件夹列表框中双击“心理健康专栏”文件名（或单击“心理健康专栏”文件名→单击“打开”命令）即可将此文档打开。

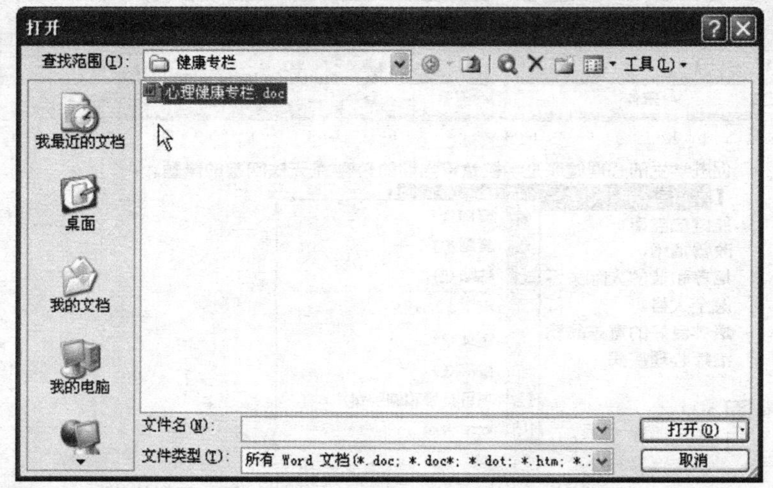

图 2-21 “打开”对话框

如果想打开最近处理过的文档，可直接单击在“文件”菜单的底部，列出了最近使用过的文件的名称，如图 2-22 所示，如果想打开“心理健康专栏”文档，只需单击“1 D:\健康专栏\心理健康专栏 . doc”。

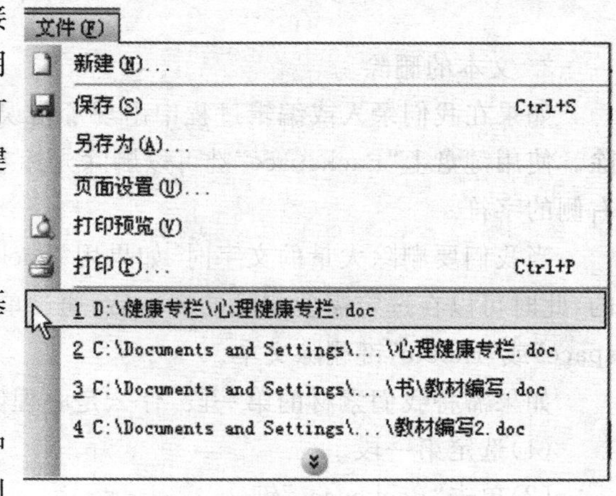

图 2-22 最近使用过的文件列表

2. 其他常用的基本编辑操作

除了选定和移动外，还有一些重要的基本编辑方法也需要我们熟练掌握。

● 文本的复制

“文本的复制”是 Word 中常用的一种操作，它是在所需位置处生成一个文本的副本，而原位置的文本仍然存在。例如，我们准备将已经录入的“心理健康专栏”中第一段这一素材放在另外一个文档中，通过文本的复制，我们不需重新录入就可完成这项任务。

操作步骤如下：

(1)选定第一段。

(2)单击“编辑”→“复制”命令。

(3)单击需要加入文本的位置。

(4)单击“编辑”→“粘贴”命令。

技能链接

文本复制的其他方法

● 选定要复制的文本，按住“Ctrl”键的同时拖动鼠标至需加入文本块的位置。

● 选定要复制的文本→单击鼠标右键→“复制”命令→将鼠标放到需加入文本的位置→单击鼠标右键→“粘贴”命令。

● 选定要复制的文本→单击常用工具栏中“复制”→“粘贴”命令进行复制。

● 选定要复制的文本→单击“复制”命令(或快捷键“Ctrl＋C”)→将鼠标放到需加入文本的位置→单击“粘贴”命令(或快捷键“Ctrl＋V”)粘贴文本。

● 文本的查找

在 Word 使用中，我们经常要在编辑的文档中查找某些指定的内容，有时需要对查找到的内容进行改变字体、删除或换成新内容等操作，如果文档内容较多，逐字查找非常不便，这时利用 Word 中提供的“查找”功能可以很方便的实现。

如果我们要在刚才录入的文档中查找文本“健康”，操作步骤如下：

(1)单击“编辑”→“查找”命令→弹出“查找和替换”对话框，如图 2-23 所示→在“查找”选项卡的“查找内容”文本框中输入要查找的内容“健康”。

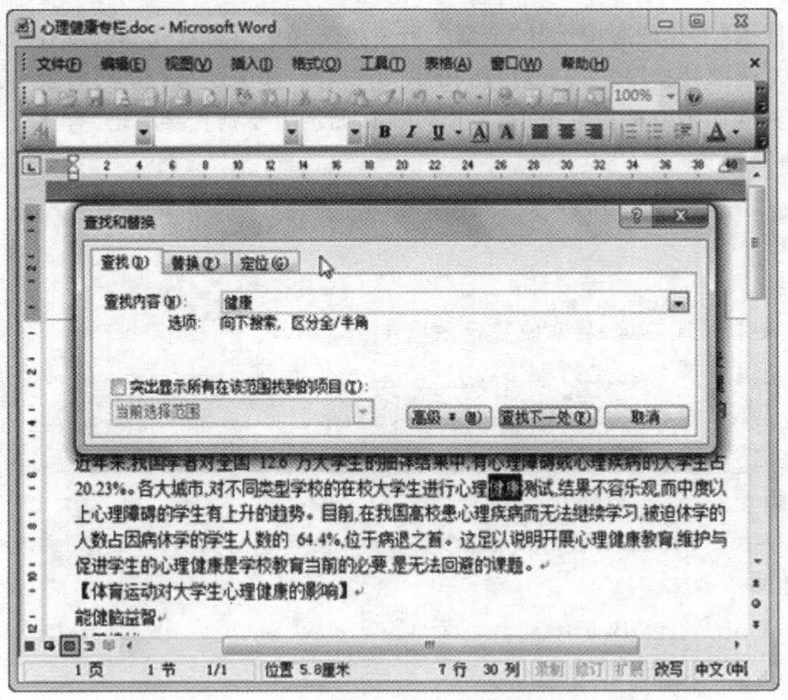

图 2-23　文本的查找

(2)单击“查找下一处”,这时系统会从当前插入点处进行查找,找到后停留在所找内容处,此时可根据自己的需要进行操作,然后再单击“查找下一处”,如此反复,直至结束。

如果要设定查找范围、文本格式等可以单击“高级”按钮,进行设置。

● 文本的替换

替换的功能与查找很相似,它可以把找到的内容用新内容来代替。例如,我们准备将录入的文本中所有“心理健康”替换为“mental health”,操作步骤如下:

(1)在“查找和替换”对话框中,单击“替换”选项卡,如图 2-24 所示,在“查找内容”文本框中输入要查找的内容“心理健康”,在“替换为”文本框中输入新内容“mental health”。

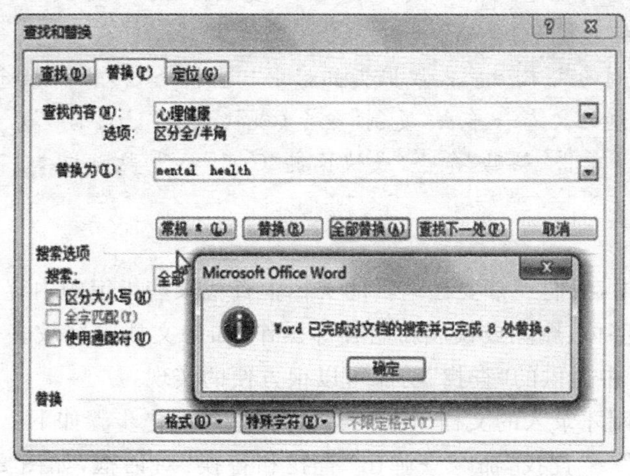

图 2-24 文本的替换

(2)在“搜索”下拉列表中选择“全部”,若要将文档中所有查找到的内容全部替换为新内容,可单击“全部替换”按钮;若对找到的内容查看后才决定是否进行替换,可单击“查找下一处”,查到后如需要替换则单击“替换”按钮,如不需要则直接单击“查找下一处”按钮,如此反复,直至结束。

✍ 课堂练习

填空题

1. 当文本被选定后,屏幕的显示方式是________。

2. 打开文档是将指定的文档从________中读入到________中,并显示出来。

3. 在 Word 编辑文档过程中,当鼠标指向选定栏,单击时,则选定________;双击时,则选定________;三击时,则选定________。

选择题

1. 要将选定的 Word 文字块从文档的一个位置复制到另一位置,采用鼠标拖动时,需按住哪个键( )。

A. Shift　　B. Enter　　C. Ctrl　　D. Alt

2. 在 Word 中,“文件”下拉菜单底部所显示的文件名是(　　)

A. 正在使用的文件名　　B. 正在打印的文件名

C. 扩展名为.doc 的文件名　　D. 最近被 Word 处理过的文件名

操作题

在进行练习时,应尝试使用不同操作方法达到相同目的,可反复进行几次练习。

1. 新建一个名字为“练习 2-1.doc”的 Word 文档,文档内容如题图 2-1 所示。

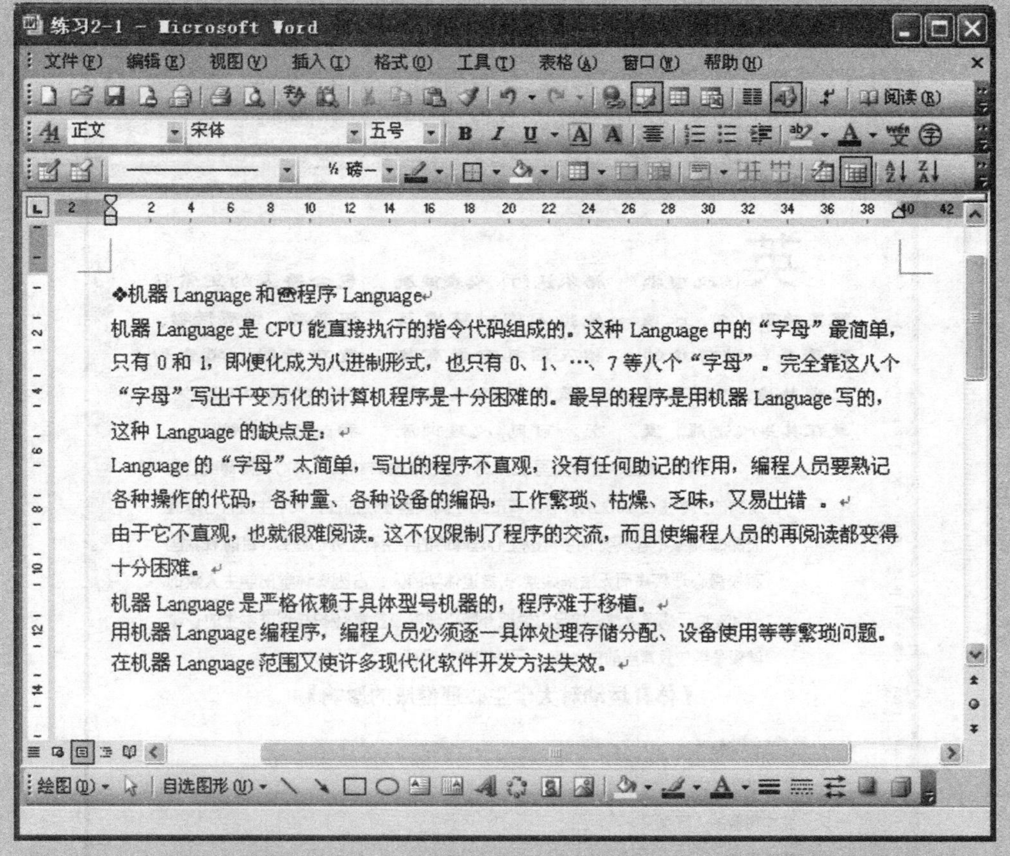

题图 2-1

2. 打开“练习 2-1.doc”文档,将文档的第一段移动到文档的最后一段;删除文档第二段中“完全靠……困难的。”这一句话;将剩余的所有文本复制到文章的结尾处;把修改过的文档另存为“练习 2-2.doc”。

3. 在文档“练习 2-2.doc”中,将所有的“Language”查找出来并替换为“语言”。

任务二　编排字符和段落的格式

【任务引入】

在前一个任务中，李文同学已经把专栏的相关内容录入到文件中保存起来，但录入的文本内容的格式采用 Word 默认的字体、字号、行间距等设置，如果标题及所有段落都采用这种统一的格式不美观，需要进行格式编排，达到如图 2-25 所示效果。

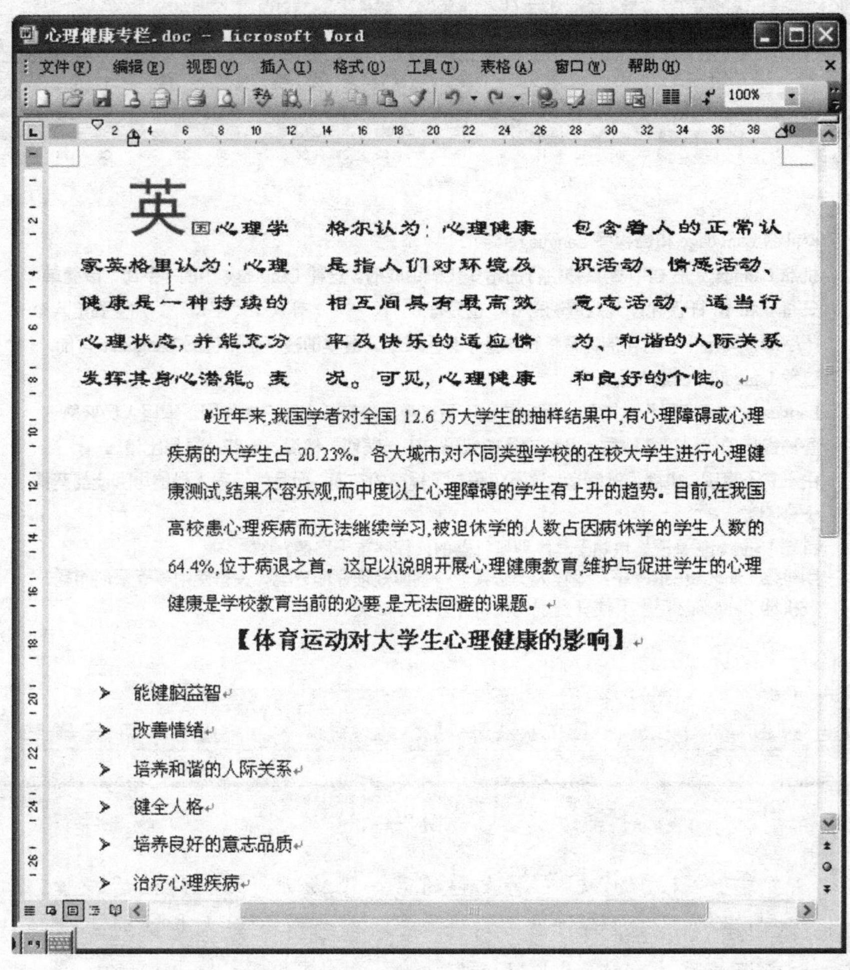

图 2-25　任务二效果图

【任务目标】

此任务是对文本内容做格式编排，通过对文本内容的字符格式、段落格式进行设置，分栏及项目符号和编号的使用，使得“心理健康专栏”各部分的版面不再千篇一律，消除那种呆板的感觉，增加了可读性。

任务操作 1 设置字符格式

打开“健康专栏”文件夹下的“心理健康专栏 . doc”文档。

在 Word 文档中，文字是整个文档中最主要的部分，因而字符的格式设置显得尤为重要，它主要指对文字的字体、字形、字号、字的颜色、字间距等进行设置。

1. 设置字体

新建一个文档后，系统一般默认为宋体，在 Word 中提供了很多种中文字体和西文字体，用户可以选择自己需要的字体，操作步骤如下：

(1)选定需要设置字体的文本，这里选择第一段。

(2)单击“格式”工具栏中“字体”列表框的下拉按钮，如图 2-26 所示。

(3)在弹出的下拉列表框中选择需要的字体，这里选择“隶书”。

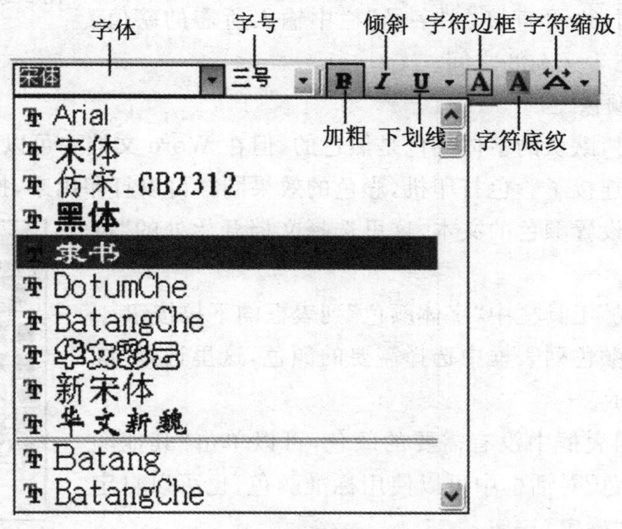

图 2-26 字体列表框

2. 设置字形

在 Word 中一般默认的字形是“常规”方式，此外还提供加粗、倾斜和既加粗又倾斜三种方式。字形按钮是开关按钮，单击选中此功能后，再次单击就会取消此功能，操作步骤如下：

(1)选定需要改变字形的文本，这里选择“【体育运动对大学生心理健康的影响】”。

(2)单击“格式”工具栏中“加粗”按钮。

要使上面所选文字产生既加粗又倾斜的效果，可在上面操作的基础上再单击“倾斜”按钮，效果如图 2-27 所示。

【体育运动对大学生心理健康的影响】

图 2-27 “加粗倾斜”字型效果图

3. 设置字号

字号是指文字的大小，通常有中文字号和英制字号两种表示方法，其中中文字号的数值越大则显示的文字越小，而英制字号是以磅为单位，磅值越大显示的文字越大，操作步骤如下：

(1)选定需要改变字号的文本，这里同时选择第一段和第三段。

(2)单击“格式”工具栏中“字号”列表框的的下拉按钮。

(3)在弹出的下拉列表框中选择需要的字号，这里选择“小四号”，如图 2-28 所示。

图 2-28 “字号”下拉列表

若要将文本“【体育运动对大学生心理健康的影响】”改成 14 磅的字，可在选定后，拖动“字号”下拉列表框中的垂直滚动条，待看到“14”后单击选择。

在设置字号时，也可直接在“字号”栏中输入所需的磅值，字号的磅值范围在 1～1638 之间。

4. 设置字体颜色

在录入文档时，默认的字体颜色是黑色的，但在 Word 文档中可以采用不同的颜色的文字，如果计算机连接了彩色打印机，彩色的效果同样可以打印出来，操作步骤如下：

(1)选定需要设置颜色的文本，这里选择文档开始处的“英国”两字。

(2)单击“格式”工具栏中“字体颜色”列表框的下拉按钮。

(3)在弹出的颜色列表框中选择需要的颜色，这里选择“红色”，如图 2-29 所示。

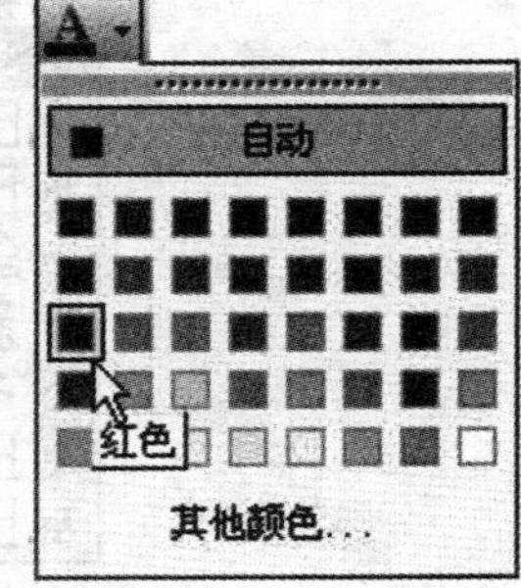

图 2-29 “字体颜色”列表

如果在颜色列表框中没有需要的颜色，可以单击“其他颜色”，在弹出的“颜色”对话框中可以使用标准颜色，也可以自定义颜色，最后单击“确定”按钮。

技能链接

设置字符格式的其他方法

使用“格式”菜单中的“字体”命令来设置字体、字形、字号、字体颜色等，可以得到更多的效果。

选定需要设置字符格式的文本→单击“格式”→“字体”命令→弹出“字体”对话框→在“字体”、“字符间距”、“文字效果”标签中选择所需的设置后→单击“确定”。

1.“字体” 选项卡：如图 2-30 所示，在此可以对文字进行字体、字型、字号、字的颜色、下划线及下划线颜色、着重号的设置，还可以给文字设置为阴影、空心字、上标、下标等效果，在底部的“预览”区中可以看到各种设置产生的效果。

2."字符间距"选项卡:如图 2-31 所示,在此可以进行字符缩放比例、字符间距、字符位置的设置,在"磅值"文本框中输入值或利用增减按钮来调整间距和位置。

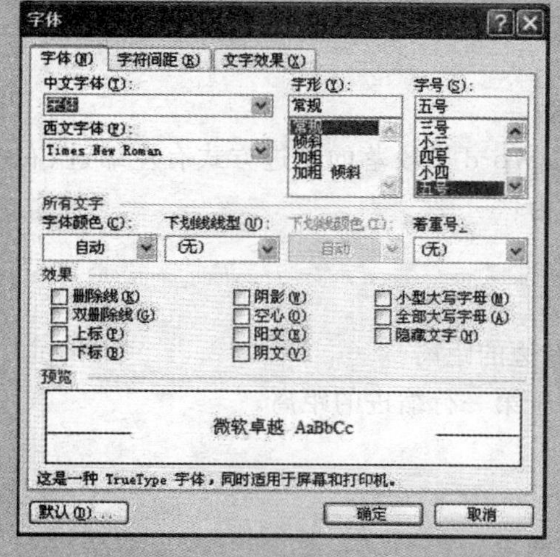

图 2-30　"字体"选项卡

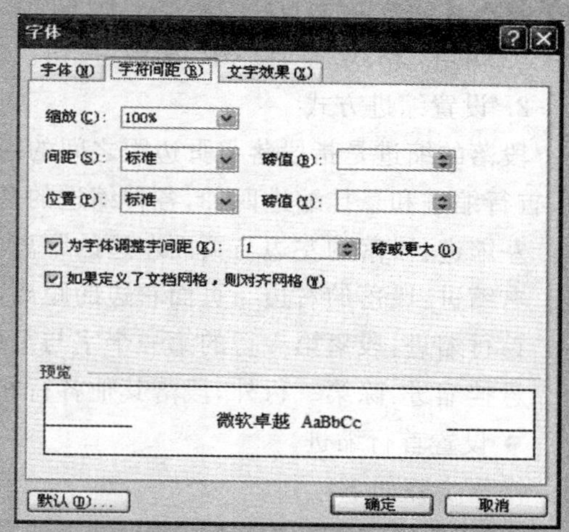

图 2-31　"字符间距"选项卡

- 字符缩放:字符高度不变,只改变字符的宽度。
- 字符间距:字符之间的距离以"标准"距离为基准"加宽"或"紧缩"。
- 字符位置:字符在垂直方向的位置,以基线为基准"提升"或"降低"。

3."文字效果"选项卡:在此可以对文字进行诸如赤水情深、礼花绽放、七彩霓虹、闪烁背景等动态效果的设置,应用了动态效果的文字可以在电脑屏幕上显示。

任务操作 2　设置段落格式

在 Word 中,一个段落是指以回车结束的一段文字,其中的回车符称为段落标记,它不仅标记了一个段落,而且记录了段落的格式信息,如段落的对齐方式、左右缩进量、行间距、段间距等。

1. 设置对齐方式

对齐方式是指段落中的文字在水平方向的分布规则,Word 中段落的对齐方式有左对齐、居中、右对齐、两端对齐和分散对齐五种,"格式"工具栏中对齐方式按钮如图 2-32 所示,当四个对齐方式按钮都处于无效状态时,系统默认为左对齐。各对齐方式的含义为:

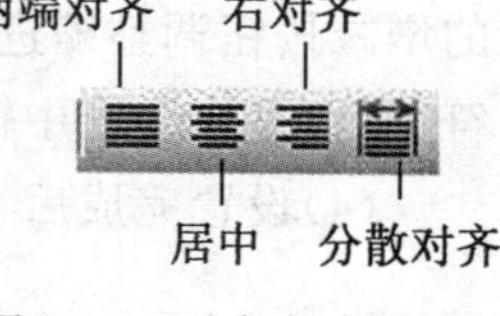

图 2-32　对齐方式按钮

- 左对齐:文本与左页边距对齐,右边可不齐。
- 居中:文本位于左、右页边距的正中。
- 右对齐:文本与右页边距对齐,左边可不齐。
- 两端对齐:将所选段落(除末行外)的左右两边同时对齐。

● 分散对齐：调整字间距，使所选段落各行(包括末行)等宽。

操作步骤如下：

(1)选定需要设置对齐方式的文本，这里选定文本“【体育运动对大学生心理健康的影响】”这一段。

(2)单击“格式”工具栏中“居中”按钮。

2. 设置缩进方式

段落的缩进是指段落与页边距之间的距离，Word 中段落的缩进方式有左缩进、右缩进、首行缩进和悬挂缩进四种，各种缩进的含义为：

左缩进：段落的左边与页面左边的距离。

右缩进：段落的右边与页面右边的距离。

首行缩进：段落第一行的第一个字与页面右边的距离。

悬挂缩进：除第一行外，段落其他各行相对于第一行缩进的距离。

● 设置首行缩进

操作步骤如下：

(1)选定需要首行缩进的文本，这里选择前两段。

(2)单击“格式”→“段落 ”命令→弹出的“段落”对话框→选择“缩进和间距”选项卡，如图 2-33 所示。

(3)单击“特殊格式”的下拉按钮选择“首行缩进”，默认缩进 2 个字符，如果需要，可以调整后面的“度量值”。

(4)设置完成，单击“确定”按钮。

● 设置左右缩进

操作步骤如下：

(1)选定需要改变缩进的文本，这里选择第二段。

(2)单击“格式”→“段落 ”命令→在弹出的“段落”对话框中→“缩进和间距”选项卡，参见图 2-33 所示。

(3)在“缩进”项中，利用“左”、“右”缩进的增减按钮调整缩进量为 5 个字符和 1 个字符，也可直接在框中输入数值 5 和 1。

(4)设置完成后，单击“确定”按钮。

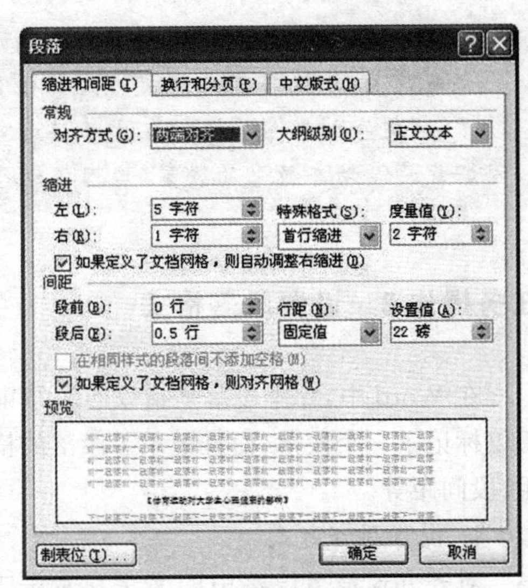

图 2-33 “段落”对话框中“缩进和间距”选项卡

技能链接

设置段落缩进的其他方法

设置缩进方式还可以使用标尺上的缩进标记，如图 2-34 所示，选定需要设置缩进的段落后，按下左键拖动标尺上的缩进标记可以方便地改变缩进量。

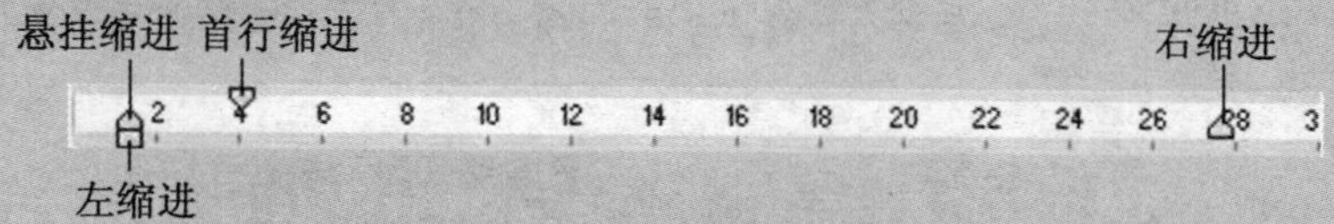

图 2-34 水平标尺上的段落标记

3. 设置行间距

行间距是指段落中行与行之间的距离，它有单倍行距、1.5 倍行距、2 倍行距、最小值、固定值、多倍行距六种选择，各种行间距类型含义为：

单倍行距：系统默认为单倍行距，它是可以根据文字大小自动调整的最佳行距。

1.5 倍行距：单倍行距的 1.5 倍。

2 倍行距：单倍行距的 2 倍。

最小值：自动调整到能容纳本行最大字体或图形的最小行距。

固定值：不需要系统调整的固定行距。

多倍行距：单倍行距的若干倍，可通过右边“设置值”项来设置。

操作步骤如下：

(1)选定需要调整行间距的文本，这里选择前两段。

(2)单击“格式”→“段落”→弹出的“段落”对话框→选择“缩进和间距”选项卡。

(3)在“间距”项中，单击“行距”列表框的下拉按钮，选择“固定值”，在“设置值”框中设置值为 22 磅，如图 2-33 所示。

(4)设置完成，单击“确定”按钮。

(5)重复上述操作将从第三段往后的各行行距设置为 19 磅。

4. 设置段间距

段间距是指段落与段落之间的距离，分段前、段后两种间距。“段前”是指当前段与前一段之间的距离，“段后”则是指当前段与下一段之间的距离，操作步骤如下：

(1)选定需要调整段间距的文本，这里选择第三段“【体育运动对大学生心理健康的影响】”。

(2)单击“格式”菜单中的“段落”命令，在弹出的“段落”对话框中，选择“缩进和间距”选项卡。

(3)在“间距”项中，调整“段后”值为 0.5 行，如图 2-33 所示。

(4)设置完成，单击“确定”按钮。

技能链接

度量单位的设置

在“段落”对话框的“缩进和间距”选项卡中，一般默认左右缩进量的单位是“字符”，段前段后等的单位是“行”，如果要改变度量单位，可以单击“工具”→“选项”→弹出“选项”对话框中→选择“常规”选项卡，清除“使用字符单位”功能，可以改变度量单位，如图 2-35 所示。

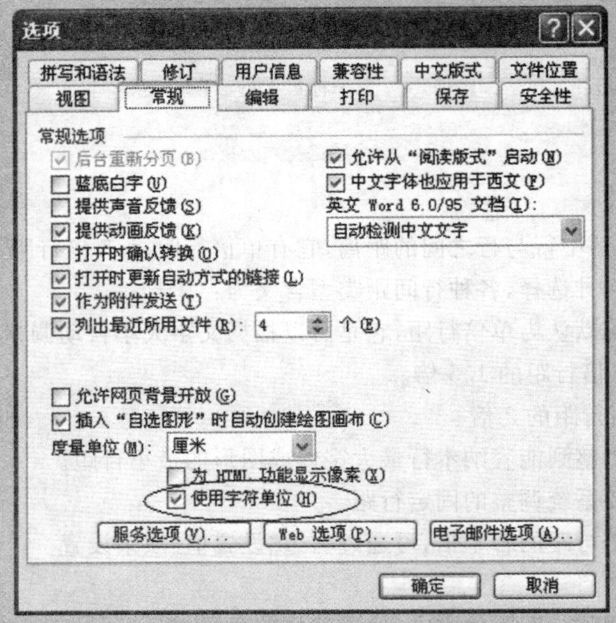

图 2-35　改变度量单位

说明提示

(1)如果对同一文本对象进行左右缩进、首行缩进、行间距、段间距等多项设置时，可在“段落”对话框中各项设置均完成后，单击“确定”按钮。

(2)如果设置的是一个段落，可以将插入点移到该段落而不必选定该段落；如果是多个段落，则必须选定要设置的多个段落。

任务操作 3　设置首字下沉

首字下沉是对段落的第一个字做技术处理，增大第一个字的字号，给人一种字符下沉的感觉，引起读者的注意，使得本段或本文也更加醒目。

观察任务二文档(见图 2-25),可以发现第一段的第一个字占了两行的高度,这就是设置了首字下沉达到的效果,操作步骤如下:

(1)将插入点置于第一段或选定第一段。

(2)单击“格式”→“首字下沉”命令,会弹出“首字下沉”对话框,如图 2-36 所示。

(3)在“位置”项中单击“下沉”样式,选择“字体”为“黑体”,“下沉行数”调整为 2 行。

(4)设置完成后,单击“确定”按钮。效果如图 2-37 所示。

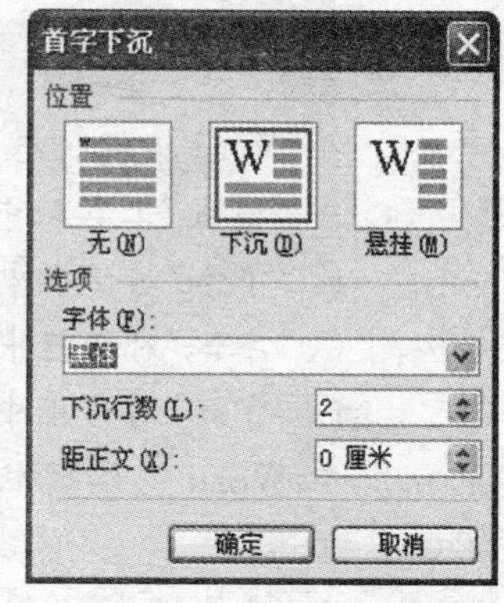

图 2-36　“首字下沉”对话框

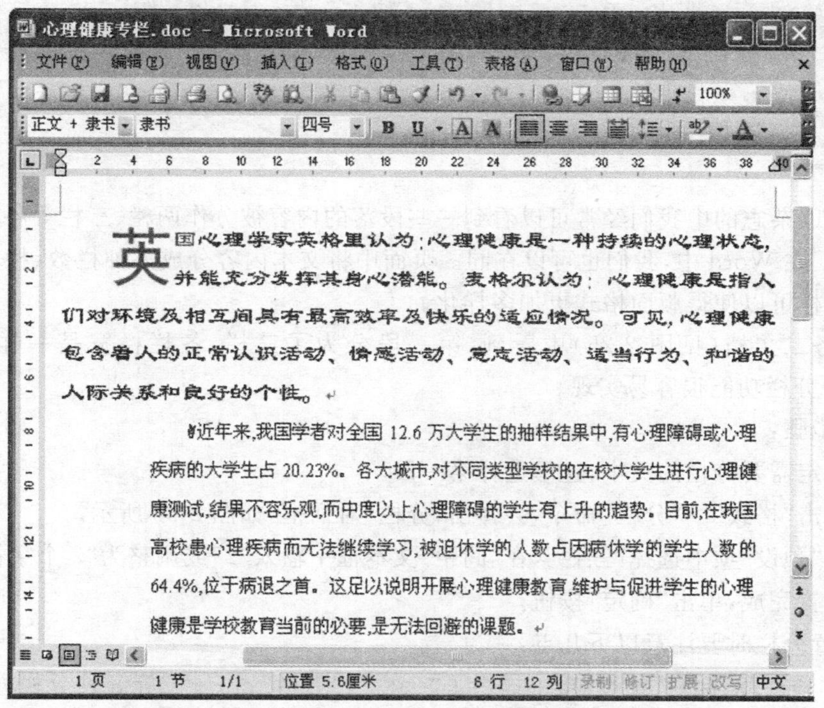

图 2-37　“首字下沉”效果图

✍ 课堂练习

填空题

1. 在用 Word 文档编辑中,一般系统默认的是________体________号字,若想改变系统默认值,须到________菜单中的________项中修改设置。

2. 要调整 Word 中使用的度量单位可在________菜单中选择________,再然后单击________选项卡。

3. 段间距是指________,它包括________和________两种。

选择题

1. 在 Word 编辑状态，设置字符的空心效果或阴影效果，应该使用(　　)。

A.“格式”工具栏中的相应按钮

B.“字体”对话框中的“字符间距”选项卡

C.“字体”对话框中的“字体”选项卡

D.“字体”对话框中的“文字效果”选项卡

2. 在 Word 的编辑状态下，若要调整页面的左右边界，比较快捷的方法是使用(　　)。

A. 工具栏　　B. 格式栏　　C. 菜单　　D. 标尺

3. Word 段落格式操作中提供了(　　)种对齐方式。

A. 6　　B. 5　　C. 4　　D. 2

任务操作 4　设置分栏

在报纸、杂志的中我们经常可以看到一些段落的内容被分作两栏、三栏等各种不同栏数的版面。在 Word 中，我们也可以在同一页面中将文本内容分成多种栏数、栏宽不同的文本块，这样可以使得版面格式更加多样化。

在任务二文档(见图 2-25)中看到，第一段分为了三栏，各栏栏宽是一样的，利用 Word 中的分栏功能很容易实现。

操作步骤：

(1)选定需要分栏的文本，这里选择第一段。

(2)单击“格式”→“分栏”命令，会弹出“分栏”对话框，如图 2-38 所示。

(3)在“预设”项中选择“三栏”，在“间距”文本框中输入“2”或调整为“2 个字符”。

(4)设置完成，单击“确定”按钮。

在设置分栏时要注意以下几点：

● 在“分栏”对话框“预设”项中提供了“一栏”、“二栏”、“三栏”等五种分栏方案，且一般默认为等宽分栏，但如果需要分成四栏、五栏或更多的栏数，可以在“栏数”框中输入栏数值或利用增、减按钮来调整栏数值；如果要分成栏宽不等的多栏，可以先取消对话框中“栏宽相等”复选框，然后再进一步设置栏宽和栏间距，对于栏与栏间的分隔线可根据需要来设定，如图 2-38 所示。

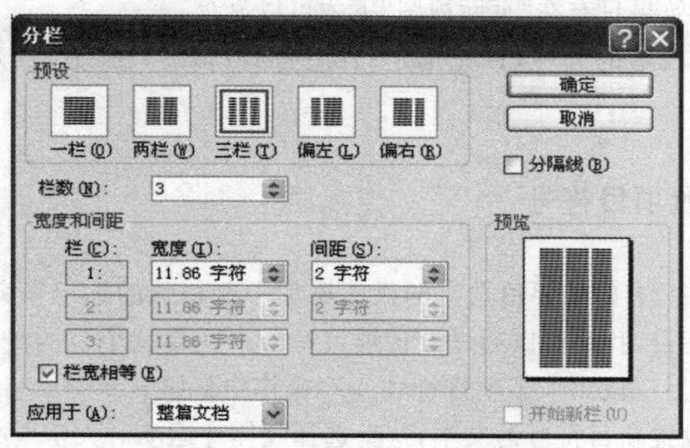

图 2-38　“分栏”对话框

● 在 Word 文档中进行分栏时，如果要分栏内容一直到文档结尾处，会有两种分栏效果。如果选定文本时连同文档的文末符选中，分栏后各栏长度一般是不相等的，如图 2-39 所示；如果没有选中文末符，分栏后各栏长度相等，如图 2-40 所示。

图 2-39　不等长分栏

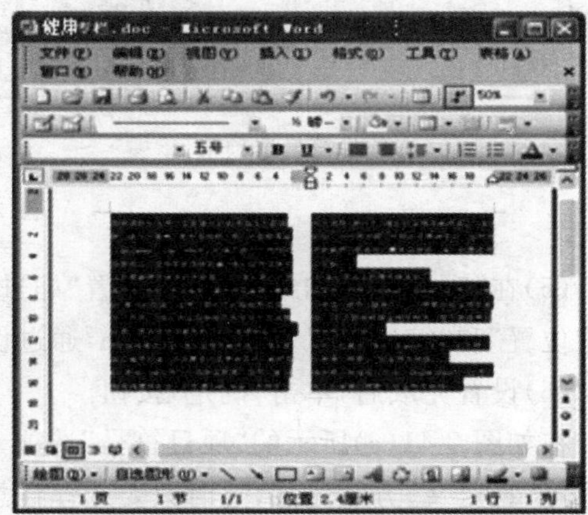

图 2-40　等长分档

● 分栏功能的效果只有在“页面视图”下才可以显示。

● 如果想取消段落的分栏，首先选定已分栏的段落后，在“分栏”对话框中单击“一栏”就可完成。

任务操作 5　设置项目符号

在 Word 文档中，有时需要给选定的段落添加一些特殊的标记来突出一些纲领性的内容，使段落内容醒目，我们可以通过设置项目符号来实现这个目的。在任务二文档(见图 2-25)中看到，最后三段添加了项目符号“➢”，操作步骤如下：

(1)选定需要设置项目符号的文本，这里选择“【体育运动对大学生心理健康的影响】”后的各段。

(2)单击“格式”→“项目符号和编号”命令，在弹出“项目符号和编号”对话框中，选择“项目符号”选项卡，如图 2-41(a)所示。

(3)单击第一排第三个的项目符号框。

(4)单击“自定义”按钮，弹出“自定义项目符号列表”对话框，如图 2-41(b)所示。

(a) 项目符号选项卡

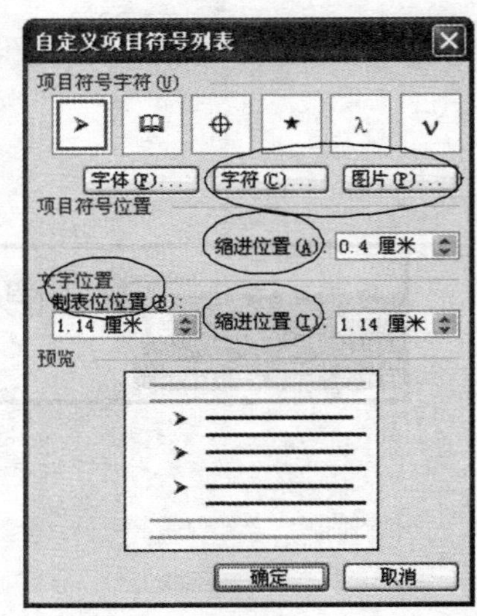

(b) “自定义项目符号列表”对话框

图 2-41

(5)在“项目符号和编号”项中设置“缩进位置”为 0.4cm，在“文字位置”项中设置“制表位位置”和“缩进位置”都为 1.14cm，通过设置来控制项目符号和段落之间的距离。

(6)设置完成后，单击“确定”按钮。

在如图 2-41(a)所示的“项目符号”选项卡中，如是没有用户想要的符号式样，我们可以采用“自定义”方式完成，这时只要选择任意一种符号式样，右下角的“自定义”按钮会被激活，单击“自定义”按钮，弹出“自定义项目符号列表”对话框，如图 2-41(b)所示，然后单击“字符”或“图片”按钮，就会给出许多符号或图形供我们选择，这时就可以寻找需要的符号完成设置。

如果想取消项目符号，可以选定已加项目符号的段落，在“项目符号”选项卡中选择“无”即可。

这样，李文编辑的第二个任务已经完成。

技能拓展

1. 格式复制　2. 设置项目编号　3. 样式

1. 格式复制

格式复制是指复制文本的格式信息，如字体、字型、字号、字体颜色、字间距、行间距等，而不是复制文字内容。格式刷是系统提供的专门用于格式复制的一个工具按钮，它位于“常用”工具栏中。

如果我们将任务二中第一段的字体、字号及字体颜色的格式复制到第二段，操作步骤如下：

(1)首先要选定第一段，然后单击“格式刷”按钮。

(2)将格式刷状鼠标指针位于第二段开始处，按下鼠标左键拖至第二段结束处即可完成，效果如图 2-42 所示。

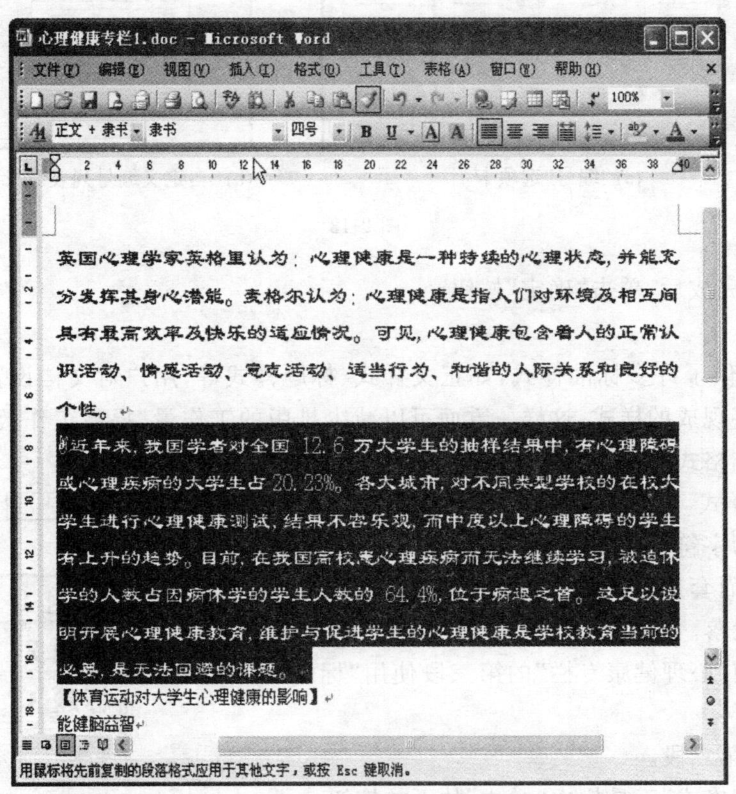

图 2-42　格式刷复制效果图

对于格式刷有单击和双击两种操作方式。单击格式刷,只复制一次格式即退出复制状态;双击格式刷,可连续复制多次。若想退出复制状态,再次单击格式刷或按"Esc"键。

2. 设置项目编号

在文档中,有时需要对一些段落添加顺序编号,使得这些内容有了一定的顺序关系。

例如:我们要给后三段加上"Ⅰ."、"Ⅱ."、"Ⅲ."这样的项目编号,操作步骤如下:

(1)选定最后三段内容。

(2)单击"格式"→"项目符号和编号"命令,会出现"项目符号和编号"对话框,选择"项目编号"选项卡,如图 2-43 (a)所示。

(3)单击所需样式的编号框,如果没有此样式,可单击"自定义"按钮。

(4)在弹出的"自定义编号列表"对话框,如图 2-43(b)所示,在"编号样式"下拉列表框中进行选择,同时也可以调整"编号位置"、"对齐位置"、"缩进位置"等设置。

(a)"编号"选项卡

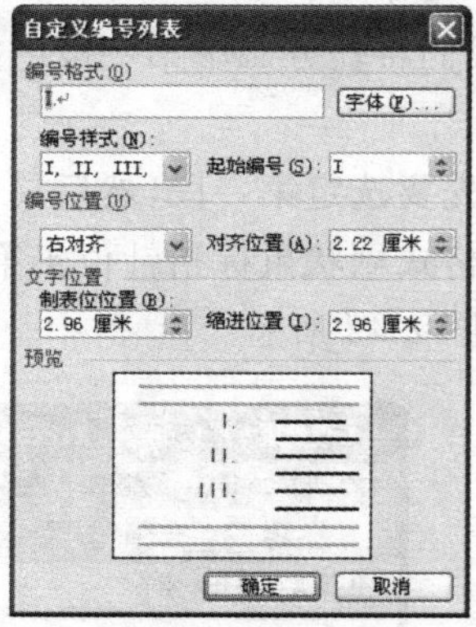

(b)"自定义编号列表"对话框

图 2-43

(5)设置完成后,单击"确定"按钮。

3. 样式

Word 提供了许多标准样式,如正文样式、标题样式等,用户对文档设置格式时可以直接套用这些现成的样式,这样一方面可以减少排版的工作量,提高工作效率,另一方面还能保证文档格式的统一。

● 应用样式

样式分为字符样式和段落样式。应用字符样式必须选定该字符文本,而套用段落格式可以按规定该段落,也可以将插入点置于该段落。

如果要使"心理健康专栏"的第三段使用"标题 1"的样式,操作步骤如下:

(1)选定第三段。

(2)单击"格式"工具栏中"样式"的下拉按钮。

(3)在弹出的"样式"列表框中选择"标题 1"样式,如图 2-44 所示。

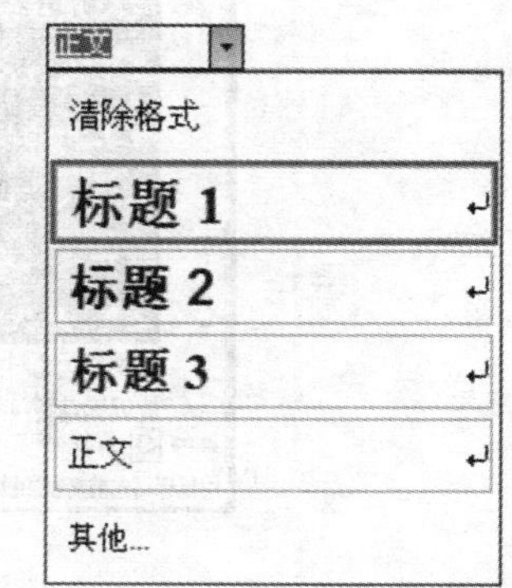

图 2-44 "样式"列表框

技能链接

应用样式的其他方法

应用样式除了可以使用按钮完成，还可以使用菜单形式来实现。

选定需要应用样式的字符或段落，单击“格式”→“样式和格式”命令，在弹出的“样式和格式”任务窗口中，选择所需要的样式，如图 2-45 所示。

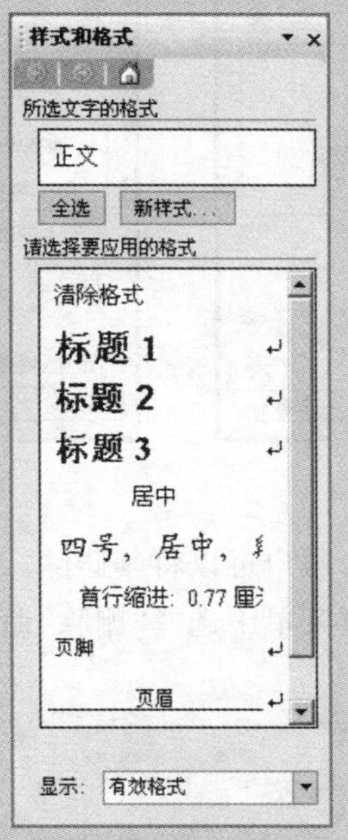

图 2-45　“样式和格式”任务窗口

● 新建样式

如果 Word 系统提供的标准样式不能满足用户的需求，用户可以根据自己的需要来创建新样式，操作步骤如下：

(1)在如图 2-45 所示“样式和格式”任务窗口中，单击“新样式”，弹出“新建样式”对话框，如图 2-46 所示。

(2)在“名称”框中输入新建样式的名称，根据需要选择“样式类型”、“基准样式”及“后续段落样式”等项内容。

(3)单击“格式”按钮，进行格式设置。

(4)设置完成后，单击“确定”按钮。

● 修改和删除样式

对于已存在的样式，用户可以进行修改，在“样式和格式”任务窗口中，右键单击需要修改的样式，在弹出的快捷菜单中选择“修改样式”命令，在“修改样式”对话框中进行设置，如图 2-47 所示，最后单击“确定”按钮。

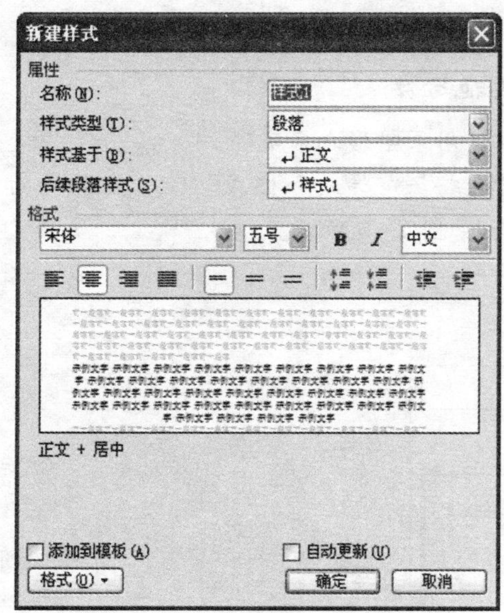

图 2-46 “新建样式”对话框

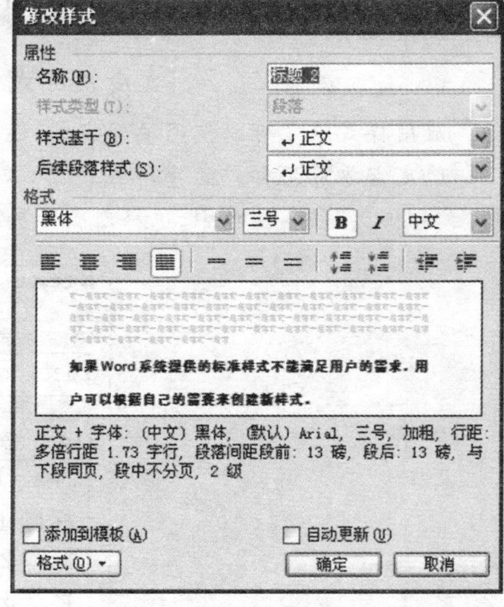

图 2-47 “修改样式”对话框

对于一些已经不需要的样式，用户可以将其删除。在“样式和格式”任务窗口中，右键单击要删除的样式，在弹出的快捷菜单中选择“删除”命令。

✍ 课堂练习

填空题

1. Word 中，若想复制格式，可用________按钮完成，为多次复制同一格式，应进行________操作。

2. 在 Word 中的编辑状态中，若要对已经输入的文本进行分栏操作，需要使用的是________菜单的分栏操作，执行后当前编辑窗口自动切换到________视图方式。

选择题

1. Word 具有分栏功能，下列关于分栏的说法中正确的是(　　)。

A. 最多可以设置 4 栏　　B. 各栏的宽度必须相等

C. 各栏的宽度可以不等　　D. 各栏的间距是固定的

2. 下列关于 Word 操作的叙述中，正确的是(　　)。

A. 可以在不同的文档中进行对象的移动和复制

B. 在字体的大小选择中，中文字号越小，字体越小

C. 查找操作只能查找普通字符，不能查找特殊字符

D. 凡是显示在屏幕上的内容，都已经保存在硬盘上

操作题

打开文档“练习 2-1. doc”，对其进行字符及段落的格式化排版，然后将排版后的文档另存为“2-3. doc”，效果图如题图 2-2 所示。

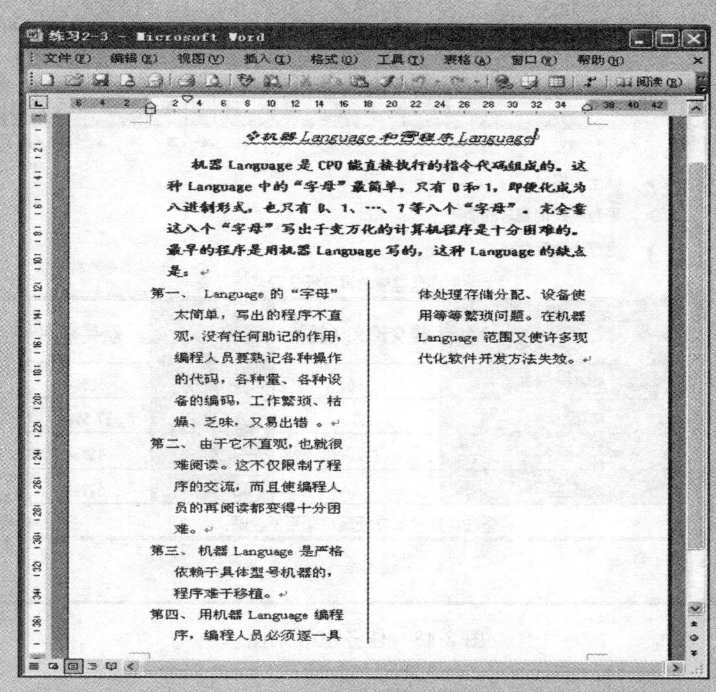

题图 2-2

1. 设置字体:设置第一段为隶书;第二段为楷体,其他各段为宋体。
2. 设置字号:设置第一段为三号;第二段为四号,其他各段文字为 13 磅。
3. 设置字形:设置第一段为斜体、加波浪线;第二段为粗体。
4. 对齐方式:设置第一段为居中对齐;其他各段为两端对齐。
5. 段落缩进:设置第二段左右各缩进 0.5cm;整篇文档首行缩进两个汉字。
6. 设置间距:设置第二段前间距 0.5 行,整篇文档行间距为固定值 24 磅。
7. 设置项目符号或编号的编号为"第一、""第二、""第三、""第四、"。
8. 设置分栏:设置三、四、五、六段为两栏,栏宽为 16 个字符,加分隔线。

任务三　表格处理

【任务引入】

李文同学感觉版面内容比较少,需要丰富专栏的内容,正巧学院开展的关于"大学生心理健康教育"征文评选已经结束,现需把获奖情况予以公布,于是李文就需要把各系征文情况制作一个表格,把相关内容录入、编辑,还要进行表格的格式编排,如图 2-48 所示。

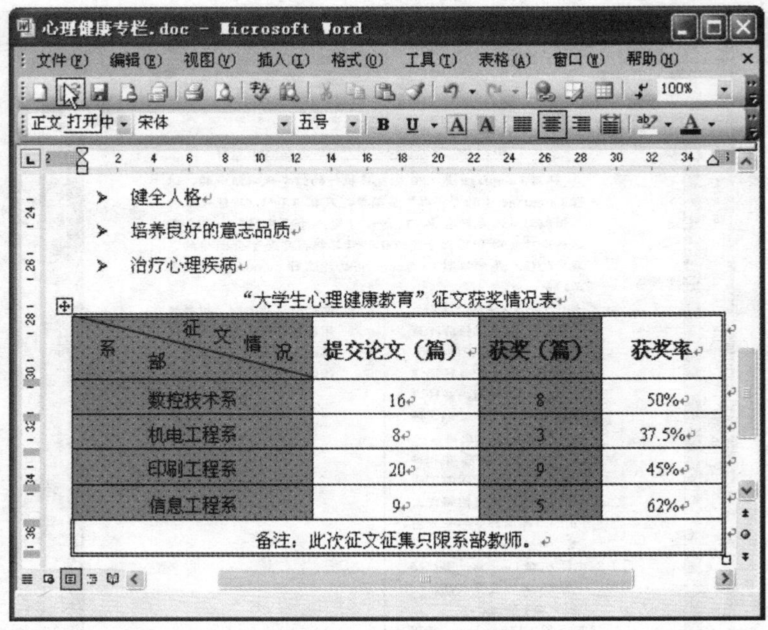

征文情况 / 系部	提交论文（篇）	获奖（篇）	获奖率
数控技术系	16	8	50%
机电工程系	8	3	37.5%
印刷工程系	20	9	45%
信息工程系	9	5	62%
备注：此次征文征集只限系部教师。			

图 2-48　任务三效果图

【任务目标】

表格是一种常见的信息组织形式，在实际应用中使用相当广泛。要加入征文获奖情况表需要首先创建一个表格，然后录入表格的内容，再对表格进行编辑及格式化操作。

任务操作 1　制作表格

1. 输入表格题目

打开“健康专栏”文件夹下的“心理健康专栏 . doc”文档，然后输入表格题目，操作步骤如下：

(1)将插入点置于文档最后，按回车键后，删除自动生成的项目符号“➢”，这样就增加一个空段落。

(2)在空段落处输入“‘大学生心理健康教育’征文获奖情况表”，然后“加粗”且“居中”。

2. 创建表格

操作步骤如下：

(1)单击需要制作表格的位置，这里单击表格题目的后面。

(2)单击“常用”工具栏中的“插入表格”按钮，在弹出的表格母版上按住鼠标左键拖动至图 2-49 所示状态。

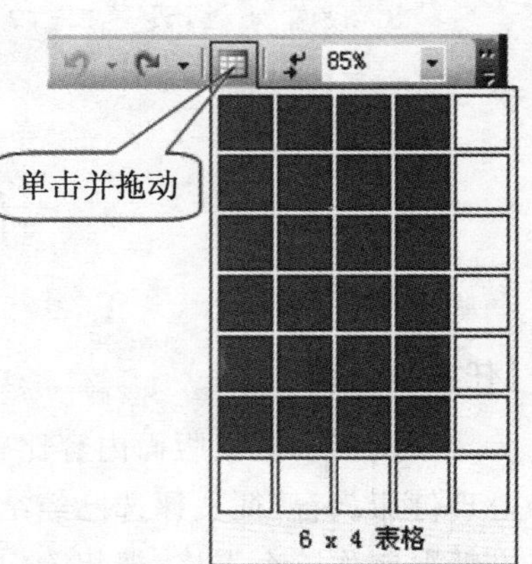

图 2-49　插入表格母版

(3)松开鼠标，这时在文档中插入点位置出现一个 6

行 4 列的表格，如图 2-50 所示。

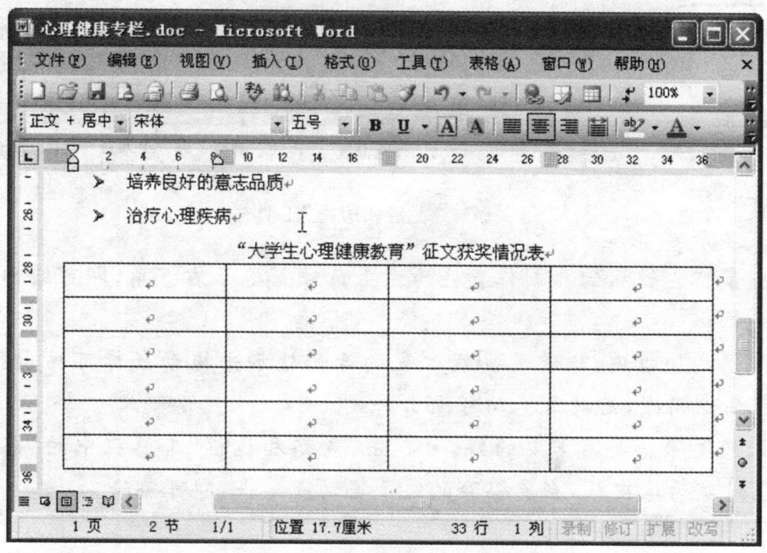

图 2-50　插入表格效果图

技能链接

创建表格的其他方法

(1)单击"表格"→"插入"命令，在子菜单中选择"表格"子命令或单击"表格和边框"工具栏中的"插入表格"按钮，将弹出"插入表格"对话框，如图 2-51 所示，在该对话框中输入或选择所需的行数和列数，其他各项根据需要设置，最后单击"确定"按钮。

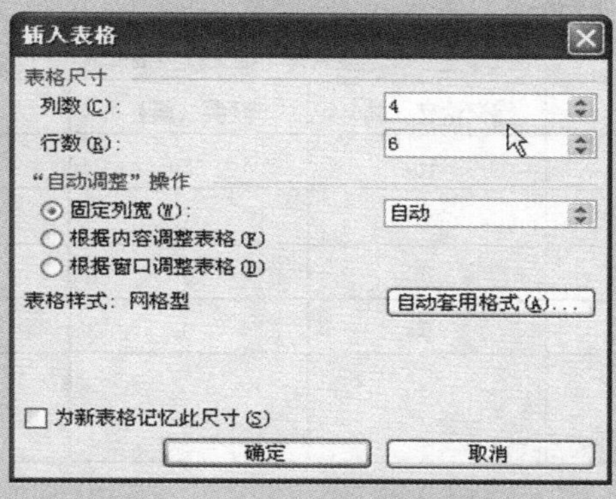

图 2-51　"插入表格"对话框

(2)对于一些比较复杂或格式不固定的表格，也可以通过"绘制表格"功能来创建，绘制时最好先绘制表格的外边框，再画内线，操作步骤如下：

● 单击"表格和边框"工具栏中的"绘制表格"按钮，如图 2-52 所示，或单击"表格"菜单中的"绘制表格"命令。

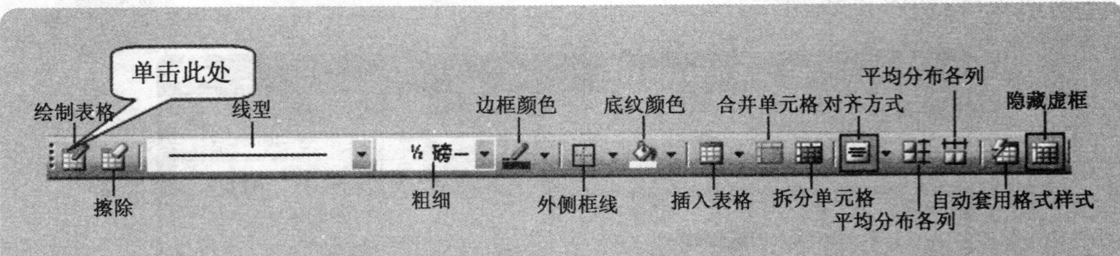

图 2-52 “表格和边框”工具栏

● 按下鼠标左键从需要制作表格的左上角位置拖至右下角，即可绘出表格的外边框。

● 在表格的边框内，从需要画线位置的开始处水平拖动鼠标可画出行线，垂直拖动鼠标可画出列线，沿对角拖动可画出斜线。

● 如果想擦除一些不需要的线，可单击“表格和边框”工具栏中的“擦除”按钮，这时鼠标指针变为橡皮状，在要擦除的线上拖动或单击，即可擦除。

3. 录入表格内容

在表格中录入内容与在文档中录入文字方法相同，只需将插入点移至要输入内容的单元格内，然后输入内容就即可，如图 2-53 所示。

心理健康专栏.doc - Microsoft Word

“大学生心理健康教育”征文获奖情况表

	提交论文（篇）	获奖（篇）	获奖率
数控技术系	16	8	50%
机电工程系	8	3	37.5%
印刷工程系	20	9	45%
信息工程系	9	5	62%
备注：此次征文征集只限系部教师。			

图 2-53 表格中录入的内容

在录入表格内容过程中要注意以下几个问题：

(1)移动插入点除了可以通过单击目的位置或通过光标移动键“←”、“↓”、“↑”、“→”来完成，还可以使用“Tab”键来进行，每按一次“Tab”键，插入点会跳到下一单元格，一行结束，跳至下一行第一单元格，如果插入点在最后一个单元格中再按“Tab”键时，表格结尾会增加一空行。

(2)在单元格中输入内容时，当所输入内容超过单元格的宽度，它会自动换行，单元格的行高也会自动调整，只有在需要开始一个新段落时才按回车键，否则可能给排版带来麻烦。

(3)为了排版的方便，在每个单元格输入内容的开始尽量不要输入空格，这样有利于排版时对齐方式的设置。

(4)在文档开始处的表格增加一个空段落，可以将插入点定位在第一个单元格的开始处，按回车键即可。

任务操作 2　编辑表格

1. 表格的选定

在编辑表格时，一般要首先进行选定操作，它的操作方法与文本的选定类似。

选定单元格：鼠标指针指向单元格的左边线变为“➚”状，单击即可选定一个单元格；如果接着拖动鼠标，可以选择一个单元格区域。

选定行：将鼠标移到表格某行左侧的选定栏，单击即可选定该行。选定一行后垂直拖动鼠标即可选定多行。

选定列：将鼠标移到某列上面的表格边线处时，指针形状变为“⬇”状，单击即可选定该列。选定一列后水平拖动鼠标即可选定多列。

选定整个表格：将鼠标指针移到表格的左上角，出现⊞状的标记，单击该标记即可选定整个表格。

2. 调整行高和列宽

前面完成的获奖情况表中各行的行高和各列的列宽都是相同的，但通过观察可以发现任务三效果图表格第一行比其他各行要高，而且各列的宽度也是不同的，因此需要调整行高和列宽。

● 调整行高

操作步骤如下：

(1)选定要调整行高的行，这里选择表格的第一行。

(2)单击“表格”→“表格属性”命令，出现“表格属性”对话框，选择“行”选项卡，如图 2-54 所示。

(3)单击“指定高度”复选框，在后面的文本框中输入值或调整为 1.3cm。

(4)设置完成后，单击“确定”按钮。

● 调整列宽

操作步骤如下：

(1)选定要调整列宽的列，这里选择表格的第一列。

(2)单击“表格”→“表格属性”命令(或右键单击，在弹出的快捷菜单中选择“表格属性”命令)，弹出“表格属性”对话框，选择“列”选项卡，如图 2-55 所示。

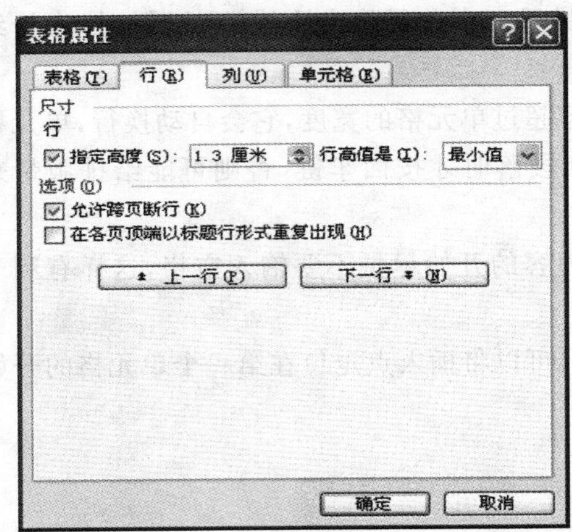

图 2-54　“行”选项卡

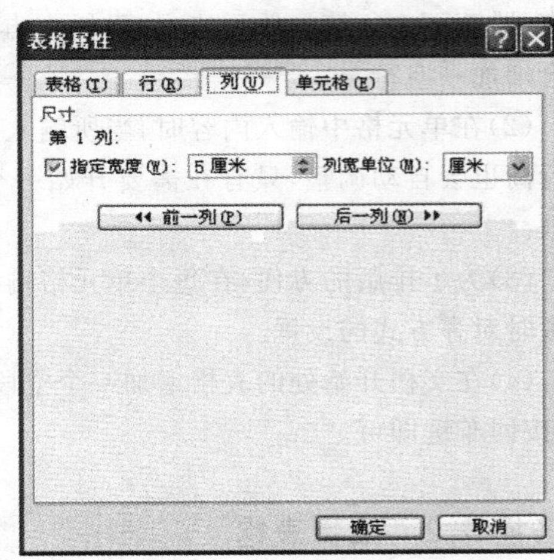

图 2-55　“列”选项卡

(3)单击“指定宽度”复选框，在后面的文本框中输入值或调整为 5cm。

(4)设置完成后，单击“确定”按钮。

调整行高及列宽后的效果图如图 2-56 所示。

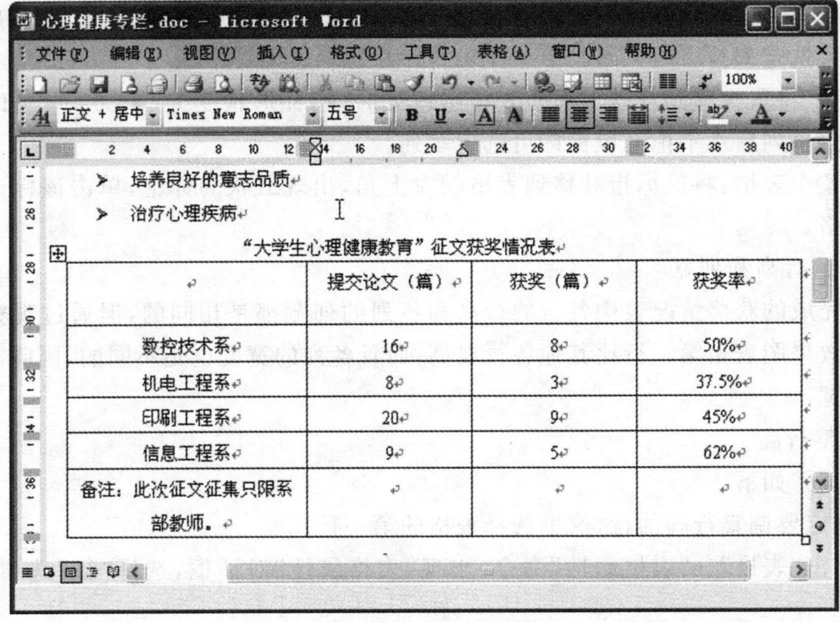

图 2-56　调整行高及列宽后的效果图

技能链接

调整行高和列宽的其他方法

● 将鼠标移到待调整行下边框线处，指针变为“÷”状时拖动即可改变行高；将鼠标移到待调整列的右边框线处，指针变为“+||+”状时拖动即可改变列宽。

● 将鼠标移到垂直标尺上待调整行的下边线的移动滑块处，指针变为“↕”状时拖动即可改变行高；将鼠标移到水平标尺上待调整列的右边线的移动滑块处，指针变为“↔”状时拖动即可改变列宽。

3. 绘制斜线表头

表头是指表格左上角单元格，即第一行和第一列交叉处的单元格。观察任务三文档（见图 2-48）中的表头内有能够区分行标题和列标题的斜线，我们可以利用“绘制斜线表头”的功能实现，操作步骤如下：

(1)单击表格内任意单元格。

(2)单击“表格”菜单中的“绘制斜线表头”命令，出现“插入斜线表头”对话框，如图 2-57 所示。

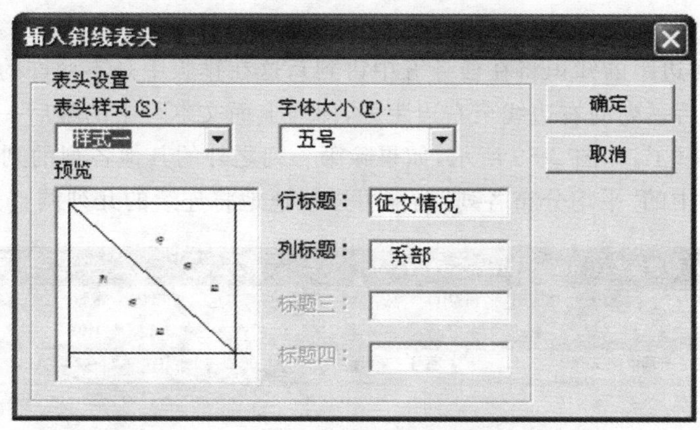

图 2-57 “插入斜线表头”对话框

(3)在“表头样式”列表中，单击所需样式，如选择“样式一”。

(4)在“行标题”框中输入“征文情况”，在“列标题”框中输入“系部”。

(5)设置完成后，单击“确定”按钮，效果图如图 2-58 所示。

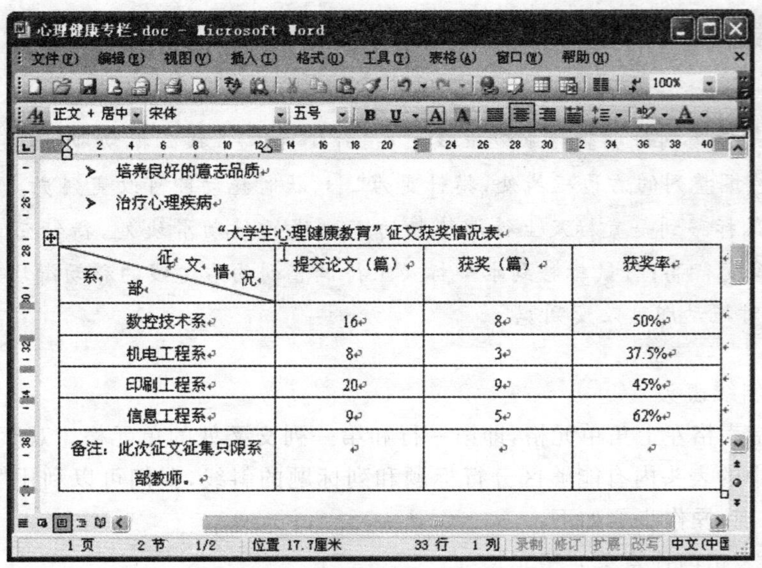

图 2-58　斜线表头效果图

4. 平均分布各列

在前面调整了第一列的宽度后，我们会发现表格的最后一列的右边线已经超出了页面的右边距（页面边距的知识将在任务五中讲到），这在排版中是不允许的。

我们拖动最后一列的右边线至右边距处，即与上面文本行中的最后一列处对齐，这时最后列的宽度缩窄了，如图 2-59 所示，如果除第一列之外的其他各列的列宽相同，这样会更美观些，Word 中的“平均分布各列”功能可以快速地将连续的几列调整为相同的宽度。

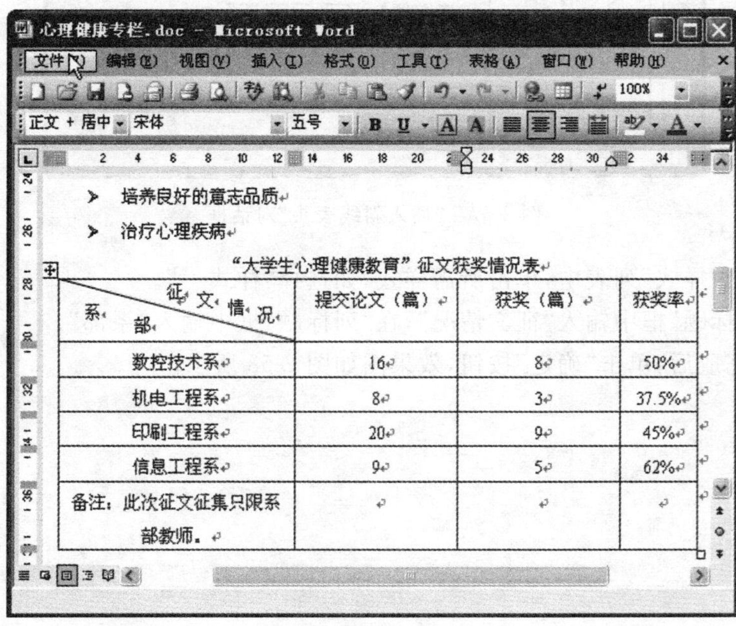

图 2-59　平均分布各列前的效果

操作步骤如下：

(1)选定从后三列内容。

(2)单击“表格”→“自动调整”命令。

(3)选择“平均分布各列”即可，效果图如图 2-60 所示。

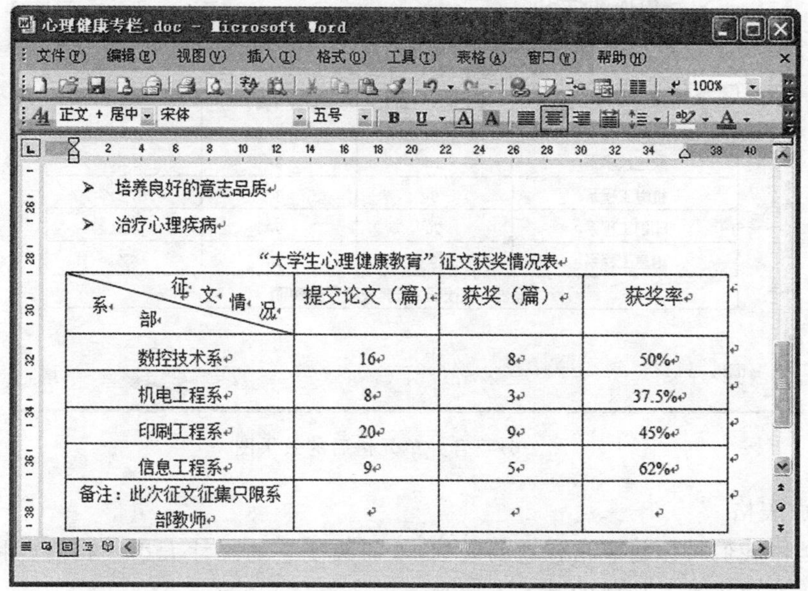

征文情况 / 系部	提交论文（篇）	获奖（篇）	获奖率
数控技术系	16	8	50%
机电工程系	8	3	37.5%
印刷工程系	20	9	45%
信息工程系	9	5	62%
备注：此次征文征集只限系部教师			

图 2-60 平均分布各列后的效果图

> ✍ **说明提示**
>
> 对于一些连续的行高不相同的若干行，我们同样可以使用 Word 中的“平均分布各行”来快速地将各行调整为相同的高度，操作方法与平均分布各列非常类似。

5. 合并单元格

观察任务文档(见图 2-48)，最后一行只有一个单元格，这就需要将最后一行合并为一个单元格。

要把将最后一行的四个单元格变为一个单元格，可以使用前面讲过的“擦除”按钮将线擦除来完成，也可以利用 Word 中提供的合并单元格功能来实现。操作步骤如下：

(1)选定要合并的区域，这里选择最后一行。

(2)单击“表格”→“合并单元格”命令(或单击“表格和边框”工具栏中的“合并单元格”按钮)，效果图如图 2-61 所示。

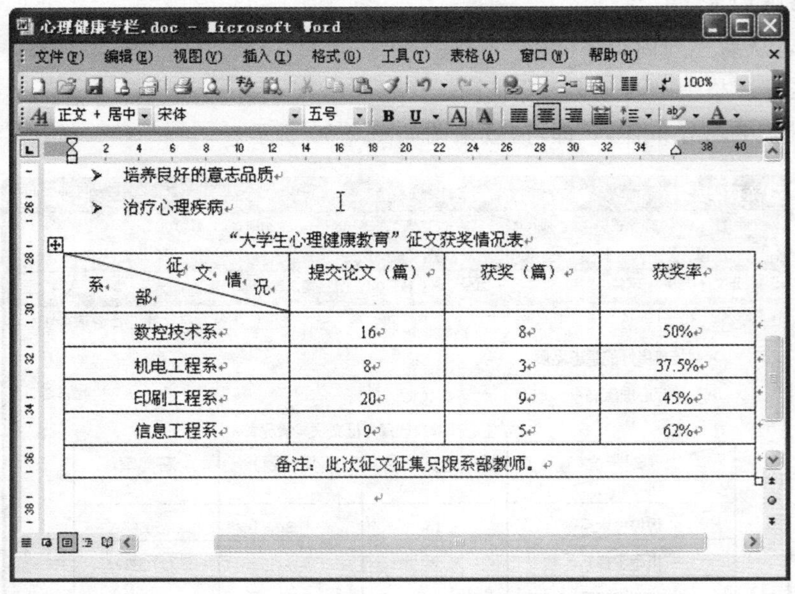

图 2-61 合并单元格后的效果图

6. 缩放表格

在文档中我们可以对表格任意的缩放，从而改变它的尺寸大小。我们要将任务中的表格在不改变原来基本形状的基本上适当缩小。

在选定表格后，表格的右下角有一个空心的小方块，这是控点，只要将鼠标指向控点，指针变为双向箭头时，拖动鼠标可以改变表格的大小，如图 2-62 所示。

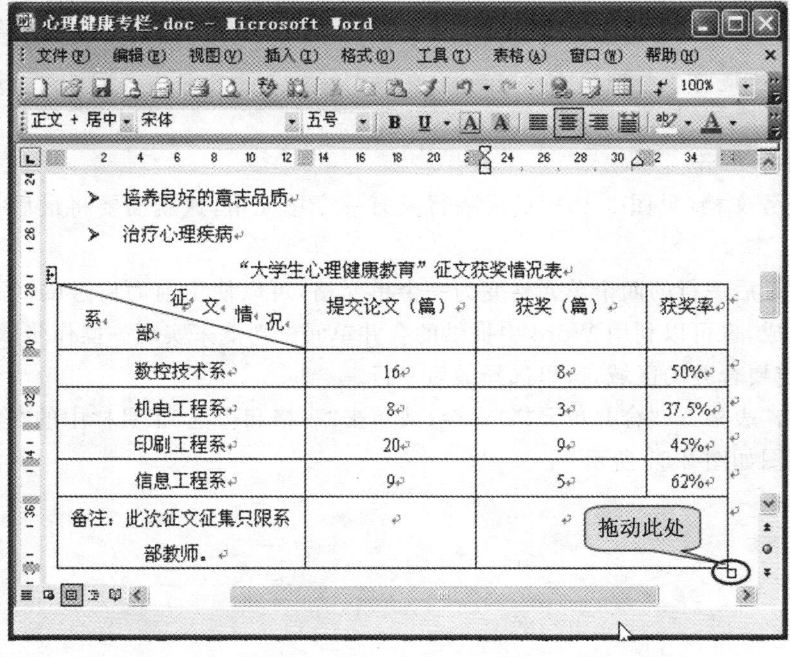

图 2-62 缩放表格

✍ **课堂练习**

1. 在 Word 中，当插入点在表格中的某行的最后一个单元格内，按“Enter”键可以使(　　)。

A. 插入点所在的行增高　　B. 插入点所在的列加宽

C. 插入点下一行增加一行　　D. 对表格不起作用

2. 在 Word 表格编辑时，插入点在表格中的最后一行的最后一个单元格内，按“Tab”键可使(　　)。

A. 插入点所在的行增高　　B. 插入点所在的列加宽

C. 表格增加一行　　D. 表格拆分

3. 常用的清除单元格内容的方法有：在选定要清除的内容后，再(　　)。

A. 按“Del”键　　B. 按“Shift+Del”

C. 单击“编辑”→“清除”→“内容”　　D. 单击“表格”菜单中的“删除”命令

4. 用“插入表格”方式作好表格后 我们要改变表格的单元格高度或宽度时，正确的说法是(　　)。

A. 只能改变一个单元格的高度　　B. 只能改变整个行高

C. 只能改变整个列宽　　D. 以上说法都不正确

任务操作 3　格式化表格

格式化表格是 Word 中的一项重要的表格操作，主要是设置表格内文字格式、对齐方式、文字方向以及表格和单元格的边框与底纹等。

1. 设置表格内文字格式

在任务三文档(见图 2-48)中，如果要将表中第一行的后三列的标题文字改为小四号、加粗且为蓝色字，设置方法与文档中文字格式设置的方法完全相同，参考任务二。

2. 设置表格内文字对齐方式

在表格的单元格中文字的对齐方式除了通常的左对齐、居中对齐、右对齐、两端对齐和分散对齐外，还有专门用于单元格的对齐方式，对水平排列和垂直排列的单元格的文字共有九种对齐方式，如图 2-63 所示。

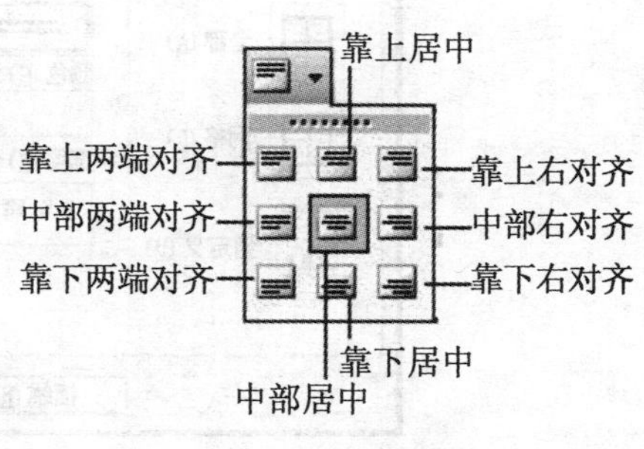

图 2-63　“对齐方式”按钮

观察任务三文档(见图 2-48)可以看出，表格中单元格的文字在水平方向和垂直方向都是居中的，操作步骤如下：

(1)选定整个表格。

(2)单击“表格和边框”工具栏中的“对齐方式”下拉按钮(或右键单击，在弹出的快捷菜单中选择“单元格对齐方式”命令)。

(3)在“对齐方式”列表框中选择“中部居中”按钮。

3. 设置表格的对齐方式

表格的对齐方式是指表格相对于整个页面的位置，有左对齐、居中和右对齐三种。

要将表格设置为“居中”方式，操作步骤如下：

(1)选定整个表格。

(2)单击“表格”→“表格属性”命令，选择“表格”选项卡，如图 2-64 所示。

(3)在“对齐方式”项中选择“居中”。

(4)设置完成后，单击“确定”按钮。

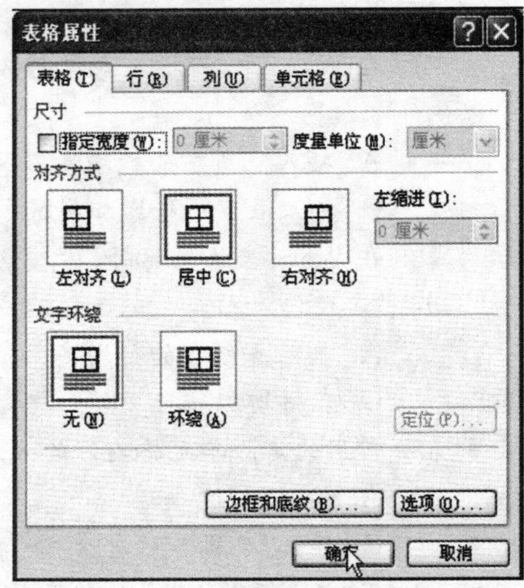

图 2-64 “表格属性”对话框

4. 设置表格的边框和底纹样式

在 Word 中，一般默认表格的边框线线型为细实线，底纹无填充色。为了使表格更加美观、醒目，我们可以对表格的边框和底纹进行设置。

在任务三文档(见图 2-48)的表格中，外边框线为 1.5 磅的双线，第一列为红色 3 磅实线，第二、三、四列为橙色且 5%的点状底纹。

● 添加外边框线

操作步骤如下：

(1)选定整个表格。

(2)单击“格式”→“边框和底纹”命令，选择“边框”选项卡，如图 2-65 所示。

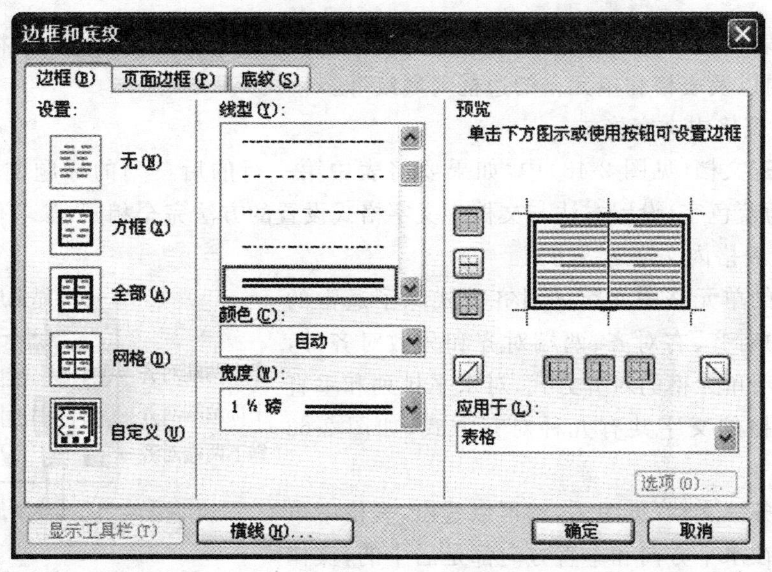

图 2-65 “边框”选项卡

(3)在“设置”项中选择“自定义”，在“线型”下拉列表中选择“双线”，在“宽度”中选择“1.5 磅”。

(4)在“预览”区中通过按钮或单击预览区域线框可进行设置。

(5)完成设置后,单击"确定"按钮。

● 设置第一列右边线

操作步骤如下:

(1)选定第一列。

(2)单击"格式"→"边框和底纹"命令,选择"边框"选项卡,如图 2-65 所示。

(3)在"设置"项中选择"自定义",在"颜色"下拉列表中选择"红色",在"宽度"列表框中选择"3 磅"。

(4)在"预览"区中单击按钮或直接单击预览区域中右边线处可进行设置。

(5)完成设置后,单击"确定"按钮。

● 添加底纹效果

操作步骤如下:

(1)选定最后第一、三列。

(2)单击"格式"→"边框和底纹"命令,选择"底纹"选项卡,如图 2-66 所示。

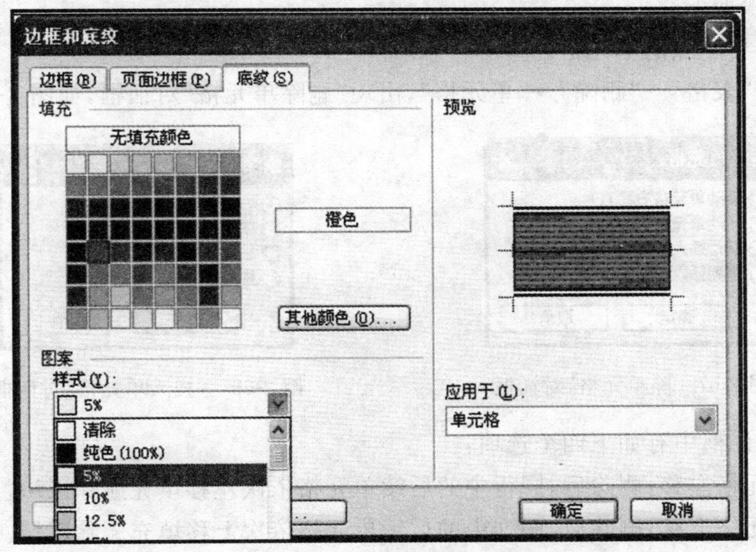

图 2-66　"底纹"选项卡

(3)在"填充"项中选择"橙色"。

(4)在"图案"项"样式"下拉列表中选择"5%"样式。

(5)完成设置后,单击"确定"按钮。

至此,制作征文获奖情况表的任务完成。

技能拓展

一、其他常用的表格的编辑操作。

二、表格的自动套用格式。

一、其他常用的表格的编辑操作

1. 插入和删除单元格

● 插入单元格

操作步骤如下：

(1)选定要插入单元格的位置。

(2)单击“表格”→“插入”→“单元格”，弹出“插入单元格”对话框，如图 2-67 所示。

(3)在对话框中有如下四个选项，含义分别为：

活动单元格右移：在选定位置插入单元格后，从活动单元格开始的右侧单元格依次右移。

活动单元格下移：在选定位置插入单元格后，从活动单元格开始的下方单元格依次下移。

整行：在选定位置插入完整的行。

整列：在选定位置插入完整的列。

(4)在上述四项中进行选择后，单击“确定”按钮。

● 删除单元格

操作步骤如下：

(1)选定要删除的单元格。

(2)单击“表格”→“删除”→“单元格”，出现“删除单元格”对话框，如图 2-68 所示。

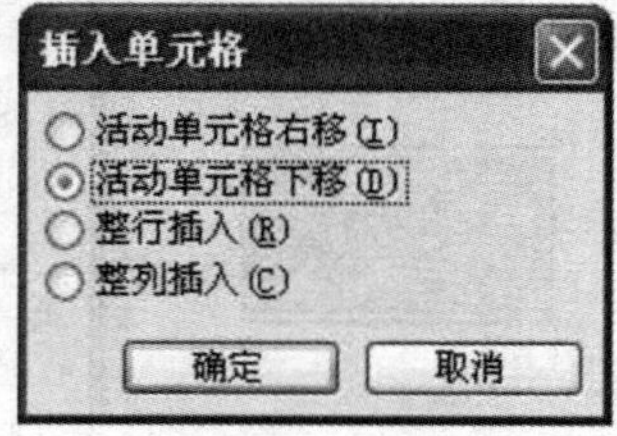

图 2-67 除单元格”对话框

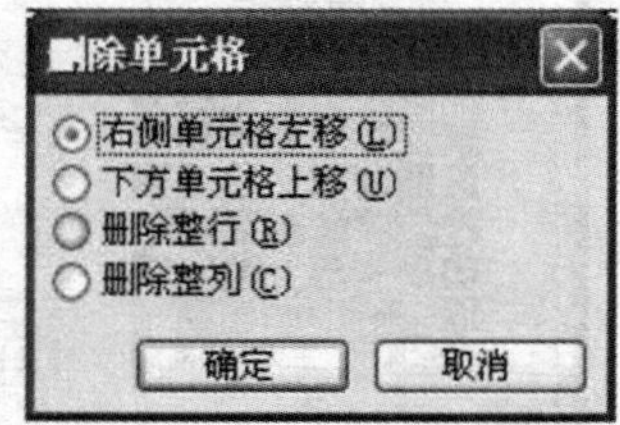

图 2-68 “插入单元格”对话框

(3)在对话框中有如下四个选项：

右侧单元格左移：删除后，同行中的后续单元格依次左移填充删除区域。

下方单元格上移：删除后，同列中的后续单元格依次上移填充删除区域。

删除整行：删除选定区域所在的整行。

删除整列：删除选定区域所在的整列。

(4)在上述四项中进行选择后，单击“确定”按钮。

2. 插入和删除行、列和表格

● 插入行、列

步骤操作如下：

(1)选定某一行或某一列(也可是若干行或若干列)。

(2)单击“表格”→“插入”命令，在子菜单选项中选择行、列相关子命令即可，如图 2-69 所示。

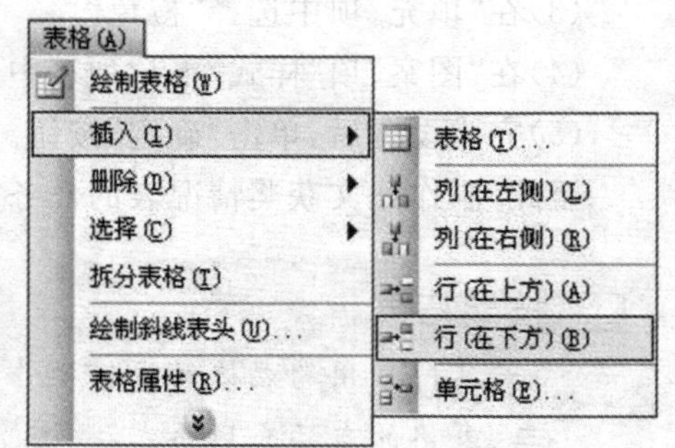

图 2-69 “表格”菜单中的“插入”命令

● 删除行、列

操作步骤如下：

(1)选定准备删除的行或列。

(2)单击“表格”→“删除”，在子菜单选项中选择行或列相关子命令即可。

● 删除表格

操作步骤如下：

(1)选定整张表格。

(2)单击“表格”→“删除”→“表格”，也可以选定表格直接单击“剪切”按钮。

说明提示

在表格的编辑中，选定表格后，单击“Del”键或“编辑”→“清除”→“内容”，这样操作的结果是删除表格中所填内容，而不是删除表格。

3. 拆分单元格

若要将单元格分隔成若干个单元格，可用“绘制表格”在单元格中画线来完成，更为快捷的方法是使用拆分单元格功能。

操作步骤如下：

(1)选定要拆分的单元格。

(2)单击“表格”→“拆分单元格”命令(或右键单击，在弹出的快捷菜单中选择“拆分单元格”命令)。

4. 拆分和合并表格

若要将一个表格拆成两个表格，可以先选定要拆分的位置后，单击“表格”→“拆分表格”命令；要将两个连续的表格合并成一个表格，只要将插入点定位在第一个表格的最后，单击“Del”键即可。

5. 设置文字方向

表格中的文本一般为横排列的，但在实际应用中，有时需要在单元格内输入竖排、倾斜等方向的文字，通过改变文字方向的操作来达到此效果。

操作步骤如下：

(1)选定需改变文字方向的单元格。

(2)右击鼠标，在弹出的快捷菜单中选择“文字方向”。

(3)在弹出的“文字方向”对话框中选择需要文字方向，如图 2-70 所示。

(4)设置完成，单击“确定”。

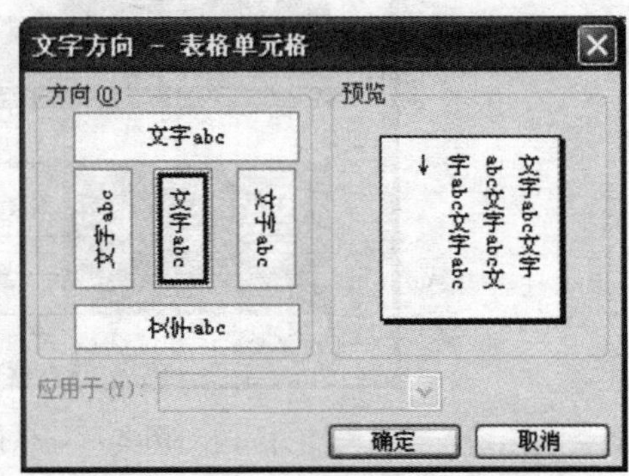

图 2-70　“文字方向”对话框

6. 标题行重复

在文档中，如果制作的表格在换页时正好被拆分成两部分，那么新一页的那部分表格没有标题行，如图 2-71 所示，这样给读者带来一些不便。如果我们使用 Word 中“标题行重复”功能，就可以解决上述问题，自动将选中的标题行区域内容放在新页表格的开始处，如图 2-72 所示。

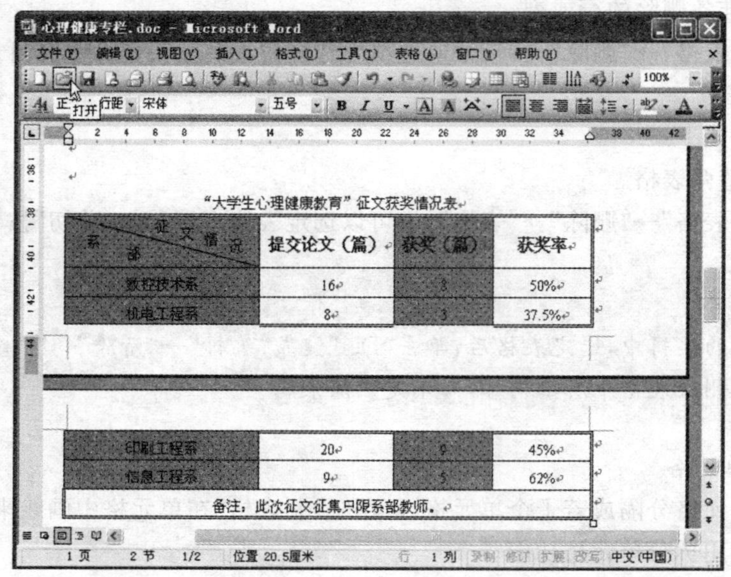

图 2-71　没有执行“标题行重复”命令之前

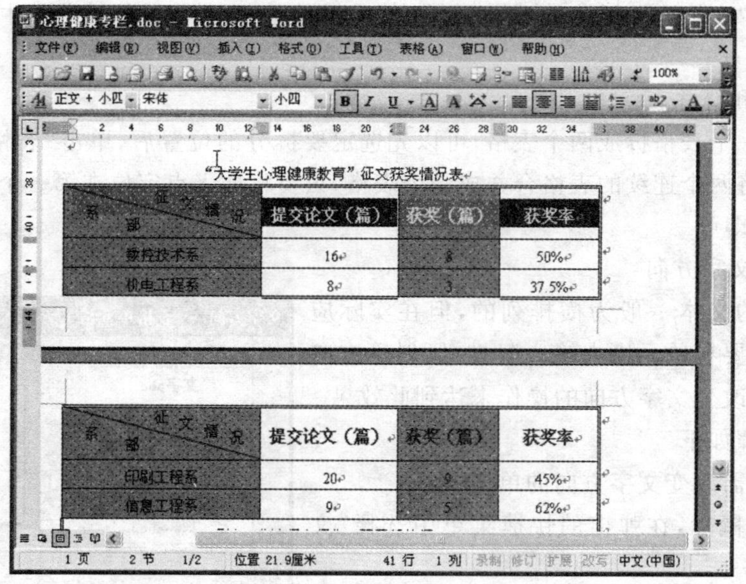

图 2-72　执行“标题行重复”命令之后

操作步骤如下：

(1)选定需要重复的标题行区域。

(2)单击“表格”→“标题行重复”命令。

二、表格的自动套用格式

利用前面所述命令能够实现对表格进行个性化的设置，但比较繁琐。在 Word 中提供了表格自动套用格式的功能，将 Word 中自带的一些表格样式应用到指定的表格中，这样可以快捷地进行表格的格式设置。

如果要将此任务中的表格使用表格自动套用的“网格型 3”样式，可按如下步骤进行：

(1)选定整个表格。

(2)单击“表格”→“表格自动套用格式”命令，弹出“表格自动套用格式”对话框，如图 2-73 所示。

(3)在“表格样式”列表框中选择“网格型 3”。

(4)完成设置后，单击“确定”按钮，效果图如图 2-74 所示。

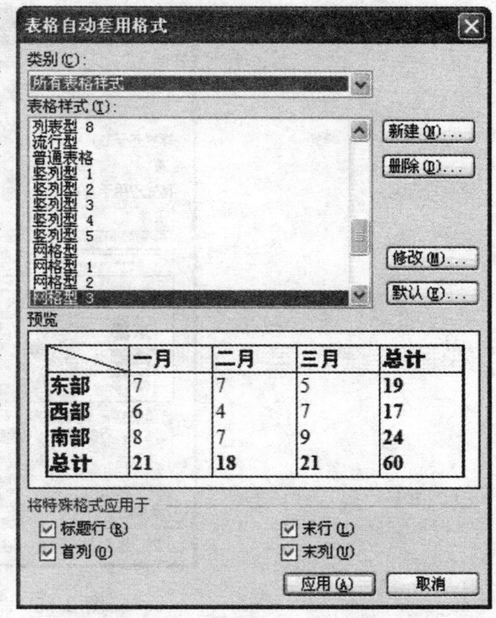

图 2-73　“表格自动套用格式”对话框

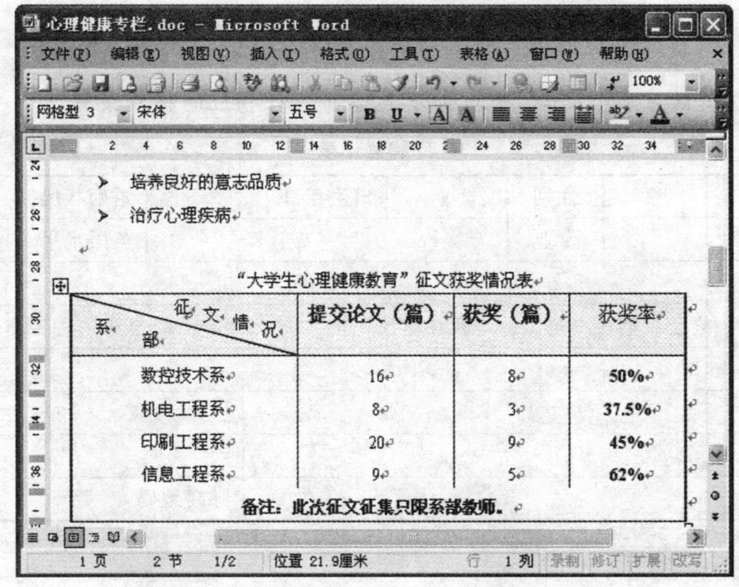

图 2-74　套用“网格型 3”样式效果图

如果对 Word 中所提供的样式的字体或边框等某些方面感到不满意，可以套用部分式样完成格式设置，操作步骤如下：

(1)选定整个表格。

(2)单击“表格”菜单中的“表格自动套用格式”命令。

(3)在“表格样式”列表框中选择某种样式。

(4)单击“修改”按钮，出现“修改样式”对话框，如图 2-75 所示。

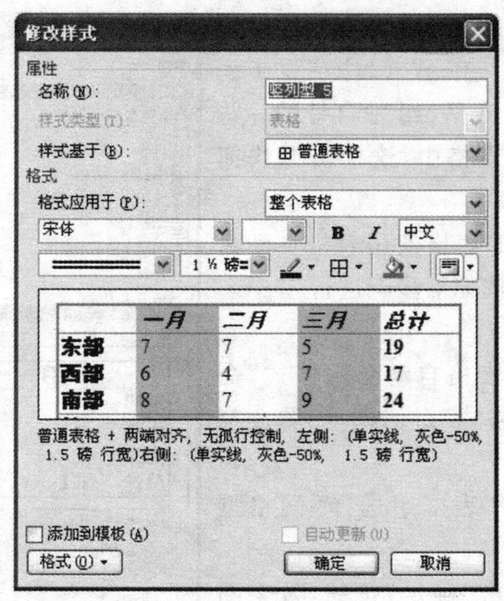

图 2-75 “修改样式”对话框

(5)在对话框中修改相应的项目后,单击“确定”即可。

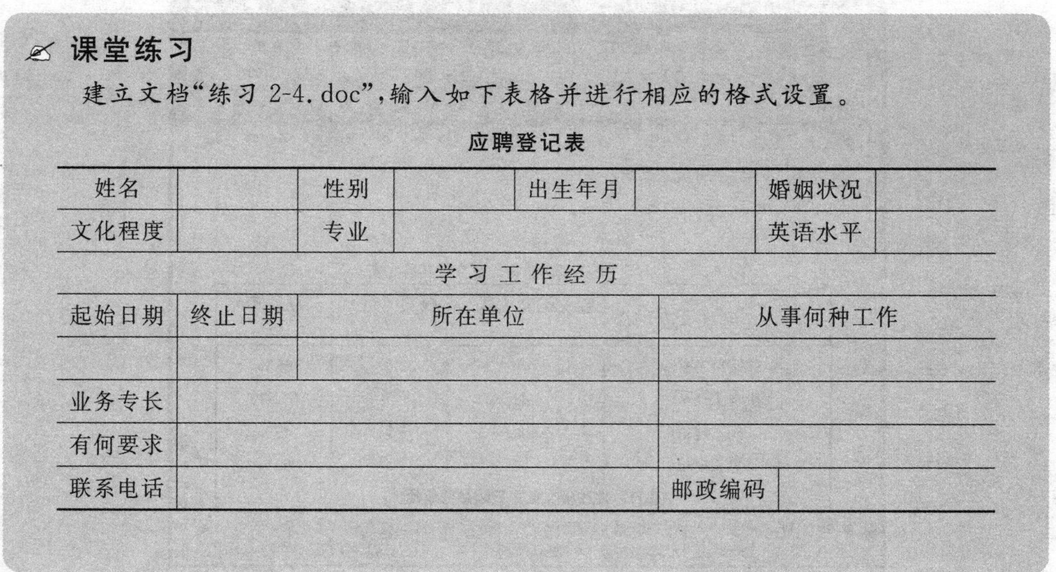

✍ 课堂练习

建立文档“练习 2-4.doc”,输入如下表格并进行相应的格式设置。

应聘登记表

姓名		性别		出生年月		婚姻状况	
文化程度		专业				英语水平	
学习工作经历							
起始日期	终止日期	所在单位			从事何种工作		
业务专长							
有何要求							
联系电话					邮政编码		

任务四 图文混排

【任务引入】

为了使文档能够更加引人入胜,李文准备在文档中适当加入图形,也可以在文档中加入艺术字效果。通过这样的处理,能够使编辑出的文档图文并茂,生动活泼,编排后的效果图如图 2-76 所示。

【任务目标】

利用 Word 2003 提供的强大的图文混排的功能，用户可以在文档中很方便地处理文字和图形。要完成“心理健康专栏”的图文混排的效果，此任务需要在文档中适当位置插入图片，给第一段加入艺术字形式的标题，给第二段加入文本框式的标题，而编排出较完美的版面效果。

任务操作 1　插入并编辑图片

1. 插入图片

在 Word 中插入的图片可以是 Office 系统剪辑库中提供的剪贴画，也可以是已有的一些图形文件或是来自扫描仪和数码相机的图片，还可以在文档中直接绘制的图形。

● 插入剪贴画

在“心理健康”专栏中插入任务四文档（见图 2-76）中的剪贴画，操作步骤如下：

(1)单击“插入”→“图片”→“剪贴画”命令，弹出任务窗格，如图 2-77 所示。

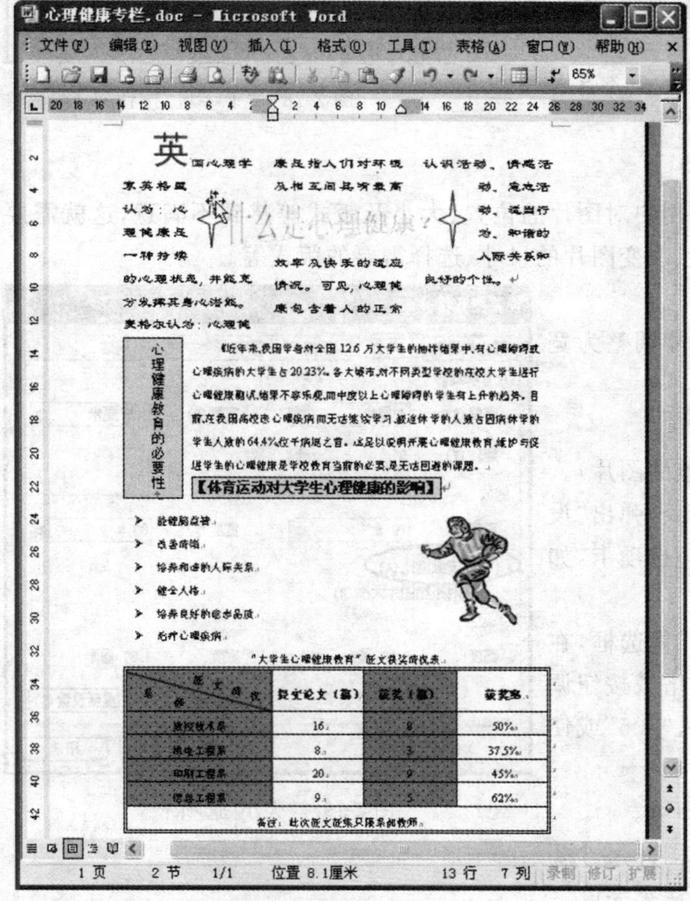

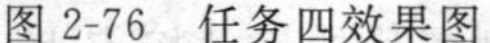
图 2-76　任务四效果图

图 2-77　“剪贴画”任务窗格

(2)单击“管理剪辑…”命令,在“Web 收藏集”列表中打开“Microsoft Office 收藏集”。

(3)选择“运动”文件夹,在右窗格中单击所需图片的下拉按钮,在弹出的快捷菜单中选择“复制”。

(4)将插入点置于要插入图片的位置,单击“编辑”→“粘贴”命令或单击“粘贴”按钮,将图片插入。

● 绘制简单图形

绘制图形时,系统会自动转入页面视图方式,用户可以使用绘图工具绘制出一些简单的图形,并能对图形进行修饰,产生一些特殊的效果。

在任务四文档(见图 2-76)中,我们看到页面的最上端的两侧有两个星状图形,可以通过绘制简单图形的方法来完成,操作步骤如下:

(1)单击“绘图”工具栏上的“自选图形”中的“星与旗帜”项。

(2)在弹出的“星与旗帜”列表中,单击第一行第 3 个“十字星”图形按钮,如图 2-78 所示。

(3)鼠标指针变成了十字形,在文档中合适位置拖动到适当大小。

(4)使用复制方法,再生成一个“十字星”图案。

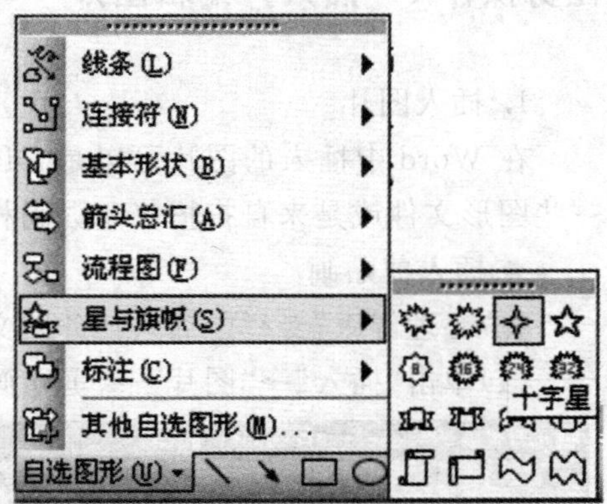

图 2-78 “十字星”按钮

2. 编辑图片

在文档中插入图片后,如果用户对图片的位置、大小及版式等感到不满意,这就需要对图片进行编辑,调整图片位置、改变图片的尺寸、选择需要的版式等。

● 调整图片尺寸大小

将前面插入的剪贴画的尺寸调整为宽 3.5cm,高 4cm 的图片。

操作步骤如下:

(1)选定剪贴画(单击待调整的图片)。

(2)单击“格式”→“图片”命令,弹出“设置图片格式”对话框,选择“大小”选项卡,如图 2-79 所示。

(3)首先取消“锁定纵横比”复选框,在“高度”文本框中输入“4”或使用增减按钮调整为“4”,在“宽度”文本框中输入“3.5”或使用增减按钮调整为“3.5”。

(4)设置完成,单击“确定”即可。

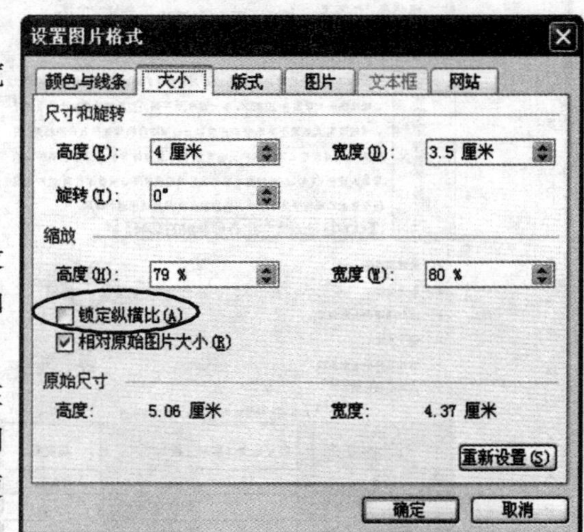

图 2-79 “大小”选项卡

在调整图片大小时,如果对图片尺寸要求不是太精确,可采用鼠标拖动法来完成。

首先选定要调整尺寸的图片,然后将指针移到图片的尺寸控点上,当指针变为双向箭头时拖动鼠标，这时会出现一个虚框，当虚框大小合适时松开鼠标即可。

● 设置图片的环绕方式

图片的环绕方式是指图片与文字的位置关系，在 Word 2003 中，图片的环绕方式有 7 种：四周型、紧密型、穿越型、上下型、浮于文字上方、衬于文字下方和嵌入型，在“心理健康专栏”中，我们可将插入的剪贴画设置为四周型环绕方式，操作步骤如下：

(1)选定剪贴画。

(2)单击“格式”→“图片”命令(或右键单击，在弹出的快捷菜单中选择“设置图片格式”命令，或双击图片)，弹出“设置图片格式”对话框，选择“版式”选项卡，如图 2-80 所示。

(4)在“版式”选项卡中选择“四周型”。

(5)完成设置后，单击“确定”。

对于插入的“十字星”图案，也同样设置成“四周型”，操作方法与剪贴画的设置相同。

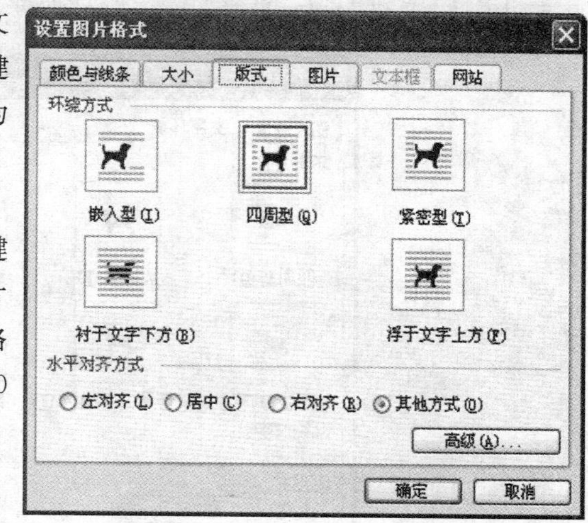

图 2-80　“版式”选项卡

技能链接

设置图片环绕方式的其他方法

设置图片的环绕方式除了可以使用“格式”→“图片”命令完成外，还可以在选定图片后，通过单击“图片”工具栏中的“文字环绕”按钮，在列表框中选择“四周型”来实现，如图 2-81 所示。

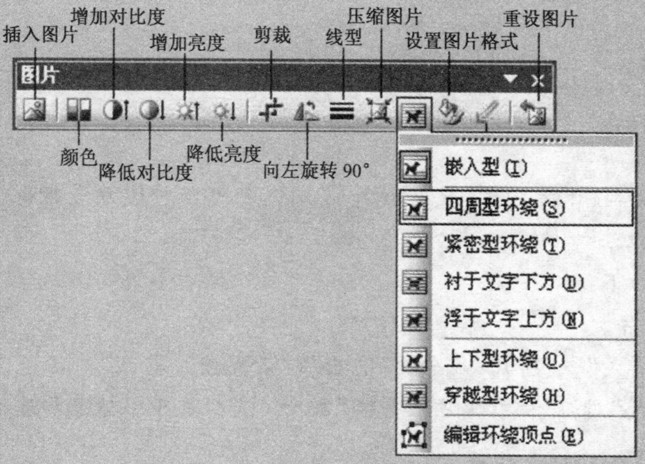

图 2-81　图片工具栏

✍ 说明提示

在“版式”选项卡中(见图 2-80),只列出了五种环绕方式,如果没有所需的方式,可以单击“高级”按钮,选择“文字环绕”即可,如图 2-82 所示。

图 2-82 “文字环绕”选项卡

● 移动图片

观察任务四文档(见图 2-76),要将图片移动到样稿中相应位置。选定剪贴画,将鼠标指针指向图片,按下左键拖动,到所需要的位置处后松开鼠标。

对于插入的“十字星”图形,按同样的方法移动到样稿中相应位置。

🕮 技能链接

移动图片的其他方法

● 微移法

选定图片后,按下方向键(或“Ctrl+方向键”)可以对图片进行微量移动。

● 精确定位法

操作步骤如下:

(1)选定图片。

(2)单击“格式”→“图片”命令,将会出现“设置图片格式”对话框。

(3)在“版式”选项卡中单击“高级”按钮,选择“图片位置”选项卡,如图 2-83 所示。

(4)在水平对齐和垂直对齐中设置图片的位置。

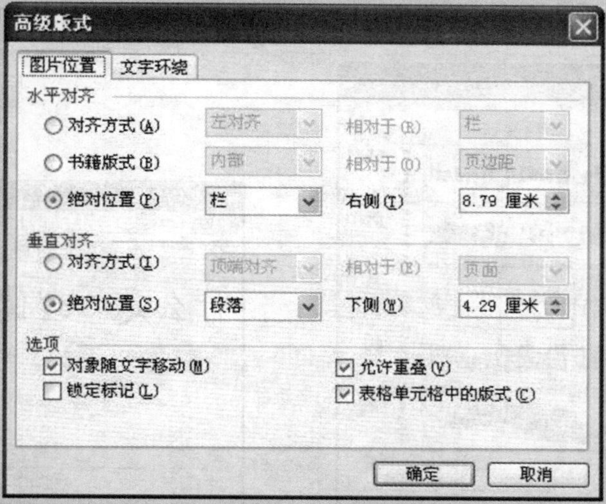

图 2-83 “图片位置”选项卡

✍ 课堂练习

1. 下列说法中不正确的是(　　)。

A. Word 是一种字处理软件　　B. Word 可以进行图文混合排版

C. Word 是 Office 中的配套软件之一　　D. Word 具有分析和计算能力

2. 在 Word 中,对于插入到文档中的图片不能进行的操作是(　　)。

A. 放大或缩小　　B. 移动

C. 修改图片中的图形　　D. 剪裁

3. Word 文档中的图片可以来自于(　　)。

A. Office 中的剪贴画　　B. 通过其他应用程序已形成的图形文件

C. 从网上下载的图形文件　　D. 以上都可以

任务操作 2　制作并编辑艺术字

为了使文档更加精美、更加活泼,可以在文档中加入具有特殊效果的艺术字。艺术字是一种特殊的图形对象,可以对它进行移动、缩放、旋转、添加阴影等编辑操作。

1. 插入艺术字

在“心理健康专栏”中,插入艺术字“什么是心理健康?”,如图 2-76 所示效果。操作步骤如下:

(1)单击“插入”→“图片”→“艺术字”,弹出“艺术字库”对话框,如图 2-84 所示。

(2)选择第三行第四列处的“艺术字”样式后,单击“确定”。

(3)在如图 2-85 所示的“编辑艺术字文字”对话框的文本框中输入“什么是心理健康?”,在“字体”下拉列表中选择“楷体-GB2312”,在“字号”下拉列表框中选择“32”。

图 2-84 “艺术字库”对话框

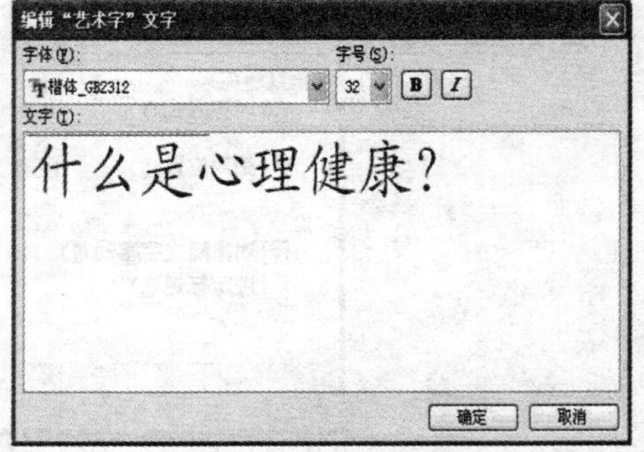

图 2-85 “编辑‘艺术字’文字”对话框

(4)完成设置后,单击“确定”按钮,这时在文档中将出现插入的艺术字。

✍ 说明提示

1. 在艺术字库中如果没有所需的艺术字样式,可任选一种,建议选择越简单的样式越好,这样在后来自己设计样式时能更方便。

2. 如果是将文档中已有的文字变为艺术字,可在文档中选定该文本后进行“插入艺术字”的操作,该文本会自动出现在“编辑艺术字文字”对话框中;也可选定该文本后“复制”或“剪切”,在“编辑艺术字文字”对话框的文本框中,按下“Ctrl+V”快捷键,这时该文本立即出现在“编辑艺术字文字”文本框中。

2. 编辑艺术字

如果对插入的艺术字的样式、形状、位置、大小等不满意,可以使用“艺术字”工具栏对艺术字重新编辑,以达到满意的效果。

● 设置艺术字形状

前面插入的艺术字与任务四文档(见图 2-76)所示样稿中的艺术字的形状不同,我们可以对它进行修改,操作步骤如下:

(1)单击已插入的艺术字“什么是心理健康?”。

(2)单击“艺术字”工具栏中的“艺术字形状”按钮,如图 2-86 所示。

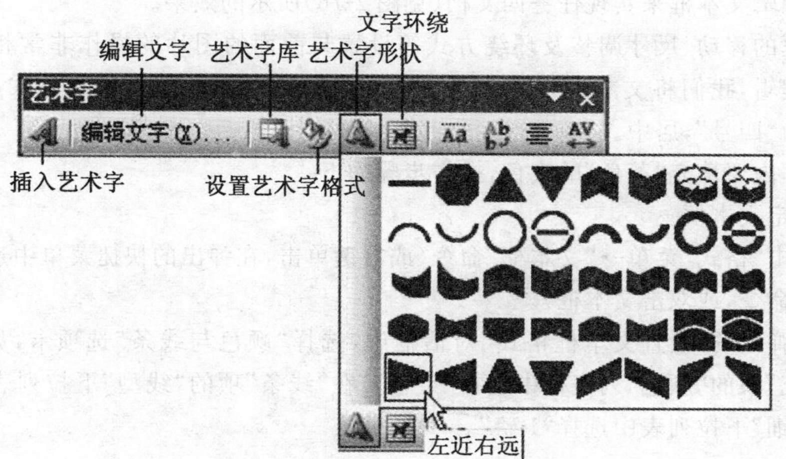

图 2-86　“艺术字”工具栏

(3)在“艺术字形状”列表中选择“左近右远”的样式。

● 设置艺术字的阴影效果

观察任务四文档(见图 2-76)中艺术字的阴影,我们可通过如下操作来实现:

(1)单击已插入的艺术字“什么是心理健康?”。

(2)单击“绘图”工具栏中的“阴影样式”按钮。

(3)在“阴影样式”列表中选择“阴影 12”样式即可,如图 2-87 所示。

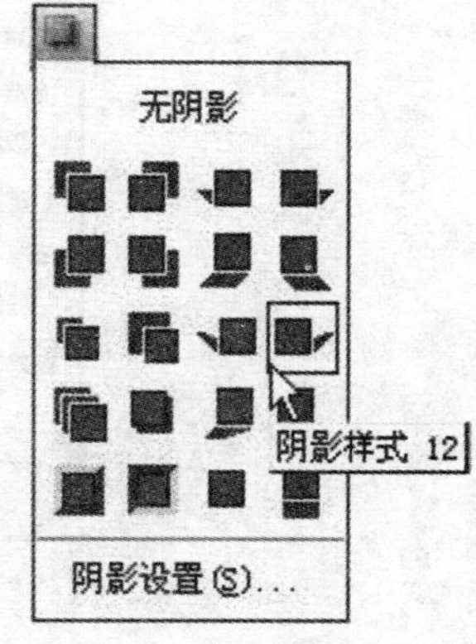

图 2-87　“阴影样式”列表框

对于艺术字的移动、尺寸调整及环绕方式等与图片完全相同,参见有关图片的操作方法。将插入的艺术字“什么是心理健康?”移到如图 2-76 中所示位置,调整尺寸为高 1.6cm,宽 7cm,环绕方式也设置为“四周型”。

任务操作 3　插入并编辑文本框

文本框是一个图形对象,在文本框中可以输入文字,也可入插入图形,就像在页面操作一样,使用文本框可以实现多个文本混排的效果。

1. 插入文本框

观察任务四文档(见图 2-76),第二段内容加上了文本框标题:“心理健康教育的必要性”,操作步骤如下:

(1)单击“绘图”工具栏中的“竖排文本框”按钮。

(2)在文档区域拖出一个矩形区域,到合适大小松开鼠标。

(3)在文本框中输入文字“心理健康教育的必要性”。

2. 编辑文本框

插入文本框后,由于系统默认的设置,文本框的位置、大小及环绕方式等不一定合适,可以通过编辑文本框来实现任务四文档(见图 2-76)所示的效果。

文本框的移动、尺寸调整及环绕方式等设置与前面的图片的操作非常相似,不再重复。通过编辑,我们将文本框设置为高 5.3cm,宽 2cm,“四周型”环绕方式,字体为“黑体”,字号为“四号”,居中。

文本框内要填充“茶色”的底色,操作步骤如下:

(1)选定文本框。

(2)单击“格式”菜单→“文本框”命令(或右键单击,在弹出的快捷菜单中选择“设置文本框格式”命令,或双击文本框)。

(3)在弹出的“设置文本框格式”对话框中,选择“颜色与线条”选项卡,如图 2-88 所示,在“填充”项的“颜色”列表框中选择“茶色”,在“线条”项的“线型”下拉列表中选择“实线”,在“粗细”下拉列表中选择“1 磅”。

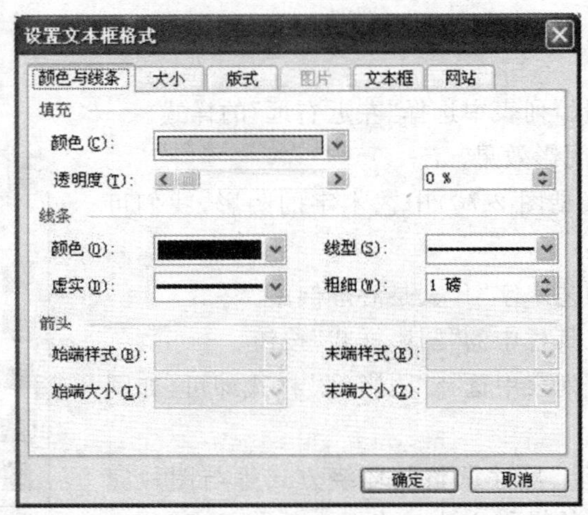

图 2-88 “颜色与线条”选项卡

(4)设置完成后,单击“确定”按钮。

至此,美化“心理健康专栏”文档的任务完成。

技能拓展

1. 插入图形文件。
2. 插入公式。

1. 插入图形文件

在 Word 中可以将其他应用程序创建的图形文件插入到文档中,图形文件可以是在画图程序绘制的图形,也可以是用扫描仪扫描保存下来的文件等。

插入图形文件的操作步骤如下:

(1)单击要插入图形的位置。

(2)单击“插入”→“图片”→“来自于文件”,弹出“插入图片”对话框,如图 2-89 所示。

图 2-89　“插入图片”对话框

(3)在“查找范围”的下拉列表框中选择图形文件所在的位置,在列表框中单击图形文件。

(4)单击“插入”即可。

2. 插入公式

Word 中提供了公式编排的功能,用户可以很方便地在文档中插入分式、根式或积分等数学公式,也可以编排像矩阵、方程组等更为复杂的公式。它作为一个特殊的对象,可以插入、修改和删除,也可以对公式中的内容进行字体大小、间距等格式调整。要插入公式,必须首先打开“公式编辑器”,操作步骤如下:

(1)将插入点置于文档中要插入公式处。

(2)单击“插入”→“对象”命令,弹出“对象”对话框,选择“新建”选项卡,如图 2-90 所示。

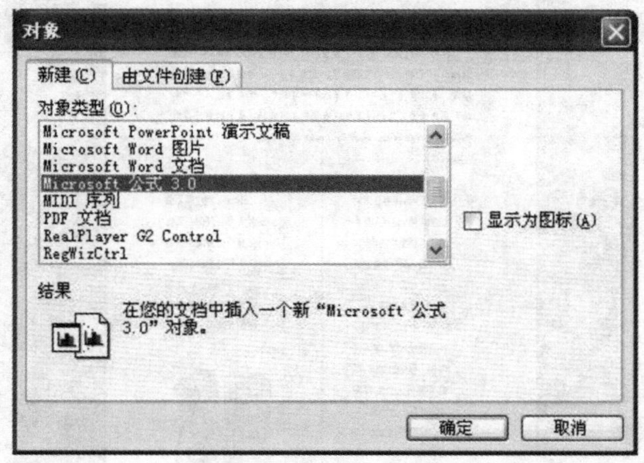

图 2-90　“对象”对话框

(3)在对话框中双击“Microsoft 公式 3.0”,或单击“Microsoft 公式 3.0”后单击“确定”按钮。这时打开公式编辑器,进入了公式编辑状态,如图 2-91 所示。

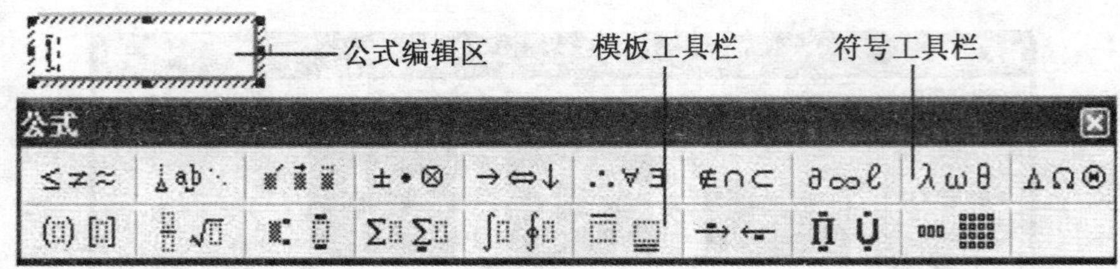

图 2-91　公式编辑区及“公式”工具栏

(4)在公式编辑区中选择需要的公式母版，然后输入相应的数值。

(5)单击公式编辑区外任意处，可退出公式编辑状态。

若要修改公式，可在文档中插入的公式处双击，便可进入编辑修改状态。要删除公式可以在选定公式后，单击“剪切”命令或按下“Backspace”或“Del”键即可。

✍ 课堂练习

打开文档“练习 2-3.doc”，进行如下设置，然后将设置后的文档另存为“练习 2-5.doc”。

1、设置艺术字：将题目“机器 Language 和程序 Language”设置为艺术字。文本形状：腰鼓形；字体：隶书；字号：24 磅，阴影 3；填充：粉红色；线条：蓝色，设置环绕方式为上下型。

2、插入图片：在文档中插入剪贴画中的“职业”类别中有电脑画面的图片，要求图片大小为：宽 5cm，高 5cm，设置环绕方式为四周型，置于文档右下角位置。效果图如题图 2-3 所示。

题图 2-3

任务五　设置页面格式并打印

【任务引入】

为了有一个较好的版面效果，能打印出满足校报要求的“心理健康专栏”，李文要对文档进行一些版面设置，最后打印出“心理健康专栏”的文档，如图 2-92 所示。

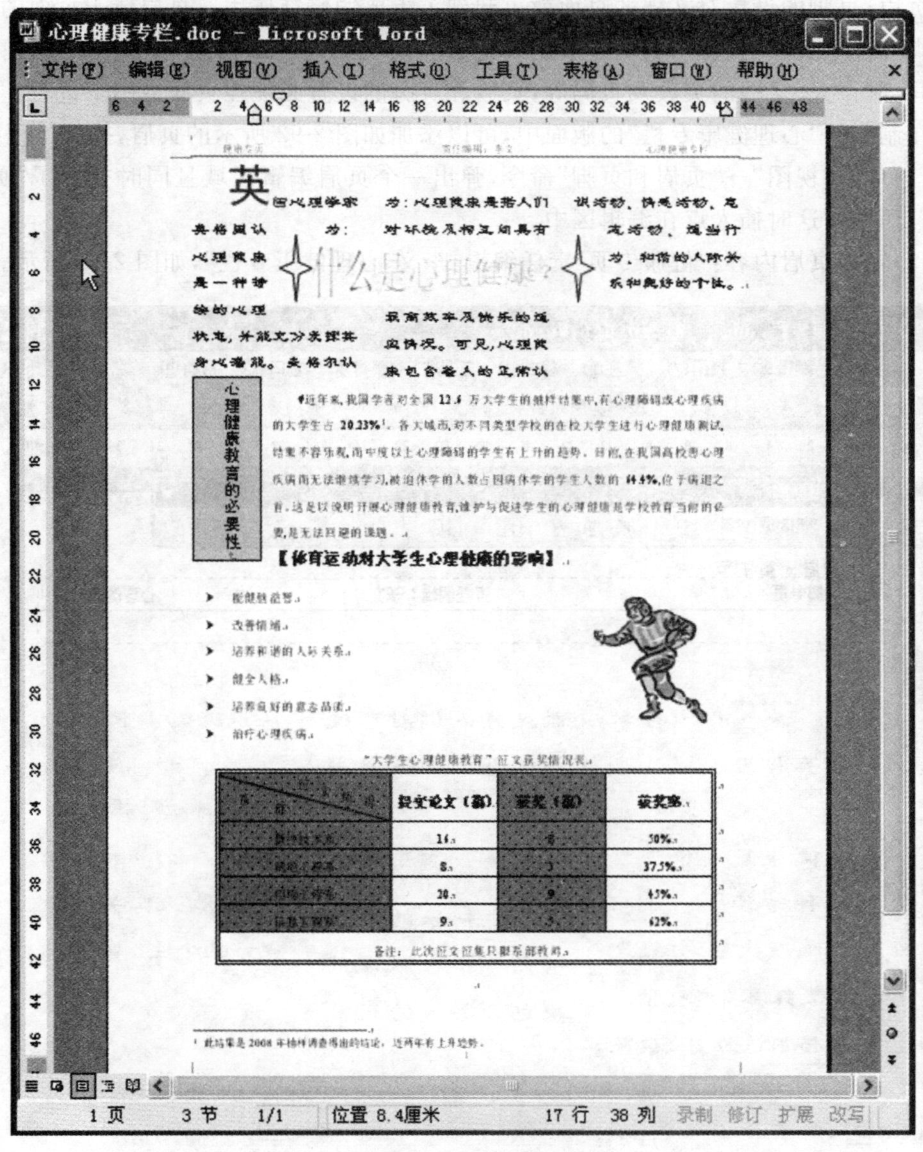

图 2-92　任务五效果图

【任务目标】

前几个任务对文档进行格式编排是在系统默认的页面设置下来完成的，为了达到满意的打印效果，必须对页面格式重新进行设置。设置工作主要包括：设置纸张大小，上下左右边距，添加页眉、页脚，给文档内容加脚注，设置打印页面范围及打印份数等。

任务操作 1　添加页眉

页眉、页脚的设置对文档的页面效果起到了重要的修饰作用。页眉位于页面的项端，而页脚则位于页面的底端，它们一般用来记录一些文档的附加信息，如文档的标题、制作的时间、制作人、文档的页数及页码等，页眉和页脚的设置必须在页面视图下进行。

在制作的“心理健康专栏”的版面中，可以添加如图 2-92 所示的页眉，操作过程如下：

(1)单击“视图”→“页眉和页脚”命令，弹出一个页眉编辑区域且同时打开了“页眉和页脚”工具栏，这时插入点在编辑区中。

(2)输入页眉内容：“健康专页 责任编辑：李文 心理健康专栏”，如图 2-93 所示。

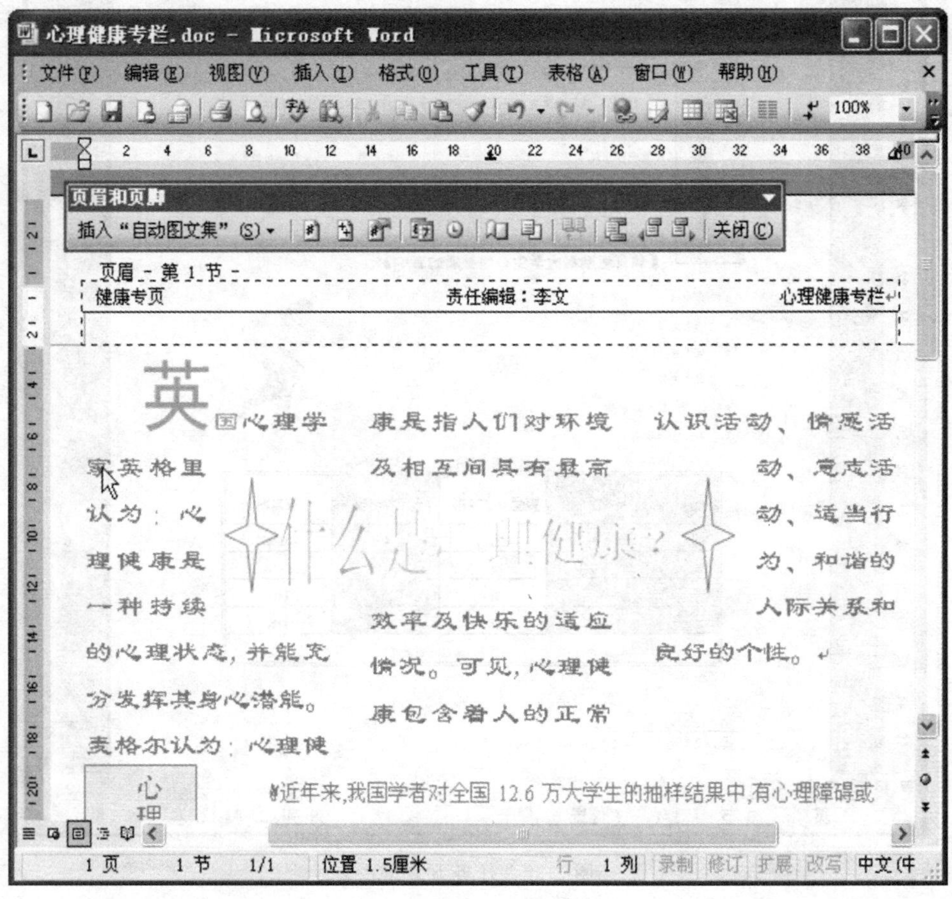

图 2-93　页眉编辑区

(3)单击“页眉和页脚”工具栏的“关闭”按钮，或双击页眉编辑区域外任意处，结束页眉的编辑，返回到文档的编辑状态。

如果要添加页脚，可在页眉编辑状态下，单击“页眉和页脚”工具栏中的“在页眉和页脚间切换”按钮，如图 2-94 所示，转换到页脚编辑状态，在编辑区中进行编辑。

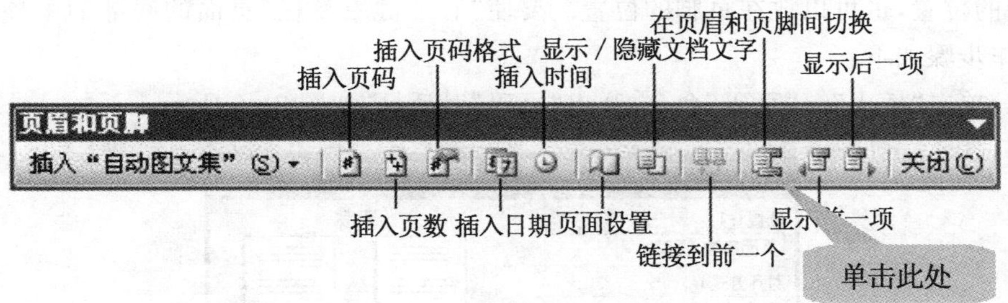

图 2-94　“页眉和页脚”工具栏

如果要修改或删除页眉或页脚的内容，可单击“视图”菜单中的“页眉和页脚”命令，或者双击页眉或页脚区域，即可进入页眉或页脚的编辑状态，进行修改或删除。

技能链接

不同类型的页眉和页脚

在任务中我们使用的是统一的页眉和页脚，也就是文档中的所有页的页眉和页脚都是一样的，在 Word 中可以使用不同的页眉和页脚，如首页可以与后面各页的页眉和页脚不相同，奇数页与偶数页的页眉和页脚不相同等，操作步骤如下：

(1)单击“文件”→“页面设置”命令，在弹出的“页面设置”对话框中单击“版式”选项卡。

(2)选中“奇偶页不同”或“首页不同”复选框，如图 2-95 所示，还可以调整页眉和页脚的位置，最后单击“确定”按钮。

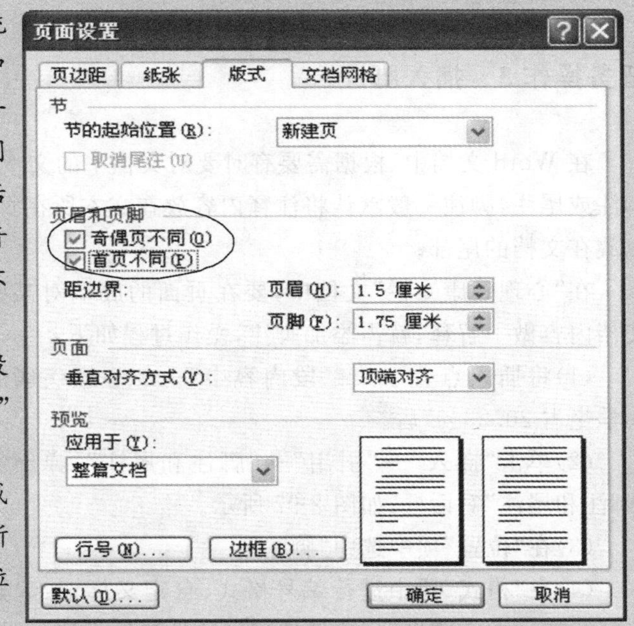

图 2-95　“版式”选项卡

(3)编辑页眉和页脚内容，操作方法与上述方法相同。只是在设置“奇偶页不同”或“首页不同”的页眉和页脚时，需要在奇数页、偶页和首页分别编辑其内容。

任务操作 2　插入页码

对于篇幅比较长的文档，为了便于阅读，最好的方法是给每一页加上页码，页码可以在页眉的位置，也可以放在页脚的位置。要使“心理健康专栏”页面的底部的中央显示页码，操作步骤如下：

(1)单击“插入”→“页码”命令，弹出“页码”对话框，如图 2-96 所示。

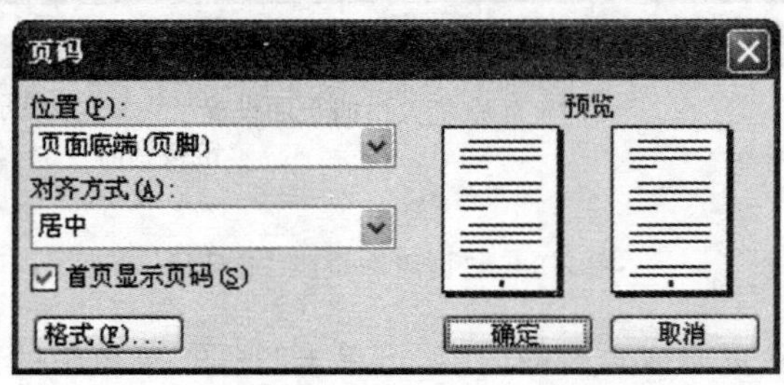

图 2-96　“页码”对话框

(2)在“位置”下拉列表框中选择“页码底端(页脚)”，在“对齐方式”下拉列表框中选择“居中”，选中“首页显示页码”的复选框。

(3)设置完成，单击“确定”按钮。

任务操作 3　插入脚注

在 Word 文档中，根据需要有时要对文档中的文本作一些注释，这就需要给文本添加脚注或尾注，脚注一般默认将注释内容放在文本所在页的底部，而尾注一般默认将注释内容放在文档的尾部。

在“心理健康专栏”文档中，要在页面的底端对某些文档内容做一解释，就需添加脚注，操作过程如下：

(1)将插入点置于第二段内容中“……心理疾病的大学生占 20.23%”后。

(2)单击“插入”→“引用”→“脚注和尾注”，弹出的“脚注和尾注”对话框，如图 2-97 所示。

(3)在“位置”项中选中“脚注”。

(4)在“格式”项中进行编号格式、自定义标记、起始编号及编号方式等设置，这里使用默认的各种设置。

(5)在“应用更改”项中选择“整篇文档”。

(6)设置完成后，单击“插入”按钮进入脚注的编辑区域，在这输入“此结果是 2008 年的抽样调查结果，近两年来比例数据不断上升。”，即完成了脚注的插入，如图

图 2-97　“脚注和尾注”对话框

2-97 所示。

如果要修改脚注内容，可将插入点置于脚注编辑区域进行修改；要删除脚注，可将插入点放在文档中脚注标记处，与删除文字操作方法相同。

✍ 课堂练习

1. 在 Word 的编辑状态，要设置页眉页脚可从(　　)中进行选择。

A.“文件”菜单下的“页面设置”项　　B.“工具”菜单

C.“格式”菜单下的“中文版式”项　　D.“视图”菜单

2. 下列关于尾注的说法，哪一种是错误的(　　)。

A. 尾注的内容一般放在文档的尾部

B. 尾注的标记可由用户自己定义

C. 尾注的起始编号由系统自动形成，不能由用户改变

D. 设置尾注可从“插入/引用/脚注和尾注”中完成

任务操作 4　进行页面设置

页面设置主要是确定打印纸张的大小、页边距及每页的行数及每行的字数等信息。在打印输出文档之前一般需要进行页面设置，这是文档排版中一项非常重要的工作。

1. 设置纸张大小

在 Word 中，一般默认为 A4 型号的纸张，此外还提供了 A3 纸、A5 纸、16 开纸、32 开及大 32 开等许多类型的纸张供我们使用。

世纪创新学院的校报使用的是 16 开(18.4cm×26cm)的纸张，进行设置的操作步骤如下：

(1)单击“文件”→“页面设置”命令，弹出“页面设置”对话框，选择“纸张”选项卡，如图 2-98 所示。

(2)在“纸张大小”列表框中选择“16 开(18.4cm×26cm)”的纸张，在“预览”项的“应用于”列表框中选择“整篇文档”，最后单击“确定”按钮。

2. 设置页边距

页边距决定了版心大小，它主要包括上边距、下边距、左边距和右边距。

对于“心理健康专栏”，要求上边距为 2.5cm，下边距为 2cm，左、右边距为 2.5cm，其他使用系统默认的设置。操作步骤如下：

(1)单击“文件”→“页面设置”命令，在弹出的“页面设置”对话框中选择“页边距”选项卡，如图 2-99 所示。

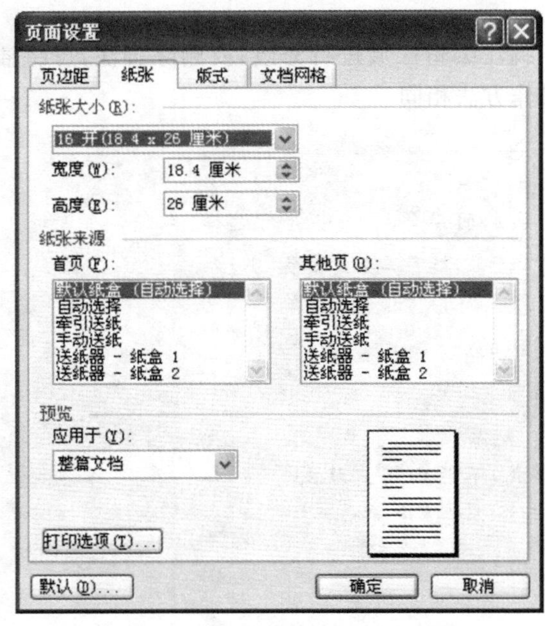

图 2-98　“纸张”选项卡

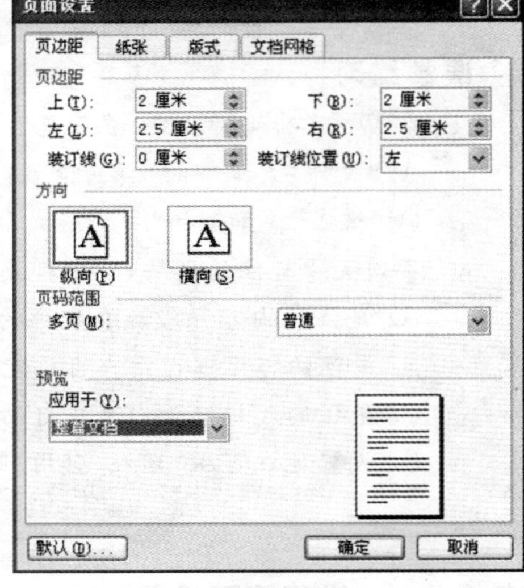

图 2-99　“页边距”选项卡

(2)在“页边距”项中调整上、下边距为 2cm，左、右边距为 2.5cm；在“预览”项中“应用于”下拉列表框中选择“整篇文档”，最后单击“确定”按钮。

知识链接

页边距的含义

- 上边距：页面上边缘与页面第一行上边缘之间的距离。
- 下边距：页面下边缘与页面最后一行下边缘之间的距离。
- 左边距：页面左边缘与左对齐且无缩进的行的左边缘之间的距离。
- 右边距：页面右边缘与右对齐且无缩进的行的右边缘之间的距离。

说明提示

页面设置可以在文档建立后还没有打印之前的任何时候进行，如果编辑文件前已经确定了打印的纸张大小及页边距，提倡大家在文档建立后就进行页面设置，特别是在文档中有表格、图片、公式等对象时，这样做可以有利于排版。

技能链接

“页面设置”对话框中的其他设置

● 自定义纸张:如果需要的纸张在“纸张大小”列表框中,可自己定义纸张大小。单击“纸张大小”下拉列表框中的“自定义大小”, 如图 2-98 所示,然后调整纸张的宽度和高度或直接在宽度和高度文本框中输入纸张大小的数值。

● 设置纸张输出方向:在“页边距”选项卡中的“方向”项中选择“横向”或“纵向”。“横向”是指打印文档时以页面的长边作为页面上边;“纵向”是指打印文档时以页面的短边作为页面上边。

● 设置页面边框:在“版式”选项卡中,单击“边框”按钮,弹出如图 2-100 所示的对话框,可以选择“方框”、“阴影”和“三维”这些现成的样式,也可以单击“自定义”样式,然后选择线型、颜色、宽度等,并在“预览”区中设置页面边框的样式,最后单击“确定”按钮。

图 2-100　“页面边框”选项卡

任务操作 5　打印“心理健康专栏”文档

前面对“心理健康专栏”进行了文字编辑、字符及段落格式的设置、图文混排、页面格式的设置等一系列的操作后,便要进行打印的工作。

1. 打印预览

在 Word 中提供了打印预览功能,可以将要打印的文档通过打印预览在屏幕上浏览一下打印的效果,查看打印效果是否理想,减少不必要的浪费。

单击“常用”工具栏中的“打印预览”钮,或单击“文件”→“打印预览”命令,即可预览打印效果,如图 2-101 所示。

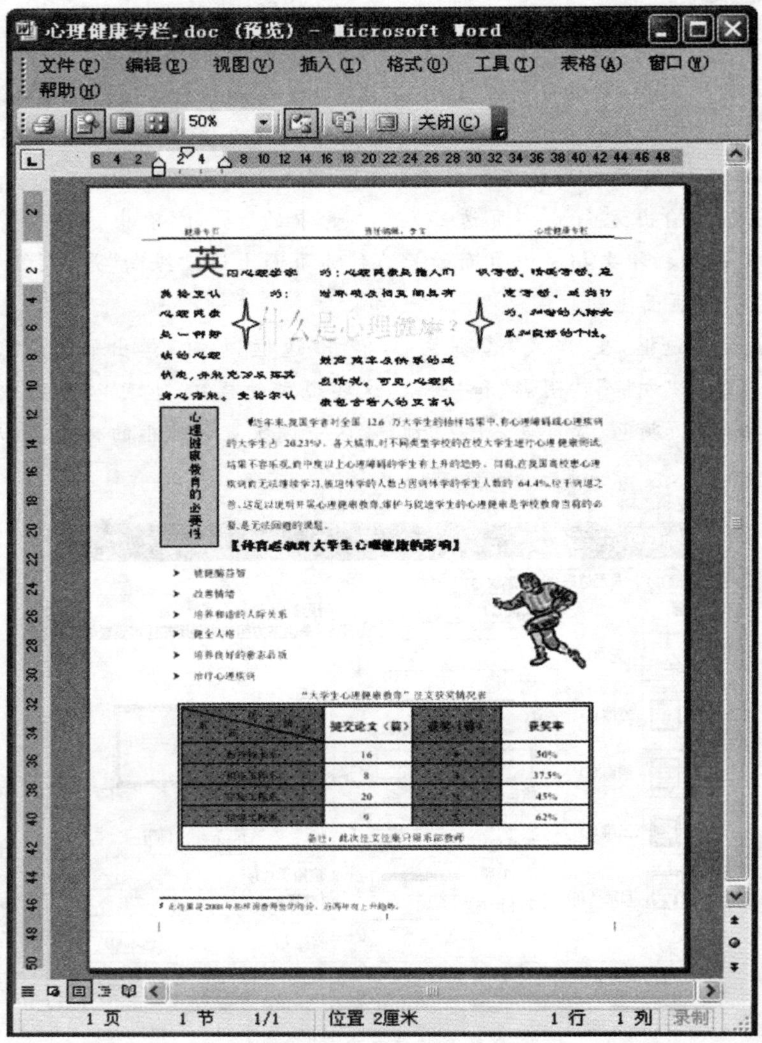

图 2-101　“打印预览”效果

✍ 说明提示

在文档的排版过程中要学会随时使用“打印预览”来查看当时版面的效果,如不满意,可及时调整版面,从而达到预期的效果。

2. 打印文档

通过打印预览,对打印效果感到满意后,便可以打印文档了。Word 既可以打印整个文档,也可以打印选定的页面,而且可以打印多份文档。

要打印两份“心理健康专栏”文档,操作步骤如下:

(1)单击“文件”→“打印”命令,弹出“打印”对话框,如图 2-102 所示。

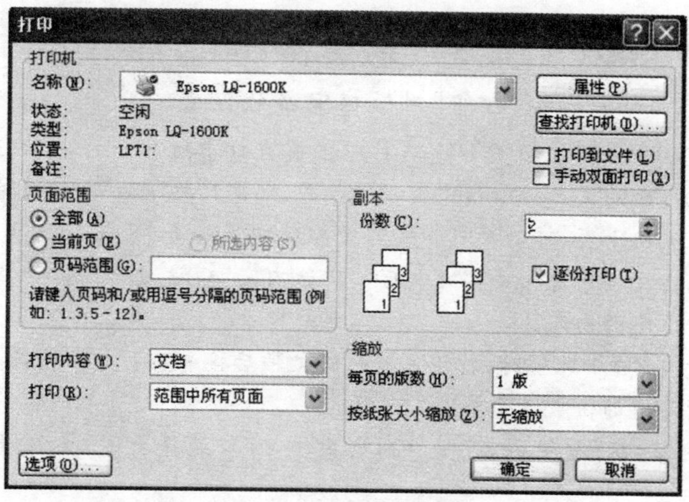

图 2-102 “打印”对话框

(2)在“页面范围”项中选择打印范围,这里使用默认值“全部”。

(3)在“副本”项中的“份数”文本框中输入或调整为 2。

(4)完成设置后,单击“确定”按钮。

技能链接

文档打印的其他方法

● 要打印当前窗口的文档,可以单击“常用”→“打印”按钮,按默认的打印设置打印出一份完整的文档。

● 在 Word 中要连续打印多个文档,可以单击“打开”按钮或单击“文件”→“打开”命令,在“打开”对话框的列表框中选择多个文件,然后单击“打开”对话框中的“工具”按钮,如图 2-103 所示,选择“打印”即可。

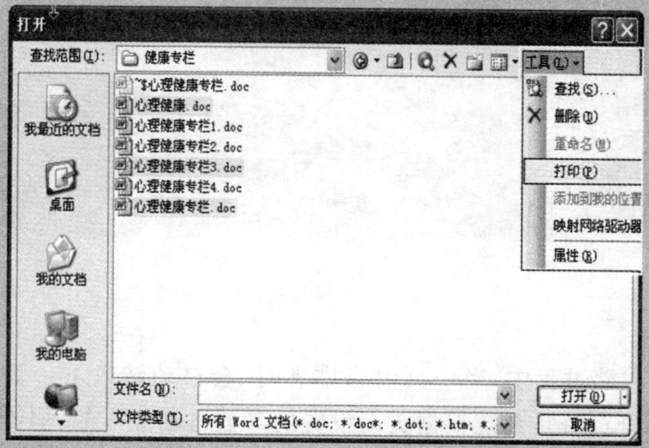

图 2-103 连续打印多个文档

技能链接

“打印”对话框中其他设置

● 页面范围：选择“当前页”项，则打印当前窗口中所显示的内容；选择“页码范围”项，则需在后面的文本框中指定页码的范围，如果只打印第二页，可输入“2”，如果要打印第一页至第十页，可输入“1～10”，若要打印第二页、第五页和第八页，可输入“2,5,8”即可；在文档中选择某些文本后，“所选内容”项被激活，选择“所选内容”后，只打印文档中选定的内容。

● 逐份打印：选中此项时，打印完整一份文档后接着再打印一份此文档，否则将打印完每一页足够的份数后才打印下一页。

● 打印内容：在“打印内容”下拉列表框中，可以选择打印“文档属性”、“样式”“批注”等。

● 打印：在“打印”下拉列表框中可以选择“范围中所有页面”，也可选择奇数页或偶数页打印。

在打印过程中如果要取消对某个文档的打印有两种方法。一种是在没有启用后台打印的情况下，按“Esc”键即可；二是在启用了后台打印的情况下，双击状态栏上的打印机图标，在打印队列中选择文档名称，再单击“文档”→“取消”命令，就可以取消打印。

说明提示

单击“工具”→“选项”命令，选择“打印”选项卡或在“打印”对话框中单击“选项”按钮，在弹出的“打印”选项卡中有“后台打印”复选框。当启用后台打印时，可以在打印的同时继续使用 Word，但后台打印使用额外的系统内存。因此若要加速打印，需取消使用后台打印。

至此，设置“心理健康专栏”页面格式并打印的任务完成。

技能拓展

1. 分隔符。
2. 使用批注。

1. 分隔符

● 分页符

在编辑 Word 文档过程中，当一页内容排满时，会自动转入下一页，这是 Word 的自动分页功能。自动分页符是系统根据页面设置的参数自动插入的，但无法被删除。

如果要在 Word 文档的某个位置强制分页，可以在这个位置插入人工分页符，而此位置下面的内容会移到新的一页，当用户修改、删除或添加文本内容时，人工分页符标记会永远处于被插入的位置，不会随着内容的增减而变动。

插入分页符时首先将插入点置于要强制分页的位置，单击“插入”→“分隔符”命令，弹出“分隔符”对话框，如图 2-104 所示，选择“分页符”后，单击“确定”按钮。按组合键“Ctrl+回车键”也可以实现强制分页。

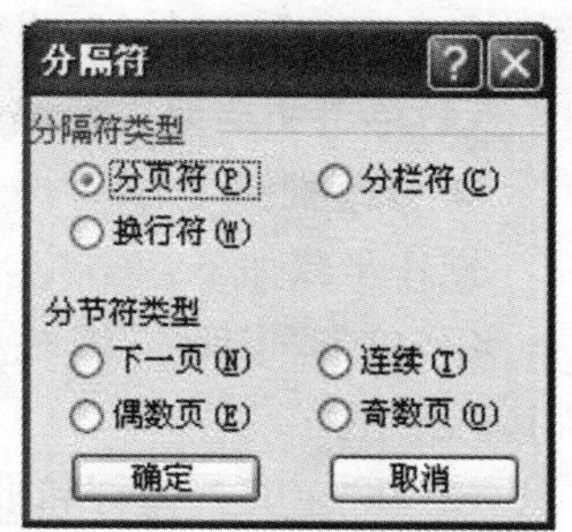

图 2-104 “分隔符”对话框

如果删除人工分页符，需切换到“普通视图”状态下，选定分页符按“Backspace”键或“Del”键。

● 分节符

要使文档不同部分有不同的格式，如：边距、栏数、页眉和页脚及页码格式不同，可以使用分节符将文档分成若干个节。分节符是非打印字符，它是表示一个节的结束的标记，存储了节的格式设置，如：页的方向、页码的顺序、边界等，在一个节中编排格式时会影响其他节的格式。

插入节符后，新节开始的位置有四种选项：

◇ 下一页：新节从下一页的项部开始。

◇ 连续：新节从同一页原插入点位置开始。

◇ 奇数页：新节从下一奇数页开始。

◇ 偶数页：新节从下一偶数页开始。

插入和删除分节符的方法与分页符类似，可以参照进行操作。

2. 使用批注

批注是作者或审阅者对文档中的某段文字做出的注释，以供参考。

● 插入批注

操作步骤如下：

(1)选定要加批注的文本，这里选择第二段。

(2)单击“插入”→“批注”命令，出现“批注”文本框，如图 2-105 所示。

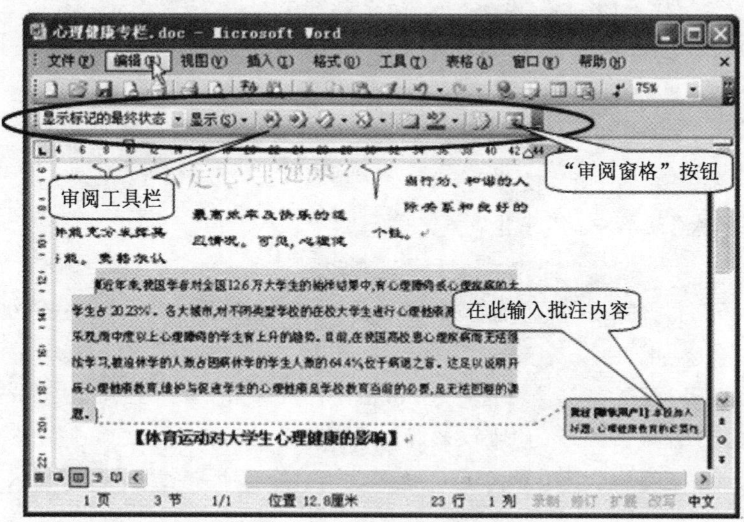

图 2-105 加入批注

(3)在“批注”文本框中输入批注内容“本段加入标题:心理健康教育的必要性”。

(4)单击文档编辑区域,返回文档。

● 修改批注

操作步骤如下:

(1)单击“审阅”工具栏中的“审阅窗格”按钮,这时在窗口下部打开了审阅窗格,如图2-105所示。

(2)在“主文档修订和批注”项中批注内容区域中进行编辑修改

(3)单击文档编辑区域或再次单击“审阅窗格”按钮,返回文档。

● 删除批注

操作步骤如下:

(1)单击“审阅”工具栏中的“审阅窗格”按钮。

(2)右键单击“主文档修订和批注”要删除的批注区域,或右击文档区域的批注框处。

(3)单击“删除批注”命令。

✍ 课堂练习

选择题

1. 在 Word 2003 中,下列哪种设置最好放在文档的编辑、排版和打印等操作之前进行,因为它对许多操作都将产生影响(　　)。

A. 页面设置　B. 打印预览　C. 字体设置　D. 页码设定

2. 关于“打印预览”,下列说法正确的是(　　)。

A. 要打印当前文档,必须退出“打印预览”状态

B. 可以在“打印预览”状态下打印当前文档

C. 不能在“打印预览”状态下打印文档

D. 只能在“打印预览”状态下打印文档

3. 在 Word 文档中要设置“页边距”,则应该使用(　　)。

A.“文件”菜单中的“页面设置”命令

B.“文件”菜单中的“版心设置”命令

C.“格式”菜单中的“段落”命令

D.“格式”菜单中的“字体”命令

操作题

打开文档“练习 2-5.doc”,进行如下设置,然后将设置后的文档另存为“练习 2-6.doc”。

1. 页面设置:设置纸张大小:宽为 20cm,高为 28cm,页边距均为 2.5cm。

2. 设置尾注:为第五段的“难以移植”加下划线并添加尾注“即通用性差”。

3. 设置页眉/页脚:在页眉区左边输入文字“计算机语言”、右边插入页码“第 1 页”。

4. 打印预览:效果如题图 2-4 所示。

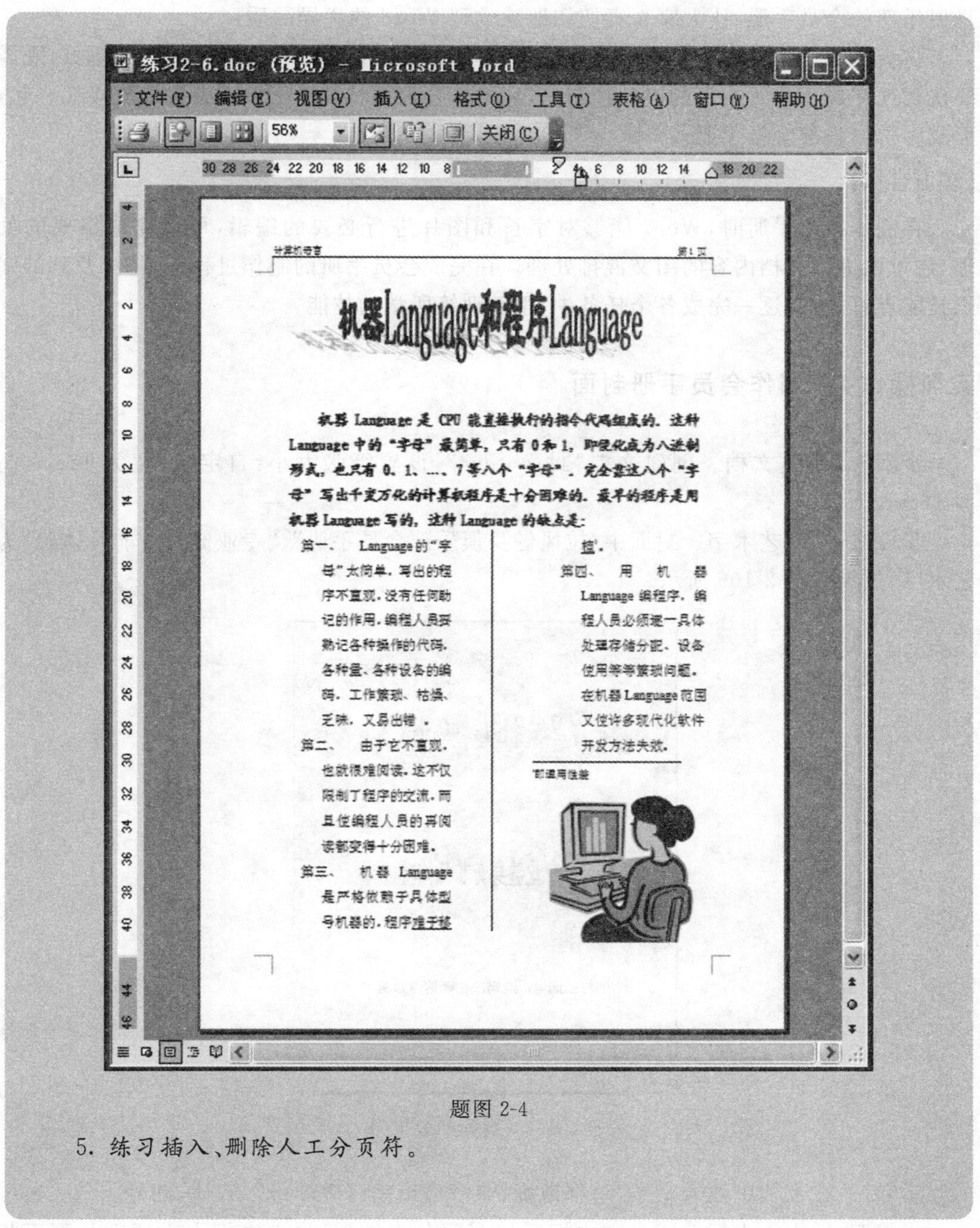

题图 2-4

5. 练习插入、删除人工分页符。

任务六 综合实训

【实训分析】

在实际工作中，经常利用 Word 的图、文、表功能设计一些宣传手册，在这制作一个健身俱乐部的会员手册，让大家真真切切地感觉到 Word 的优异品质。

将会员手册的内容分成 5 个具体的小任务，每个小任务制作出会员手册的单页，既需要认真地完成手册每一页的设计和制作，还需要合理地将若干个单页有机地连接在一起，形成一份俱乐部会员手册。

【实训目标】

在制作指南手册时，Word 能够对字符和图片进行必要的编辑，可以完成格式的处理，还可以进行文档内容的图文混排处理。在完成会员手册的制作过程中，将涉及到的知识技能点打散，在逐一完成各个任务中，重新训练所学的技能。

实训操作 1　制作会员手册封面

步骤一：新建文档。创建文档“封面 . doc”，设置纸张大小：自定义，宽为 12cm，高为 16cm。

步骤二：制作艺术字。封面中“拉风健身俱乐部会员手册”、“专业健身★非凡体验”为艺术字，效果如图 2-106 所示。

图 2-106　封面的效果图

步骤三：在文档中输入文本“总部地址：潍济市市南区 258 号”，宋体，四号。

步骤四：插入文本框。插入文本框后填充颜色为纹理，将文本框大小调整与页面相同，最后将文本框版式设置为“衬于文字下方”。

实训操作 2　制作“致辞”页面

步骤一：新建文档。创建文档“致辞 . doc”，设置纸张大小：自定义，宽为 12cm，高为 16cm。

步骤二：制作标题。绘制自选图形并添加文字“致会员朋友们”，效果如图 2-107 所示。

步骤三：在文档中输入文本内容，四号字，1.5 倍行距，首行缩进 2 个字。

步骤四：插入图片。插入剪贴画并调整尺寸，高度为 4.5cm，宽度为 4.2cm，设置图片为“四周型”环绕方式，效果如图 2-107 所示。

致会员朋友们

拉风健身俱乐部，秉承“引导健身时尚，创造健康生活”的经营理念，为会员提供一个健康、整洁、安静的锻炼场所，更好地享用会所的设施及服务，让忙碌的会员在工作之余，充分享受轻松时尚的美好时光。

图 2-107　第 2 页效果图

实训操作 3　制作“会员须知”页面

步骤一：新建文档。创建文档“会员须知 .doc”，设置纸张大小：自定义，宽为 12cm，高为 16cm。

步骤二：在文档中输入文本内容，宋体，五号，行距固定值为 17 磅。

步骤三：制作标题。将“会员须知”一段居中，三号，5%的灰色底纹。

步骤四：添中项目编号。将最后的六个段落加上项目编号“1.、2.、3.……”，文字缩进位置为 0.5cm，编号位置为左对齐，效果如图 2-108 所示。

步骤五：设置首字下沉。将第二段首字下沉 2 个字。

会员须知

尊贵的会员朋友们：

欢迎您加入本俱乐部，请认真阅读以下内容并自觉遵守：

1. 本健身会的正常营业时间为早 9：00—晚 31：30，节假日若放假会籍时间顺延。
2. 会员须持有效会员证方可进入会所，严禁酒后者、心脏病、皮肤病及一切传染患者进入。
3. 会员承诺不携带易燃易爆等危险物品进入会所，如因会员违反规定造成财产和人身伤害的，由该会员承担全部赔偿责任。
4. 会籍不得转让/借他人。如需转让，会员自行联系转让人，同时交纳转让费 100 元。会员卡丢失需到前台办理补卡手续，补卡费用 10 元。
5. 会员缴费后不参加健身运动的，视为对自己权利的放弃，本会所概不退款。
6. 其他不在本规则说明的一切事宜，本会所有最终解释权。

图 2-108　第 3 页效果图

实训操作 4　制作“健身课程安排表”页面

步骤一：新建文档。创建文档“课程表 .doc”，设置纸张大小：自定义，宽为 12cm，高为 16cm。

步骤二：创建表格。新建一个 8 行 5 列的表格，编辑表格，效果如图 2-109 所示。

步骤三：绘制斜线表头。

步骤四：输入表格内容。

步骤五：设置表格边框和底纹。

健身课程安排表

时间 日期	15:00—16:00	16:30—17:30	18:30—19:30	20:00—21:00
星期一	养生太极	尊巴	肚皮舞	动感单车
	于立	李季	韩雪	张强
星期二	时尚舞步	瑜伽	形体芭蕾	综合球操
	刘洪	张云	贾谊	王力
星期三	身体平衡	综合球操	动感单车	养生太极
	秦丽	王力	张强	于立
星期四	健身街舞	养生太极	瑜伽	拉丁
	付洋	于立	张云	潘晓华
星期五	拉丁	尊巴	时尚舞步	瑜伽
	潘晓华	李季	刘洪	张云
星期六	普拉提	瑜伽	健身街舞	尊巴
	郑光	张云	付洋	李季
星期日	动感单车	身体平衡	肚皮舞	综合球操
	张强	秦丽	韩雪	王力

图 2-109　第 4 页效果图

实训操作 5　制作“俱乐部联系方式”页面

步骤一：新建文档。创建文档“地址 . doc”，设置纸张大小：自定义，宽为 12cm，高为 16cm。

步骤二：在文档中输入文本内容，其中有文字、特殊符号、数字及标点符号。

步骤三：制作标题。设置标题二号字，居中，加 2.5 磅的阴影边框。

步骤四：插入图片。插入一幅图片，设置图片为“嵌入型”，调到合适的尺寸，移动到页面底部，效果如图 2-110 所示。

图 2-110　第 5 页效果图

实训操作 6　合并会员手册

步骤一：建立会员手册文档。打开文档“封面 . doc”，另存为“会员手册 . doc”。

步骤二：合并各单页。将光标移动到文档最后，单击“插入”菜单，选择“文件”命令，在弹出的对话框中双击文件名“致辞 .doc”后，这时此“致辞”单页的内容插入到此文档中。重复以上步骤，将后面的 3 个文件插入到文档中。

在文档中输入文本内容，其中有文字、特殊符号、数字、标点符号。

步骤三：制作标题。设置标题二号字，居中，加 2.5 磅的阴影边框。

步骤四：插入图片。插入一幅图片，设置图片为“嵌入型”，调到合适的尺寸，移动到页面底部。

实训操作 7　设置正文的页眉和页脚

步骤一：打开文档。打开“会员手册 .doc”文档。

步骤二：设置页眉。添加页眉“🕮会员手册🕮”，居中，小四号，楷体字。

步骤三：设置页脚。在页眉编辑状态中，将光标切换到页脚中，在段落中间插入页码，并设置为小四号、空心字。

实训操作 8　打印输出会员手册

步骤一：打开文档。打开“会员手册 .doc”文档。

步骤二：打印预览。在打印预览状态中，观看整体布局是否存在问题，调整文档直到满意。

步骤三：打印手册。设置打印份数、每页的版数等参数后，单击“确定”打印。

步骤四：装订会员手册。按手册各页的先后顺序进行装订。

项目三　Excel 2003 电子表格

项目背景

Excel 2003 是 Microsoft Office 2003 的重要组件之一，是目前比较成熟且流行的电子表格处理软件之一，能够方便地对数据进行输入、运算、分析、预测与管理，被广泛应用于财务、金融、统计、运筹及办公事务等众多领域。

从 1995 年 Excel 第一个版本开始，Excel 经历了丰富的发展历程，通过 Microsoft Excel 典型标志图片资料的变更，就可深深领略 Excel 发展的历史足迹。

在本项目中，通过创设真实的应用环境，设计与真实办公任务一致的学习性任务，来轻松体验并掌握 Excel 2003 在数据处理方面的强大功能。

Excel 的典型发展版本图标“95-97-2000-2003-2007”

项目分析

本项目主要介绍了电子表格中数据的输入与编辑、表格格式设置、数据的处理、图表的使用及工作表的打印。其中数据的处理包含公式和函数的使用、数据的排序、筛选、分类汇总、合并计算等应用。

项目目标

- 了解 Excel 2003 的基本操作
- 掌握数据的输入与工作表的编辑
- 掌握公式和函数、图表的使用
- 了解数据的安全、工作表打印
- 掌握数据的排序、筛选
- 掌握分类汇总及合并计算

项目实战

- 任务一　建立明星档案
- 任务二　丰富课余生活
- 任务三　合适岗位选择
- 任务四　通话记录详单
- 任务五　打印工资清单

任务一　建立明星档案

【任务引入】

同学们,生活中你们都有哪些喜欢的歌星、影星和球星呢? 你是否想建一个明星档案,做一个超级专业粉丝呢? 现在利用 Excel 电子表格建立一个明星档案吧!

1. 利用 Excel 的基本文件操作、数据录入及填充功能,建立明星档案基本资料,如图 3-1 所示。

	A	B	C	D	E	F	G	H	I	J	K
1	我喜爱的明星										
2	编号	姓名	出生年月	性别	身高cm	体重kg	星座	出生地	血型	职业	民族
3	00001	张韶涵	1982-1-19	女	158	36.0	魔羯座	台湾	A	歌手 演员	汉族
4	00002	宋祖英	1966-8-13	女	168	51.0	狮子座	湖南	B	歌手	苗族
5	00003	周杰伦	1979-1-18	男	173	60.0	魔羯座	台湾	O	歌手 导演	汉族
6	00004	姚明	1980-9-12	男	229	140.6	处女座	上海	B	篮球	汉族
7	00005	那英	1967-11-27	女	168	46.0	射手座	辽宁	O	歌手	满族
8	00006	赵本山	1957-10-2	男	175	63.0	天秤座	辽宁	B	演员 导演	汉族
9	00007	董卿	1973-11-17	女	168	50.0	天蝎座	浙江	A	主持人	汉族
10											

star　就绪

图 3-1　输入数据

2. 利用 Excel 的编辑与格式设置功能重新调整明星档案,使明星档案更加清晰,如图 3-2 所示。

	A	B	C	D	E	F	G	H	I	J	K
1	我喜爱的明星										
2	编号	姓名	出生年月	性别	身高cm	体重kg	星座	出生地	血型	职业	民族
3	00001	张韶涵	1982-1-19	女	158	36.0	魔羯座	台湾	A	歌手 演员	汉族
4	00002	宋祖英	1966-8-13	女	168	51.0	狮子座	湖南	B	歌手	苗族
5	00003	周杰伦	1979-1-18	男	173	60.0	魔羯座	台湾	O	歌手 导演 演员	汉族
6	00004	姚明	1980-9-12	男	229	140.6	处女座	上海	B	篮球	汉族
7	00005	那英	1967-11-27	女	168	46.0	射手座	辽宁	O	歌手	满族
8	00006	赵本山	1957-10-2	男	175	63.0	天秤座	辽宁	B	演员 导演	汉族
9	00007	董卿	1973-11-17	女	168	50.0	天蝎座	浙江	A	主持人	汉族
10											

star　就绪

图 3-2　格式设置

3. 利用 Excel 的批注等特殊功能使得明星档案更加专业,更有说服力,如图 3-3 所示。

	A	B	C	D	E	F	G	H	I	J	K
1	我喜爱的明星										
2	编号	姓名	出生年月	性别	身高cm	体重kg	星座	出生地	血型	职业	民族
3	00001	张韶涵	[illegible]	[illegible]	[illegible]	[illegible]	魔羯座	台湾	A	歌手 演员	汉族
4	00002	宋祖英	[illegible]	[illegible]	[illegible]	[illegible]	狮子座	湖南	B	歌手	苗族
5	00003	周杰伦	[illegible]	[illegible]	[illegible]	[illegible]	魔羯座	台湾	O	歌手 导演 演员	汉族
6	00004	姚明	[illegible]	[illegible]	[illegible]	[illegible]	处女座	上海	B	篮球	汉族
7	00005	那英	[illegible]	[illegible]	[illegible]	[illegible]	射手座	辽宁	O	歌手	满族
8	00006	赵本山	[illegible]	[illegible]	[illegible]	[illegible]	天秤座	辽宁	B	演员 导演	汉族
9	00007	董卿	1973-11-17	女	168	50.0	天蝎座	浙江	A	主持人	汉族

代表作品：《辣妹子》，《好日子》，《小背篓》，《龙船调》现为中国人民解放军海军政治部文工团副团长。2010年6月19日宋祖英被获颁“国际慈善名人奖”。

star

单元格 B4 批注者 微软用户

图 3-3　加入批注

【任务目标】

本任务主要是要学生了解 Excel 2003 的基本操作、启动、退出及窗口的组成；掌握工作表的操作，数据的录入、格式编辑。主要知识点有 Excel 启动、退出、窗口组成、工作簿、工作表的基本操作、数据的录入、工作表格式编辑以及数据的自动填充等。

任务操作 1　认识 Excel 2003

1. Excel 窗口组成

● 标题栏：显示 Excel 工作薄的名称，如图 3-4 所示，工作薄名称为“Book1”。

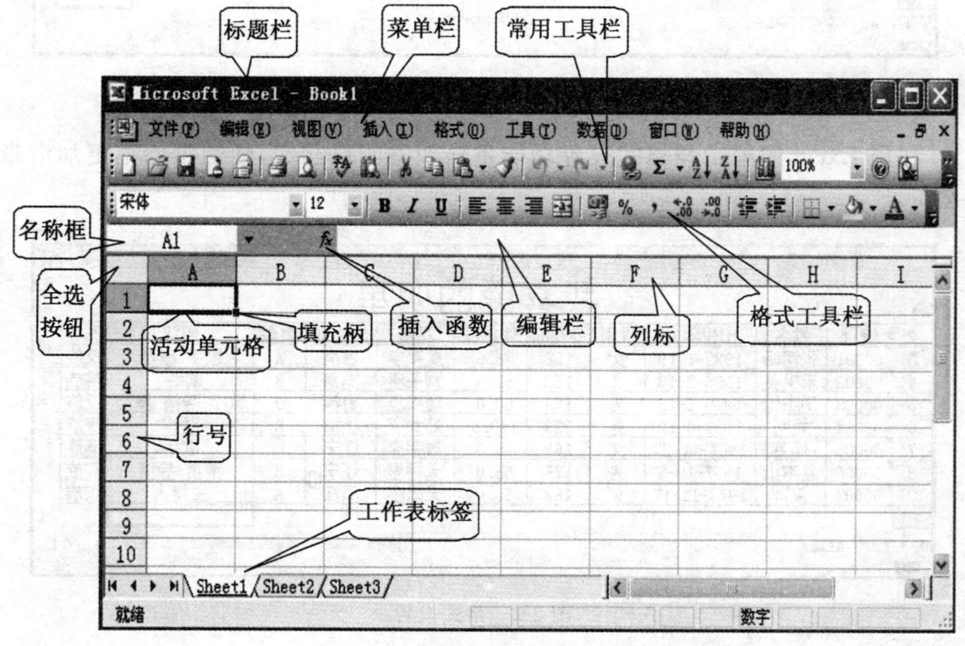

图 3-4　工作簿窗口的组成

● 菜单栏：与 Word 的菜单栏大致相同，用“数据”菜单代替了 Word 中的“表格”

菜单。

● 常用工具栏：如图 3-5(a)所示，包含了 Excel 常用的工具按钮。

● 格式工具栏：如图 3-5(b)所示，包含了 Excel 格式编辑操作常用的工具。

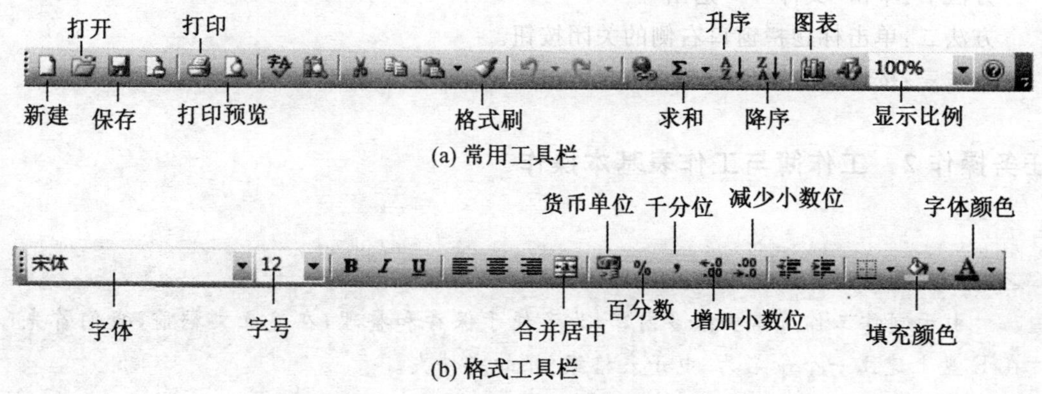

(a) 常用工具栏

(b) 格式工具栏

图 3-5 “常用工具栏”与“格式工具栏”

● 名称框：用来显示所选中的单元格或单元格区域的名称，如果单元格未命名，则显示单元格的坐标地址，如图 3-4 中的“A1”。

● 编辑栏：用来显示活动单元格中的数据或公式，以供用户编辑修改。

● 填充柄：指的是活动单元格或单元格区域粗边框右下角的黑色小方块“■”，当鼠标指向时，会出现一个黑色实心“十”字，拖动它可实现自动填充数据。

● 全选按钮：单击之后，选定整个工作表。

2. Excel 的基本单位

Excel 最重要的三个基本单位是工作簿、工作表与单元格。

● 工作簿

在 Excel 中建立的每一个文件就是一个工作簿，是用来存储和处理数据的基本单位，扩展名是“. xls”。Excel 采取类似“book1. xls”、“book2. xls”的形式来作为默认的工作簿名称。

● 工作表

工作簿文件由工作表组成，默认情况下，工作簿包含名称为“Sheet1”、“Sheet2”、“Sheet3”的 3 个工作表，用户可以根据需要增加或减少工作表的个数，但工作簿最多包含 255 个工作表。因此一个工作簿可以形象的看成是包含 1～255 页的“本子”，“本子”的每一页对应一个工作表。

● 单元格

工作表由单元格组成，它是 Excel 数据填充的基本单位，用来存放字符、数值、日期及公式等数据。每个单元格都有一个固定的地址，用其所在的列标和行号组成，一个地址代表惟一的一个单元格。

3. 启动与退出 Excel

(1)启动

方法一：单击“开始”→“程序”→“Microsoft Office”→Microsoft Office Excel 2003。

方法二:单击桌面上的 Excel 2003 快捷图标“ ”。

(2)退出

方法一:单击“文件”→“退出”。

方法二:单击标题栏窗口右侧的关闭按钮。

方法三:按快捷键“ALT+F4”。

任务操作 2　工作簿与工作表基本操作

✍ **说明提示**

由于制作工作簿需要很多内容,为了便于保存和整理,在建立文档前,我们首先在 E 盘上建立一个命名为“电子表格案例”的文件夹。

按照前面图 3-1 任务要求,建一个工作簿,文件名为“明星档案”,保存在“电子表格案例”文件夹下。

1. 工作簿文件操作

(1)建立工作簿

启动 Excel,系统自动建立名称为“book1”的工作簿,如图 3-4 所示。

✍ **说明提示**

建立工作簿的其他方式

- 利用菜单栏:“文件”→“新建”→“空白工作簿”。
- 利用工具栏按钮:“常用工具栏”中的“新建”按钮,如图 3-5 所示。
- 利用快捷键:“Ctrl+N”。

(2)保存工作簿

单击“文件”菜单→“保存”命令→出现“另存为”对话框→确定“保存位置”→命名工作簿文件→“保存”。

如图 3-6 所示,将工作簿保存在“电子表格案例”文件夹下,工作簿名为“明星档案”。

(3)打开工作簿

单击“文件”菜单→“打开”命令→选择工作簿文件所在的位置→“打开”。

(4)关闭工作簿

单击“文件”菜单→“关闭”命令→如果工作簿未保存,会提示进行保存操作。

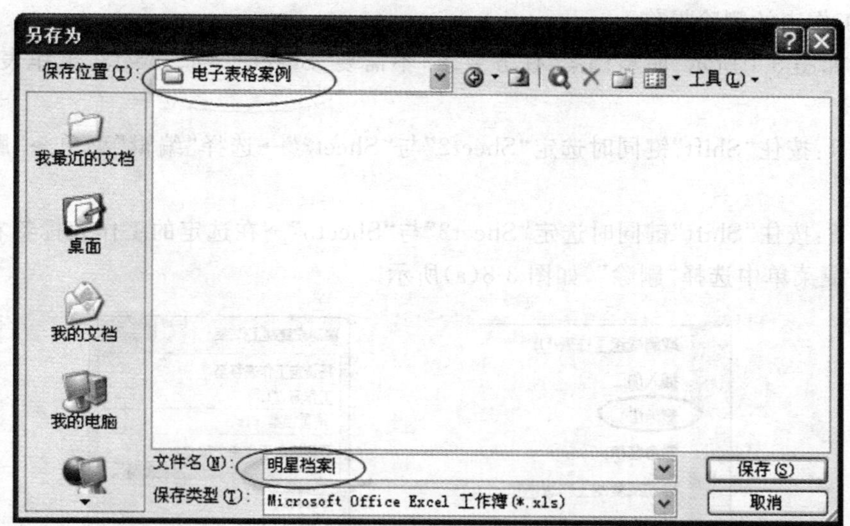

图 3-6 工作簿保存对话框

技能拓展

关闭与全部关闭

当打开多个工作簿时，Excel 提供一个非常有用的“全部关闭”功能。

操作方法是：按住键盘“Shift ”键→单击“文件”→“全部关闭”。

而“关闭”操作只能关闭当前正在编辑的工作簿文件。

2. 工作表的操作

(1)工作表

工作表是由 65536 行和 256 列个单元格构成的一个表格，由上向下按 1 到 65536 进行行编号，由左到右采用字母 A，B，C……Z，AA，AB……IX 进行列编号，系统默认的三张工作表分别是：“Sheet1”、“Sheet2”、“Sheet3”。

(2)工作表的选定操作

- 单个选定：直接单击工作表标签
- 多个不连续选定：按住“Ctrl”键单击选择不连续的多个工作表
- 多个连续选定：按住“Shift”键单击选定多个连续的工作表。

当选定多个工作表时，在 Excel 标题栏的文件名会出现“[工作组]”标志。

(3)工作表的重命名操作

操作方法为：

双击需要重命名的工作表标签→工作表名称出现编辑状态→输入工作表名称。

如图 3-7 所示，按照如图 3-1 任务要求建立的“明星档案”的工作表“Sheet1”重新命名为“star”。

star / Sheet2 / Sheet3

图 3-7 工作表的重命名

(4)工作表的删除操作

按照如图 3-1 所示“明星档案”任务要求，不需要“Sheet2”与“Sheet3”工作表，可以将其删除。

方法 1：按住“Shift”键同时选定“Sheet2”与“Sheet3”→选择“编辑”菜单→“删除工作表”。

方法 2：按住“Shift”键同时选定“Sheet2”与“Sheet3”→在选定的工作表标签右击→从出现的快捷菜单中选择“删除”，如图 3-8(a)所示。

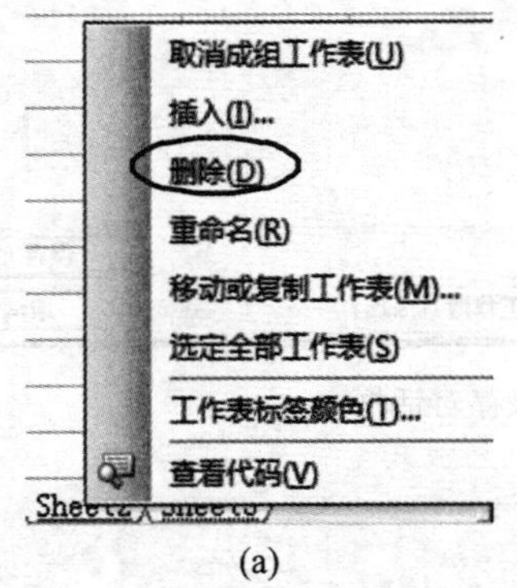

(a)

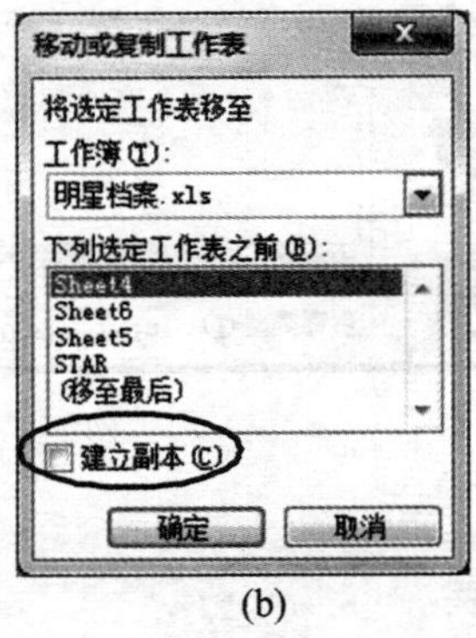

(b)

图 3-8 “工作表快捷菜单”与“移动或复制工作表”对话框

技能拓展

插入、移动或复制操作

1. 插入工作表

方法 1：“插入”菜单→“工作表”。

方法 2：选定任一工作表标签→右击→“插入”→“工作表”→“确定”。

2. 移动或复制工作表

方法 1：选定工作表标签→右击→“移动或复制工作表”→出现如图 3-8(b)所示的“移动或复制工作表”对话框→选择需要移动或复制到的位置即可。如果“复制”要选中“建立副本”复选框。

方法 2：选定工作表→直接拖动或按住“Shift”键沿着工作标签行拖动，此时鼠标指针出现一个白色小方块和一个小黑箭头，以指示拖动位置，到达要移动的目标位置后，松开鼠标即可实现工作表移动操作。如果按住“Ctrl”键，拖动工作表可实现复制操作。

任务操作 3 工作表数据录入

按照任务要求，在“明星档案”工作薄的“star”工作表中输入明星基本档案资料，首先必须了解如何选定单元格。

1. 单元格及单元格区域的选定

● 活动单元格：当前被选定或正在编辑的单元格，活动单元格的地址总是被显示在编辑栏的“名称框”里。

● 活动单元格区域：当前被选定或正在编辑的单元格区域，其中编辑栏的“名称框”里的仍是活动单元格的地址。如表 3-1 所示为单元格与单元格区域的选定操作方法。

表 3-1　　单元格及单元格区域的选定

<table>
<tr><th>操作要求</th><th>基本操作</th><th>操作要求</th><th>基本操作</th></tr>
<tr><td>选定单元格</td><td>鼠标单击</td><td>选定不连续区域</td><td>按住“Ctrl”键再单击</td></tr>
<tr><td>选定整行</td><td>单击行号</td><td rowspan="2">选定连续区域</td><td rowspan="2">鼠标拖动（或者选定第一个单元格，按住“Shift”键单击最后一个单元格）</td></tr>
<tr><td>选定整列</td><td>单击列号</td></tr>
<tr><td>选定整个工作表</td><td>单击全选按钮</td><td>取消选定</td><td>单击任一单元格</td></tr>
</table>

2. 数据的录入

(1)数据录入方法

方法一：选定要输入数据的单元格直接输入数据。

方法二：选定要输入数据的单元格→在“编辑栏”中输入数据。

方法三：双击要输入数据的单元格→出现插入点光标“|”→输入单元格中数据。

(2)录入数据类型

Excel 的数据主要有数值型、日期型、文本型等以下类型：

● 数值型：数字(0～9)、“＋”、“－”、“E”、“e”、“$”、“%”、“/”、“()”以及小数点“.”和千分位符号“,”等特殊字符。

● 日期型：“年－月－日”、“日－月－年”、“月－日”，年月日之间用斜杠“/”或减号“－”分隔；时间输入形式为“hh:mm:ss”。

● 文本型：包括汉字、英文字母、数字、空格及其他键盘能键入的符号。

✍ 说明提示

有关数值型数据

● 数值型数据列宽不够时，会显示“####”，需要调整列宽。

● 直接输入“23/5”，Excel 会自动当作日期处理成“5 月 23 日”。

● 输入分数型数值，可以先输入“0”，再输入数值，例如键入“0 23/5”，单元格会显示为带分数形式“4 3/5”，编辑栏会显示为“4.6”。

● 负数的输入直接在数值前面加负号“－”，也可以将数值置于括号内。

按照图 3-1 任务要求，在“明星档案”工作簿的“star”工作表中输入明星档案数据。操作步骤如下：

(1)选中 A1 单元格→输入“我喜爱的明星”。

(2)选中 A2 单元格→输入“编号”→选中 B2 单元格→输入“姓名”，依次类推，分别在

C1,D1,…,K1 单元格中输入标题行信息。

(3)选中 A3 单元格→先输入英文状态下的单引号→输入“0001”。因为“0001”为文本型数值,需要这种特殊方式输入。

知识拓展

文本型数值

在单元格直接输入数字,Excel 会自动将数据作为数值型进行处理,采用右对齐,并且会按照数值默认的格式进行设置。如直接输入编号“0001”或电话区号“0531”后,会将前面的“0”去掉;当直接输入身份证号“370101199009099001”时,会自动显示为“3.701E+17”的科学计数法表示。

要输入文本型数值,先输入英文状态单引号,再输入数据即可,采用左对齐。

(4)选中 A3 单元格→鼠标指向填充柄→向下拖动自动填充其他数据“0002…0007”。这是采用的简单数据序列填充方法,还有其他自动填充数据的方法。

(5)选中 B3 至 B9 单元格→分别输入“张韶涵……董卿”等数据。

(6)选中 C3 至 C9 单元格→分别输入出生日期数据,格式采用“1982/1/19”或者是“1982-1-19”。

(7)其他数据依照输入方法正确输入。

至此,“明星档案”工作表输入完毕。

技能拓展

自动填充数据方法

1. 简单数据序列填充　2. 复杂数据序列填充

3. 复制填充　4. 用户自定义序列填充　5. 记忆式输入

1. 简单数据序列填充

输入两个序列起始数值→选定两个数值→鼠标指针指向“填充柄”→鼠标指针出现“+”形状,单击进行向上、向下或向左、向右拖动,即自动形成数据序列。

2. 复杂数据序列填充

输入序列一个起始数值→选定该数值→“编辑”菜单→“填充”→“序列”→出现“序列”对话框→选择序列产生在“行”或“列”→选择“等比序列”或“等差序列”等→确定“步长值”和“终止值”→“确定”。

● 等比序列:形如 2,4,8,16,…任意相邻两个数后一个与前一个数的比值(即步长值)是一个定值。

● 等差序列:形如 2,4,6,8,…任意相邻两个数后一个与前一个数的差值(即步长值)是一个定值,如图 3-9 所示为“序列”对话框所设置的“等差序列”实例。

3. 复制填充

一块连续区域的值全部相同,只需要输入一个单元格的值,余下的利用“填充柄”复制填充,如图 3-10 所示。

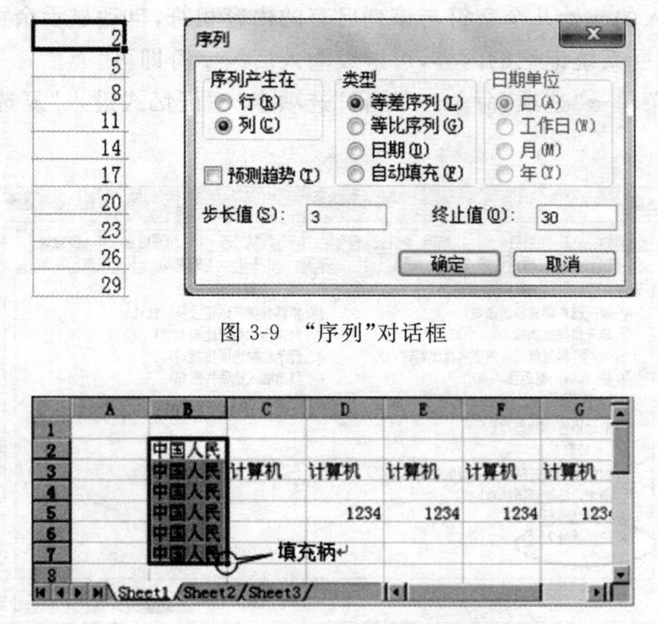

图 3-9　“序列”对话框

图 3-10　“复制填充”数据序列

4. 用户自定义填充序列

选择“工具”菜单→“选项”→“自定义序列”选项卡→在“输入序列”列表框中输入第一个序列值→输入“Enter”键→依次输入其他序列值,要求每个序列值后都要按“Enter”键,如图 3-11 所示→输入完所有序列后要单击“添加”按钮→序列才能出现在“自定义序列”列表框中。

这样使用序列的时候只需要输入起始值,用“填充柄”拖动会出现序列中的其他值。

如果需要将单元格中已有的数据序列形成自定义序列,以备可以随时使用,可以使用图 3-11 中的“导入”按钮选择从单元格中导入序列。

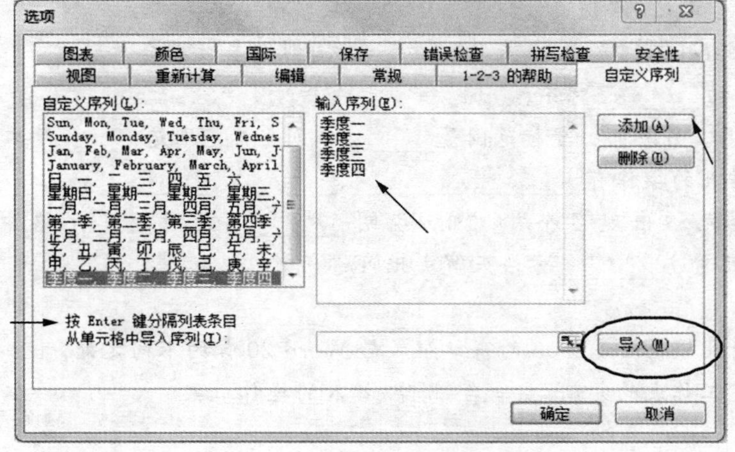

图 3-11　“自定义序列”填充

5. 记忆式键入

某单元格键入的起始几个字符与该列已有的内容相符,自动显示余下的内容,按回车键接受;如果不接受系统记忆的内容,可继续输入后续字符即可。

通过"工具"菜单→"选项"命令→"编辑"选项卡→"记忆式键入"复选框设置,如图 3-12 所示。

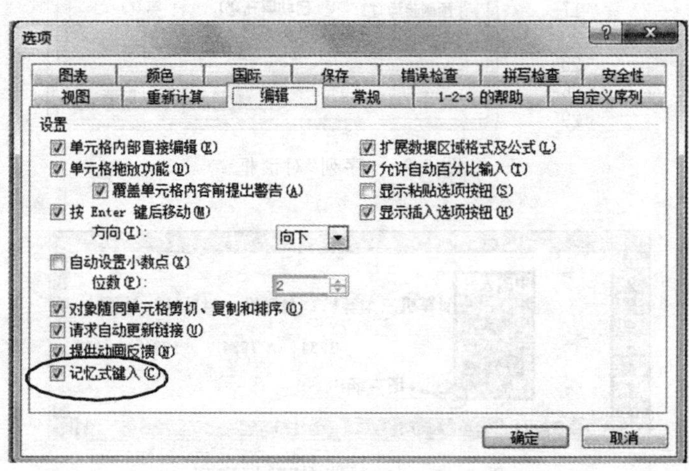

图 3-12 "记忆式键入"设置

✍ 课堂练习

填空题

1. Excel 2003 默认的文件扩展名是________,新建一个工作簿系统默认缺省的工作表有________个,一个工作簿最多可以有________个工作表。

2. 在 Excel 中"序列"命令中,提供的类型有等差序列、________、________和________。

3. 在 Excel 中,为区别"数字"和"文本型数字",在输入的"文本型数字"前就加________符号以区别"数字"。

4. 在 Excel 工作表中,如未特别设定格式,则文本数据会自动________对齐,数值数据会自动________对齐。

5. Excel 工作表的行坐标范围是________,列坐标范围是________。

6. 工作表的操作有________、________、________、________等。

7. 当单元格出现多个"#"时,说明________,此时该单元格中的数据将________,可通过________方法来解决此问题。

简答题

1. 试着比较 Excel 2003 的窗口组成与 Word 2003 的不同之处。

2. 简述工作表的复制、重命名、删除、插入的操作步骤。

任务操作 4 工作表编辑设置

数据录入时,难免会出现数据错误、数据遗漏、多余数据等问题,这就需要及时修改、补充,保证数据正确,也就是要对工作表进行编辑。

1. 行、列、单元格的插入

(1)插入行

方法一:选定要插入新行之下的相邻行,或者单击要插入新行之下相邻行中的任意单元格→选择"插入"菜单→"行"。

方法二:单击要插入新行之下相邻行中的任意单元格→右击从快捷菜单中选择"插入…"→出现"插入"对话框,如图 3-13(a)所示→选择"整行"。

(2)插入列

方法一:选定要插入新列右侧的相邻列,或单击要插入新列右侧相邻列中的任意单元格→选择"插入"菜单→"列"

方法二:单击要插入新列右侧相邻列中的任意单元格→右击从快捷菜单中选择"插入…"→出现"插入"对话框,如图 3-13(a)所示→选择"整列"。

(3)插入单元格

选定要插入单元格的相邻区域的单元格,选定的单元格数量应与待插入的单元格数量相同→选择"插入"菜单→"单元格"命令→出现"插入"对话框,如图 3-13(a)所示→确定周围单元格的移动方向"活动单元格右移"或"活动单元格下移"→"确定"。

2. 行、列、单元格的删除

删除单元格时,被删除的单元格包括其内容从工作表中消失,空出的位置由周围的单元格移位填充。

操作方法为:

(1)选定要删除的单元格→"编辑"菜单→"删除"命令→出现"删除"对话框,如图 3-13(b)所示。

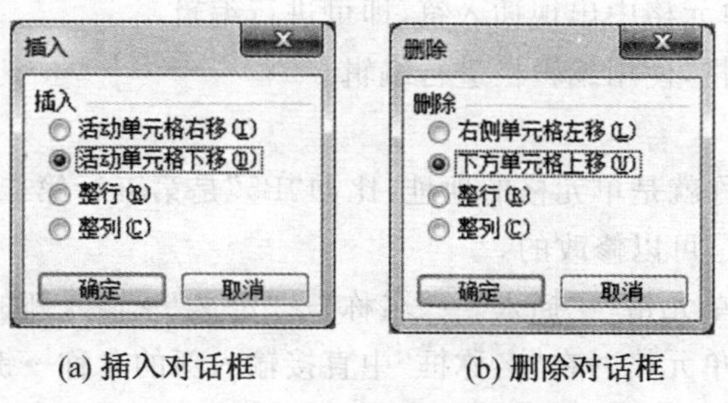

(a) 插入对话框 (b) 删除对话框

图 3-13 "插入"与"删除"对话框

(2)选择删除选项

"右侧单元格左移":被删除单元格右边的单元依次左移,填充删除后产生的空白。

"下方单元格上移":被删除单元格下边的单元格依次向上移动,填充删除后产生的空白。

"整行":删除选定单元格所在的一整行。

"整列":删除选定单元格所在的一整列。

3. 移动和复制行、列、单元格内容

首先选定操作的单元格、行或列,具体实施有两种办法。

方法一:鼠标拖动,鼠标直接拖动是移动操作,按住"Ctrl"键的同时进行拖动是复制。如果目标位置有数据,会弹出提示"是否替换目标单元格内容"。

方法二:"编辑"菜单中"剪切"、"复制"、"粘贴"选项配合,"剪切"→"粘贴"完成移动操作,"复制"→"粘贴"完成复制操作,也可以通过常用工具栏的对应按钮或快捷键实现。

4. 数据清除与删除

清除只针对于内容,对单元格无影响;删除是既删除单元格又删除内容。

清除:选定单元格或单元格区域→"编辑"菜单→"清除",如图 3-14 所示。

- 格式:只清除"格式",保留内容。
- 内容:清除"内容",保留格式。
- 批注:只清除批注,保留其他。
- 全部:只保留单元格,余下的全部清除。

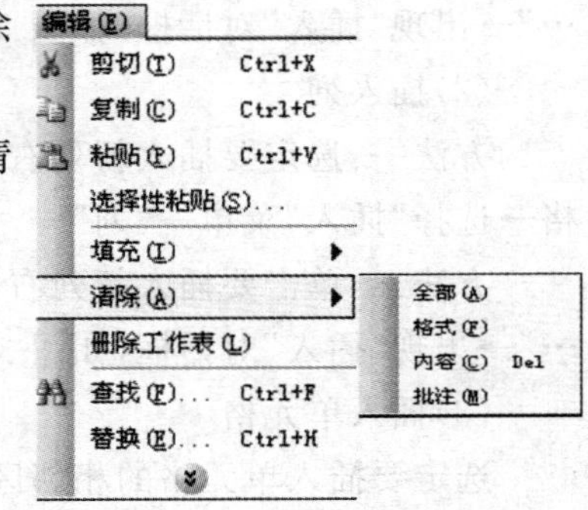

图 3-14　清除选项

删除:选定单元格或单元格区域→击右键→"删除"或者是选定单元格或单元格区域→"编辑"菜单→"删除"。

✍ 说明提示

如果选定单元格后按"Del"键只是清除内容,但不清除单元格格式,也不删除单元格。

5. 编辑单元格的数据

- 双击单元格,单元格中出现插入符,即可进行编辑。
- 单击选中单元格,使用编辑栏进行编辑。

6. 单元格命名

单元格默认的名称就是单元格的地址,比如"B5"是第五行第二列单元格的名称。单元格的名称根据需要是可以修改的。

- 选定需更名的单元格→"插入"→"名称"→"定义"→输入新的名称。
- 选定需更名的单元格→在"名称框"中直接输入新的名称→键入回车键。

7. 特殊内容的复制

有些时候希望单独把"公式"或"格式"等复制到其他的区域,这些特殊内容的复制也很简单。

首先选定带有指定格式的内容→"编辑"菜单→"选择性粘贴"命令→如图 3-15 所示,选择想要粘贴的类型:

- 全部：粘贴单元格所有内容和格式。
- 公式：粘贴单元格中的公式。
- 数值：粘贴单元格中显示的数值。
- 格式：粘贴单元格中的格式。
- 批注：粘贴单元格中的批注。
- 有效性：粘贴单元格数据的有效性规则。
- 边框除外：粘贴除单元格边框线外的所有内容。
- 列宽：将选定列的列宽复制到目标列。

图 3-15 “选择性粘贴”对话框

8. 查找/替换操作

Excel 2003 在选定的范围内或整个工作表内查找某指定的数据，可以查找公式、数值、文字或批注等数据，并且可以用新的数据进行替换。

查找操作步骤如下：

(1)选定查找的范围，不选定则对整个工作表进行查找。

(2)单击“编辑”菜单→“查找”命令。

(3)如图 3-16(a)所示，在“查找内容”文本框内输入要查找的内容。

(4)单击“查找下一个”按钮开始搜索，也可以单击“查找全部”按钮一次性找到所有内容。

(5)单击“关闭”按钮，结束查找。

替换操作步骤如下：

(1)选定查找的范围，不选定则对整个工作表进行查找。

(2)单击“编辑”菜单→“替换”命令。

(3)如图 3-16(b)所示，在“查找内容”文本框内输入要查找的内容。

(4)单击“查找下一个”按钮开始搜索，找到后由用户决定是否替换；单击“全部替换”按钮则替换所有找到的内容。

(5)单击“关闭”按钮，结束查找。

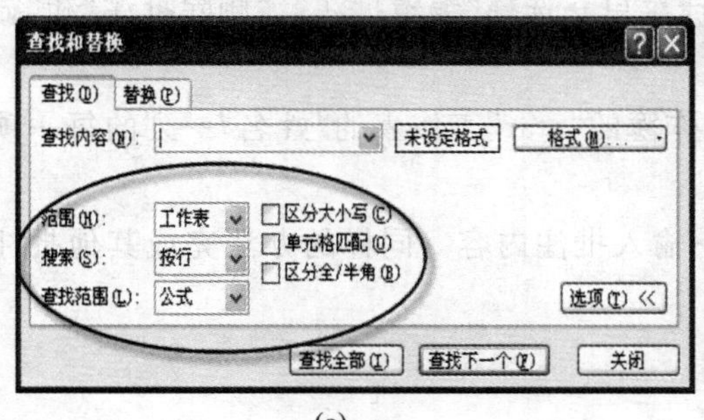

(a)

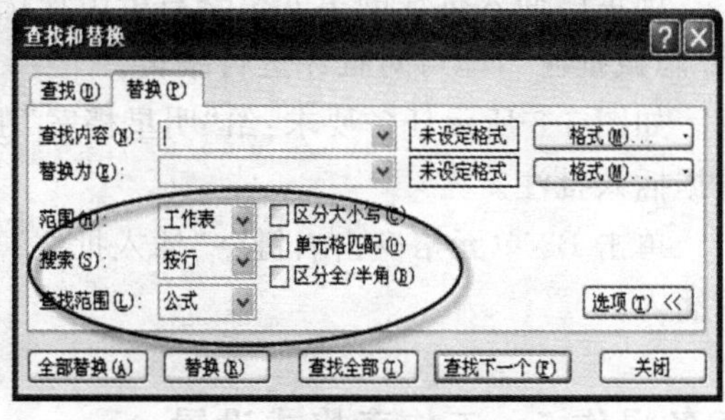

(b)

图 3-16 查找和替换对话框

技能拓展

查找、替换的选项

- 在“范围”列表框里选择的是“工作表”还是“工作簿”。
- 在“搜索”列表中选择的是“按行”还是“按列”。
- 在“查找范围”列表中确定查找的是“公式”、“值”还是“批注”。
- 复选框根据需要去进行设置。
- 对于特定的格式可以通过单击“格式”按钮来设定。

9. 撤消和重复操作

在编辑过程中，撤消与重复操作是为了避免误操作而提供的工具。

(1)撤消操作

● 选择“编辑”菜单→“撤消”命令。

● 选择“常用工具栏”上的“撤消键入”按钮“ ”，或从下拉列表中有选择地撤消多个操作。

● 按快捷键：“Ctrl＋Z”。

(2)重复操作

重复操作与撤消操作相对应，使用“常用工具栏”上的“重复”按钮“ ”，可以重复执行多次被撤消的操作，其使用方法与“撤消键入”按钮相类似。

10. 插入和编辑批注

批注是对选定单元格的内容所作的注释性文字说明，当鼠标指向单元格时，会出现批注说明内容，以帮助了解该单元格内容。

(1)插入批注

单击“插入”菜单 →“批注”→在单元格右上方出现一个红色的小三角符号，并出现一个文本框→在文本框中输入批注的内容。

(2)编辑批注

选定已插入批注的单元格→右击出现快捷菜单→选择“编辑批注”、“删除批注”和“显示/隐藏批注”，即可对批注进行编辑。

如图 3-3 所示任务要求：给“明星档案”工作簿的“star”工作表的“姓名”一列的每一项数据插入批注。

单击 B3 单元格→击右键→“插入批注”→输入批注内容。同样的办法完成其他批注的插入。

任务操作 5　工作表格式设置

为了使表格更加清晰，看起来比较美观，还要进行工作表的格式设置。工作表的格式设置首先都要选定要设置的内容。

1. 行高和列宽的调整

● 精确调整行高:单击“格式”菜单→“行”→“行高”→输入行高值。

● 用鼠标粗略调整行高:指向行标分隔线,当鼠标形状为实心十字双箭头时,按住左键上、下拖动到适当位置。

● 调整适当高度:双击行标的分隔线或单击“格式”菜单→“行”→“适当高度”。

列宽调整与行高类似。

如图 3-2 所示任务要求设置:第一行行高为 34 磅,其余各行为 15 磅;列宽 C 列为 12 磅、J 列为 15 磅、D 列与 I 列为 5 磅、剩余各列为 7 磅,操作步骤为:

选定第一行→“格式”→“行”→“行高”→输入行高值“34 磅”。

选定剩余的多行→“格式”→“行”→“行高”→输入行高值“15 磅”。

选定 C 列→“格式”→“列”→“列宽”→输入列宽值“12 磅”,同样的方法设置 D、I 和 J 列。

选择剩余列(按“Ctrl”键选定)→“格式”→“列”→“列宽”→输入列宽值“7 磅”。

2. 设置字体字号

可以通过以下几种方法完成字体、字号的设置:

方法一:选定单元格→通过“格式”工具栏对应的按钮设置。

方法二:右击选定单元格→从快捷菜单中选择“设置单元格格式”→出现“单元格格式”对话框→“字体”。

方法三:选定单元格→“格式”菜单→“单元格”→“单元格格式”对话框→“字体”。

如图 3-2 所示任务要求设置:“标题”合并居中、26 磅;单元格区域“A2:K9”、12 磅;字体均为宋体,操作步骤为:

(1)选定标题行“A1:K1”→单击“格式”工具栏的“合并及居中”按钮“”→设置字号为“26 磅”;

(2)选“A2:K9”→“格式”工具栏的“字号”下拉列表框,设置为“12 磅”;

(3)单击全选按钮→“格式”工具栏的“字体”选择“宋体”。

3. 设置数字格式

Excel 中提供了丰富的数字格式设置,包括小数的位数、货币符号等。

方法一:右击单元格→从快捷菜单中选择“设置单元格格式”→出现“单元格格式”对话框→“数字”选项卡。

方法二:单击“格式”菜单→“单元格”命令→出现“单元格格式”对话框→“数字”选项卡。

如图 3-2 所示任务要求设置:日期和数值为相应数据格式,操作步骤为:

(1)选定 C 列→击右键→“设置单元格格式”→“数字”选项卡→“日期”→从“类型列表”中选择第一个日期格式,即为任务要求的格式。

(2)选定 E 列→击右键→“设置单元格格式”→“数字”选项卡→“数值”→设置“小数位数”为“0”。

(3)同样的办法设置 F 列。

4. 设置对齐方式

单击“格式”菜单→“单元格”命令→出现“单元格格式”对话框→“对齐”选项卡,如图

3-17 所示。

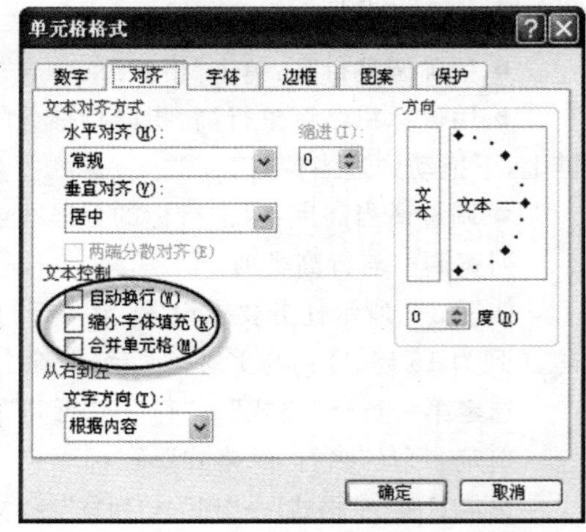

图 3-17　对齐方式

● 文本对齐方式:设置水平对齐和垂直对齐方式。

● 文字方向:在正负 90°的范围进行调整文本倾斜方向,选择垂直方向的“文本”框可以设置文字为“竖排”。

●“自动换行”可以使单元格中输入的文字根据单元格宽度进行自动换行。

●“缩小字体填充”可以根据单元格的宽度缩小字体填充。

●“合并单元格”可以将选定单元格合并为一个单元格。

如图 3-2 所示任务要求所示,设置工作表单元格的“对齐方式”为垂直、水平均居中,操作步骤为:

单击全选按钮→击右键→“设置单元格格式”→“对齐”→设置垂直对齐为“居中”、水平对齐为“居中”→“确定”。

✍ 说明提示

合并居中与跨列居中

合并居中:使选定的单元格合成为一个整体,只保留最左上角的单元格数据并使其居中显示,而其他单元格均不独立存在。

跨列居中:如图 3-17 所示的“水平对齐”列表项中选择设置,它是使选定的单元格区域居中显示,但其他单元格仍可独立选中,这种方式可为以后有关设置操作提供方便。

5. 设置底纹和图案

为了使工作表更加美观、更具有吸引力,可为工作表或单元格设置底纹和图案,操作步骤为:

单击“格式”菜单→“单元格”→“单元格格式”对话框→“图案”。

如图 3-2 所示任务要求设置:“A2:K2”设置黄色的底纹,操作步骤为:

选定“A2:K2”单元格区域→击右键→“设置单元格格式”→“图案”选项卡→选择颜色为“黄色”→“确定”。

6. 设置边框

工作表的默认网格线是系统为方便用户输入和单元格定位而自动添加的,该网格线只能在编辑工作表时显示,不能打印输出。

要制作一个有线工作表,必须给工作表或单元格添加边框线。操作步骤为:

单击“格式”菜单→“单元格”→出现“单元格格式”对话框→“边框”,如图 3-18 所示。

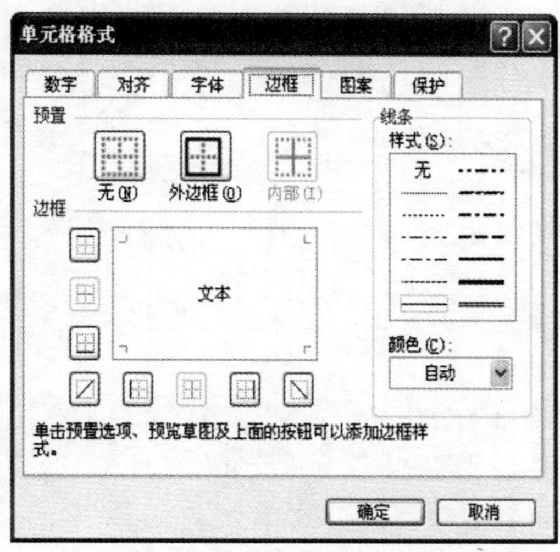

图 3-18　边框设置

如图 3-2 任务要求设置：给标题以外的内容加粗、细边框，操作步骤为：

选定“A2:K2”单元格区域→击右键→“设置单元格格式”→“边框”选项卡→选择“线条”为粗线，设置“外边框”→选择“线条”为细线，设置“内边框”。

知识链接

● 自动套用格式

用户除了可以自定义各种各样的格式外，Excel 2003 系统内部还提供了一些典型的表格样式，单击“格式”菜单→“自动套用格式”。

● 条件格式

Excel 2003 中可根据用户输入的数据，对符合条件的数据以特殊的方式显示，单击“格式”菜单→“条件格式”→设置条件或单击“格式”按钮进行特殊显示设置，如图 3-19 所示，例如当输入负数时，可用红色显示。

图 3-19　“条件格式”对话框

✍ 课堂练习

填空题

1. 按住“Ctrl”键拖动内容到新位置完成的是________操作，若拖动过程中不按“Ctrl”键，完成的是________操作。

2. Excel 中，字号的度量值为磅，磅值越大，字号________。

简答题

1. 如何设置合适的行高和列宽？

2. 如何清除数据的格式？

3. 如何完成公式和格式的复制？

4. 比较 Excel 的单元格删除与清除操作有何异同？

操作题

建立一个本班的通信录，包括学号、姓名、家庭住址、邮政编码、联系电话、邮箱、QQ 号，如图 3-20 所示，列出了详细要求的设置。

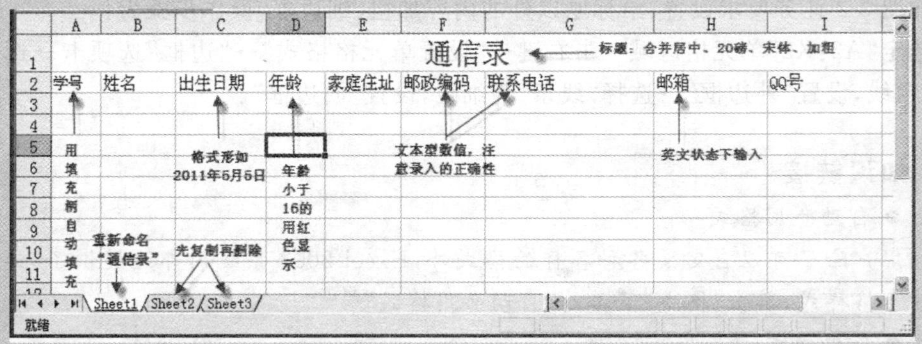

图 3-20 班级通信录示例

1. 以“班级通信录”为文件名存放到“E:\电子表格案例”下。

2. “学号”采用类似“11001，11002，…”形式输入，“年龄”采用条件格式输入。

3. 行高列宽：最适合的行高和列宽。对齐方式：全部居中。

4. 边框：除标题行以外所有单元格内边框为实线细边框，外边框为双线。

5. 字体、字号：标题以外全部使用仿宋字体、字号 14。

任务二 丰富课余生活

【任务引入】

同学们，你们都有哪些爱好和特长？每天课余生活你们都在做些什么？每个双休日过得是否有意义？如果周末双休日有 20 小时供你支配，你会分配？现在让我们在班级内搞一个小调查，列一张表总结一下吧！

1. 如图 3-21 所示，已知双休日总支配时间在单元格 E11 中，利用公式和函数求值：

	A	B	C	D	E	F	G	H	I
1	双休日的时间分配								
2	姓名	性别	看书（小时）	看电视（小时）	打球等运动（小时）	上网（小时）	做家务（小时）	逛街（小时）	其他（小时）
3	张三	男	4.0	5.0	6.0	3.0	0.0	0.0	2.0
4	李四	男	5.0	3.0	5.0	6.0	0.0	0.0	
5	王二	女	5.0	4.0	2.0	3.0	1.0	4.0	
6	张小三	女	2.5	4.0	4.0	2.0	1.0	5.0	
7	李小四	男	2.0	4.0	4.0	6.0	0.0	0.0	
8	王小二	女	6.0	1.0	3.0	2.0	0.0	6.0	
9	总计（小时）								
10									
11		总的可支配时间（小时）：			20				

Sheet1 / Sheet2 / Sheet3　就绪

图 3-21　公式与函数示例

(1)“其他”列以及“总计”行中的值。

(2)求出所有数值型字段的每一列的最大值、最小值，结果分别放于第 12 和第 13 行对应列下方单元格里。

2. 对“双休日的时间分配”创建图表进行分析。

(1)图表类型为“簇状柱形图”、独立式图表。

(2)图表标题：“双休日时间分配”，X 轴坐标标题为“姓名”，Y 轴坐标标题为“时间”，如图 3-22 所示。

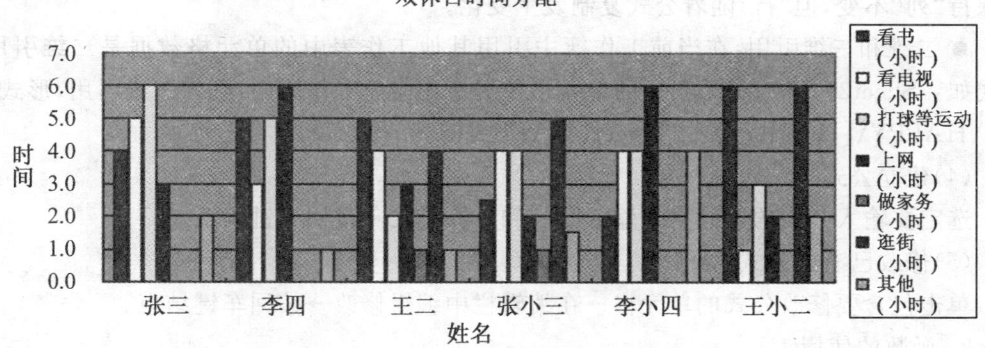

图 3-22　图表的使用

3. 利用图表的编辑和格式设置知识完成以下的操作。

(1)图标标题、X 轴与 Y 轴字体、字号均为“宋体、9 磅”。

(2)行坐标、列坐标及图例中的文字字号为“宋体、8 磅”。

(3)图例位置靠右。

【任务目标】

本任务主要是要学生了解单元格的引用，掌握公式和常用函数的使用，会利用图表分析问题。主要知识点有单元格的引用、公式与函数的使用、公式的复制、图表的生成及设置。

任务操作 1　公式与函数

1. 公式的使用

公式是由数据、运算符、单元格地址以及函数等组成的表达式。公式必须以“＝”开头，其一般的语法格式为：“＝表达式”。

(1)公式中使用的运算符

● 算术运算符：负号“－”、百分数“%”、乘幂“^”、乘“＊”、除“/”、加“＋”、减“－”。

● 文本运算符“&”：将两个文本数据连接起来形成连续的文本型数据。

● 比较运算符：“＝”、“＜“、“＞”、小于等于“＜＝”、大于等于“＞＝”、不等于“＜＞”。

(2)多个单元格在公式中的表示

● 连续单元格：“左上角单元格地址：右下角单元格地址”，例如：“A1:C2”有 6 个单元格。

● 不连续单元格：用“，”隔开。例如：“A1，A3，B4”有 3 个单元格。

(3)单元格的引用

● 相对引用：形式如“B5”，当公式在复制或填入到新位置时，单元格地址随着位置的不同而变化。

● 绝对引用：指公式复制或填入到新位置时，单元格地址保持不变，形式如“$E$11”。

● 混合引用：指在一个单元格地址中，既有相对引用又有绝对引用，例如：“$B4”表示保持“列”不变，但“行”随着公式复制发生变化。

● 二维和三维引用：在当前工作簿中引用其他工作表中的单元格数据是二维引用，形式如：“Sheet2！B3”；如果引用的单元格数据不在当前工作簿中，则为三维引用，形式如“E:\HAPPY\[HAPPY.XLS]Sheet1！A1”。

(4)建立公式

选定要输入公式的单元格→输入“＝”和计算公式→按回车键确认。

(5)修改已有的公式

单击包含要修改公式的单元格→在编辑栏中编辑修改→按回车键结束。

2. 函数的使用

(1)函数是由函数名、括号及括号内的参数组成。参数可以是常量、单元格、单元格区域、公式及其他函数，参数之间用“，”分隔，例：

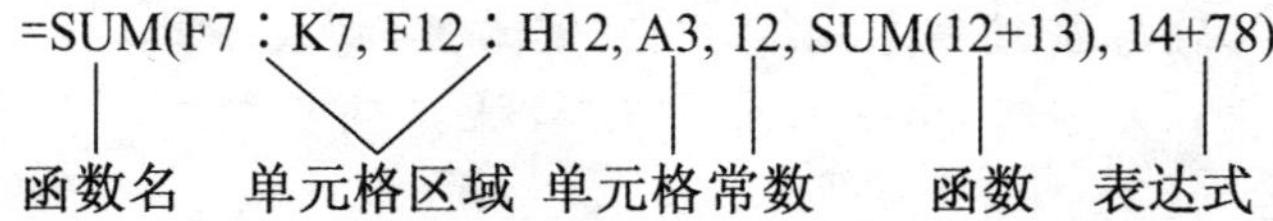

(2)常用的函数：求和“SUM”、平均值“AVERAGE”、计数值“COUNT”、最大值“MAX”、最小值“MIN”、乘积值“PRODUCT”等。

(3)函数插入方式

单击“插入”菜单→“函数”命令(或者编辑栏中的“插入函数”按钮 fx)→出现“插入函

数”对话框，如图 3-23(a)所示→在“选择函数”列表框中选择需要函数→出现“函数参数”对话框，如图 3-23(b)所示→单击选择“折叠”按钮选择单元格或单元格区域参数→“确定”。

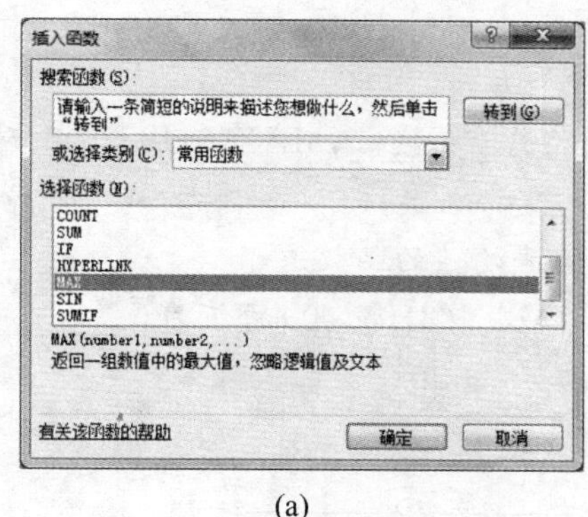

(a)

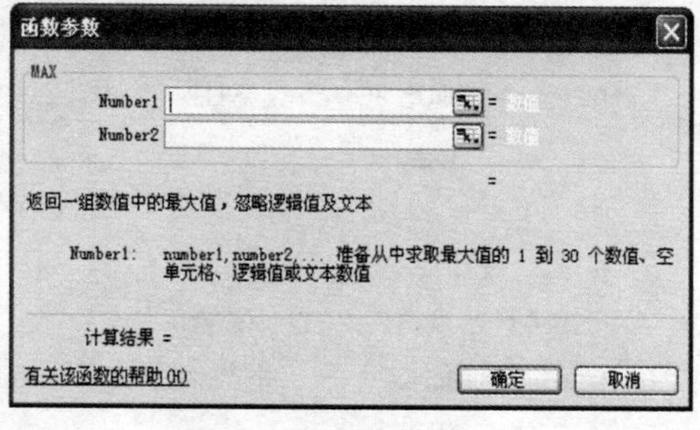

(b)

图 3-23　“插入函数”与“函数参数”对话框

✍ 说明提示

对话框折叠与展开

在确定“函数参数”时，由于对话框把要选择的单元格遮盖而无法选择，这时可以单击参数旁边的对话框折叠按钮“”，选择完之后再单击对话框展开按钮“”展开对话框。

按照图 3-21 任务要求，计算“其他”列及“总计”行中的值，求出所有数值型字段每一列的最大值、最小值，操作步骤为：

(1)计算“其他”列

“其他”时间 = 总支配时间减去所有其他安排时间，因此使用公式为“=$E$11-(C3+D3+E3+F3+G3)”，因为总支配时间不能随着公式复制改变，所以使用绝对引用地址。

单击存放结果的单元格“I3”→直接输入上述公式→按“Enter”键→用填充柄向下填充至“I8”单元格。

(2)计算“总计”行

方法一：单击存放结果的单元格“C9”→选择常用工具栏中的“Σ”按钮→鼠标拖动选中“C3”至“C8”→按“Enter”键，利用填充柄向右填充至“I9”单元格。

方法二：在“C9”单元格直接输入公式“=SUM(C3:C8)”

(3)计算“最大值、最小值”

为使结果更加清晰，在“B12”和“B13”的单元格里分别输入“最大值”和“最小值”。

单击选中单元格“C13”→单击编辑栏里的“插入函数”按钮“fx”→选择函数“MAX”，如图 3-23 所示→单击对话框折叠按钮“”→鼠标拖动选定“C3:C8”→单击对话框展开按钮“[icon]”→“确定”→利用填充柄向右拖动，求出所有的最大值。

用同样的办法求最小值，只是要选择函数“MIN”。

✍ **课堂练习**

填空题

1. 在 Excel 2003 中，函数 MIN(6,16,20)的值为________，MAX(6,16,20)的值为________。

2. 计算 Excel 2003 工作表中某一区域内数据平均值的函数是________。

3. 在 Excel 2003 中，函数 SUM(10,MIN(5,MAX(2,0),4))的值为________，函数 AVERAGE(6,10,20)的值为________。

4. 公式必须以________开头。

5. 单元格的引用分为：________、________、________、________。

选择题

1. 在 Excel 2003 中，对于“D5”单元格，其绝对单元格表示方法为（　　）。

A. “D5”　　B. “D$5”　　C. “$D$5”　　D. “$D5”

2. 在 Excel 2003 中，单元格区域“A1:B5”包含单元格的个数是（　　）个。

A. 2　　B. 4　　C. 12　　D. 10

3. 在 Excel 2003 中，当“C7”单元格中有相对引用“=C5+C6”，把它复制到“E7”单元格后，公式显示为（　　）。

A. “=C5+C6”　　B. “=C4+C7”　　C. “=E5+E6”　　D. “E5+E7”

判断题

有些对话框中存在这样的按钮“[icon]”，单击“[icon]”之后对话框会被折叠，以便显示出更多的数据区域。（　　）

简答题

简述函数的插入步骤。

任务操作 2　图表的使用

用图表来表示工作表中的数据，可以直观形象地说明问题，有利于数据的对比分析，并能描述数据的变化发展趋势。

1. 图表的类型

根据特点和用途的不同图表可分为：柱形图、条形图、折线图、饼图等十几种，每种图表类型中包含几种不同的图表子类型，如表 3-2 所示。

表 3-2 常见图表类型及用途

图表类型	用途
柱形图	显示一段时间内数据的变化或者数据之间的比较关系
条形图	描述数据之间的差异变化或者显示各个数据与整体之间的关系
折线图	显示数据的变化趋势
饼图	显示数据序列中各数据占总体的比例关系，只显示一个数据序列
XY(散点)	用于科学实验数据，比较不同数据序列中的数据值，反映数据之间的关联性
面积图	显示局部与整体之间的关系，强调幅值随时间的变化趋势
圆环图	显示部分与整体之间的比例关系，可同时表示多个数据序列
雷达图	用于多个数据序列之间的总和值的比较。各个分类沿各自的数值坐标轴相对于中点呈辐射状分布，同一序列中的数值之间用折线相连
曲面图	用于确定两组数据之间的最佳逼近
股价图	用于分析股票价格的走势

根据图表放置位置的不同，又分为嵌入式图表和工作表图表。

- 图表和数据源在同一个工作表称为嵌入式图表。
- 图表独立于数据源工作表称为工作表图表或者叫做独立图表。

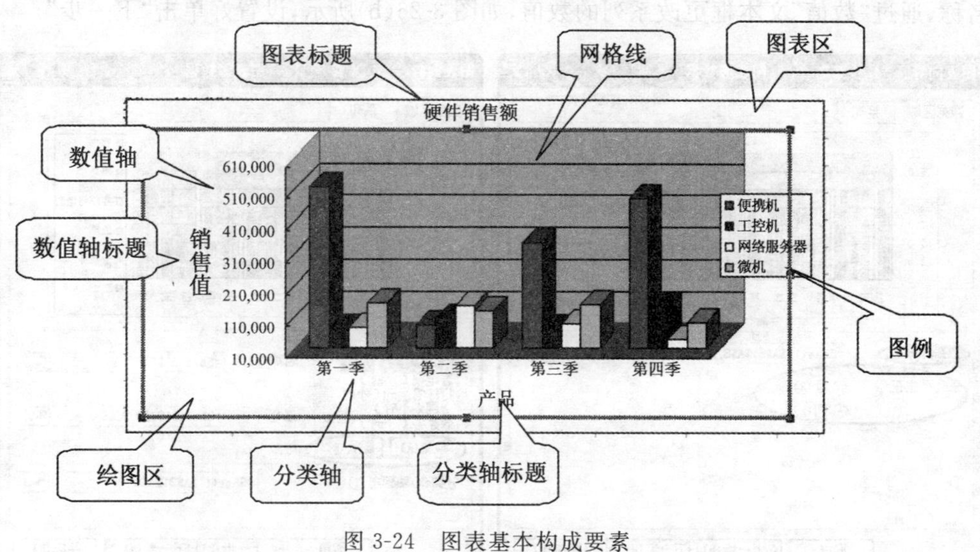

图 3-24 图表基本构成要素

2. 图表基本构成要素

- 图表区域：整个图表所有图表项所在的区域。
- 图例：是对图表中数据系列的图示及文字说明。
- 标题：是图表的标题。
- 坐标轴：分为数值轴(Y)、分类轴(X)和系列轴(Z)，每个轴上都有标题。
- 绘图区：图表所在的区域。

● 网格线：每种坐标都有主、次网格线两类。

3. 创建图表

创建图表可通过单击“插入”菜单→“图表”命令或单击“常用”工具栏中的“图表向导”按钮“ ”来创建图表。

具体步骤：

(1)选取图表的数据源

图表的数据源可以是一行或几行，也可以是一列或几列。

(2)确定图表的类型

单击“插入”菜单→“图表”→出现“图表类型”对话框→确定“图表类型”，如图 3-25 所示→“下一步”。

图 3-25 “图表类型”对话框

(3)再次确认数据源

如图 3-26(a)所示，在步骤(1)选择数据源的基础上可以重新确认数据区域，确定“系列”是产生在“行”还是“列”。

利用“系列”选项卡中的“添加”和“删除”按钮来增减系列，通过“名称”文本框更改数据系列的名称，通过“数值”文本框更改系列的数值，如图 3-26(b)所示，设置好单击“下一步”。

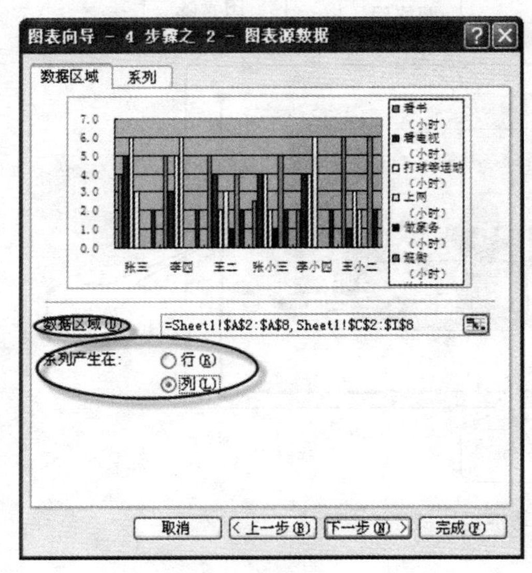

(a)

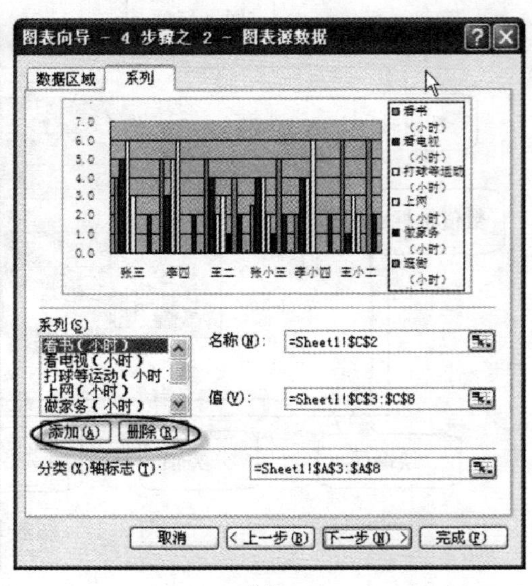

(b)

图 3-26 “图表源数据”对话框

(4)设置图表选项

如图 3-27 所示，在“图表选项”对话框中进行“图表标题、分类(X)轴、数值(Y)轴、坐标轴、图例”等设置，设置好单击“下一步”。

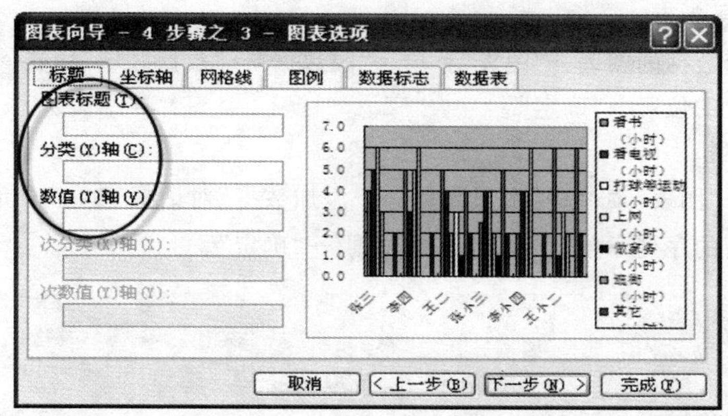

图 3-27　图表选项

(5)选择工作表类型

如图 3-28 所示“图表位置”对话框，有两个选项供选择：“作为新工作表插入”和“作为其中的对象插入”。

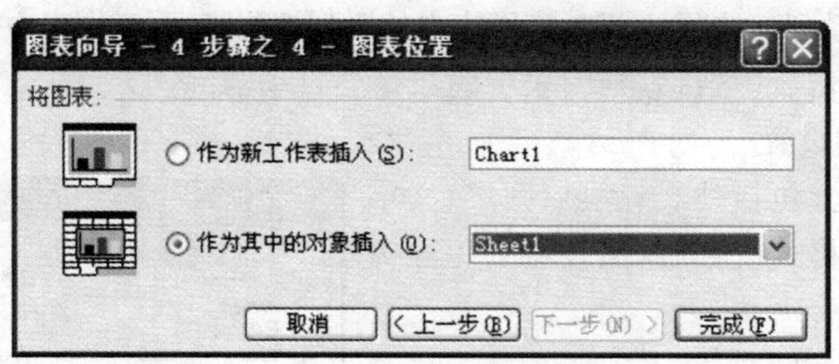

图 3-28　“图表位置”对话框

(6)确定位置之后单击“完成”。

按照如图 3-22 所示任务要求，对“双休日的时间分配”创建图表进行分析，图表类型为“簇状柱形图”、独立式图表。图表标题为“双休日时间分配”，横坐标为“姓名”，纵坐标为“时间”，操作步骤为：

(1)选取图表的数据源(“Sheet1！ $A$2:$A$8,Sheet1！ $C$2:$I$8”)

(2)单击“插入”→“图表”→“图表类型”→“簇状柱形图”→“下一步”→再次确认数据源→“下一步”。

(3)设置图表选项(“图表标题”—“双休日时间分配”、“X 轴标题”—“姓名”、“Y 轴标题”—“时间”、“图例位置”—“靠右”)→“下一步”→选择工作表类型“独立式”→“完成”。

4. 图表编辑

图表的编辑指的是对已建立的图表修改其类型、数据及调整数据系列等操作。

(1)改变图表类型

选中要改变图表类型的图表→“图表”菜单→“图表类型”→选择类型→“确定”。

(2)嵌入式与独立式图表的转换

选中要转换的图表→“图表”菜单→“位置”→选中图表位置→“确定”。

(3)更改图表数据

选中要改变数据的图表→"图表"菜单→"源数据"→"数据区域"标签→确定数据区域并确定序列产生的位置→"确定"

(4)增加系列

选中图表→"图表"菜单→"添加数据"→"添加数据"对话框→单击"折叠"按钮"▣"→用鼠标选取新的序列→单击"展开"按钮"▣"→"确定"。

技能拓展

增加系列的其他方法

● 嵌入式图表直接选取数据序列,将其拖到图表中。

● 选定要加入的序列→"编辑"菜单→"复制"→单击要添加序列的图表→在"编辑"菜单中选择"选择性粘贴"命令→在"选择性粘贴"对话框中选"新系列"

(5)删除数据系列

选中要删除的系列→按"DEL"键,则图表中的系列被删除,而工作表中的数据保持完好。

如果删除了工作表中数据,则图表中的数据会自动清除。

5. 图表的格式设置

图表的格式设置包括外观、颜色、图案、文字和数字格式等。经格式设置后,图表将变得更美观,重点更突出。

(1)图表区格式设置

单击要设置图表区域的图表→"格式"菜单→"图表区","图表区格式"对话框如图 3-29 所示。

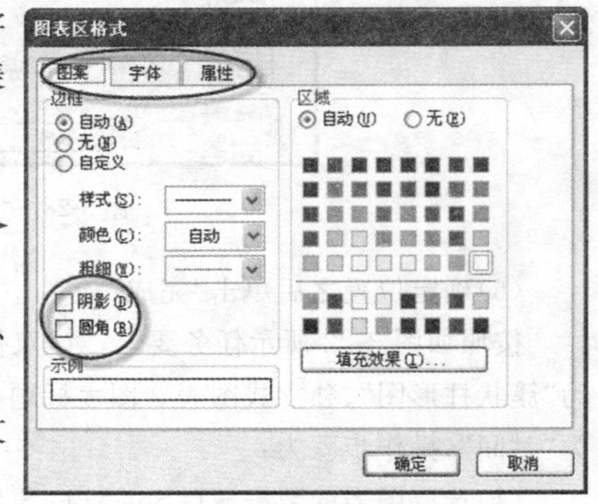

图 3-29 "图表区格式"对话框

●"图案"选项卡:可以对图表的边框、颜色、线形、线粗、阴影、圆角等项目进行设置。

●"字体"选项卡:可以设置图表区的所有文字、数字的字体、字型、字号、下划线、颜色等参数。

●"属性"选项卡:可以设置图表的位置、打印、锁定等参数。

(2)图表标题和坐标轴标题设置

● 添加标题:选中要添加标题的图表→"图表"菜单→"图表选项"→"标题"→输入标题内容→"确定"。

● 设置图表标题格式:双击图表标题→出现"图表标题格式"对话框,如图 3-30 所示,在字体选项卡中设置字体和字号等,在对齐选项卡中设置对齐方式,单击"确定"。

● 坐标轴标题格式设置与图表标题格式设置一样。

(3)设置图表图例

双击图表图例→"图表图例"对话框→在"图案"选项卡中设置图例的背景颜色及图例边框,在字体对话框里设置字体、字形大小、颜色等,在"位置"选项卡确定图表的位置,如

图 3-31 所示→“确定”。

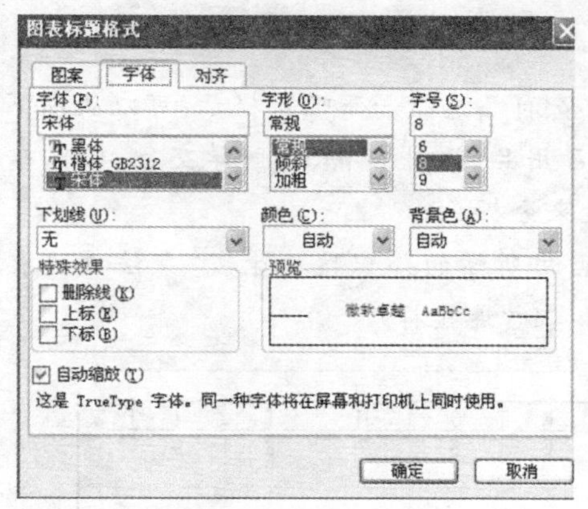

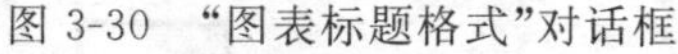

图 3-30 “图表标题格式”对话框

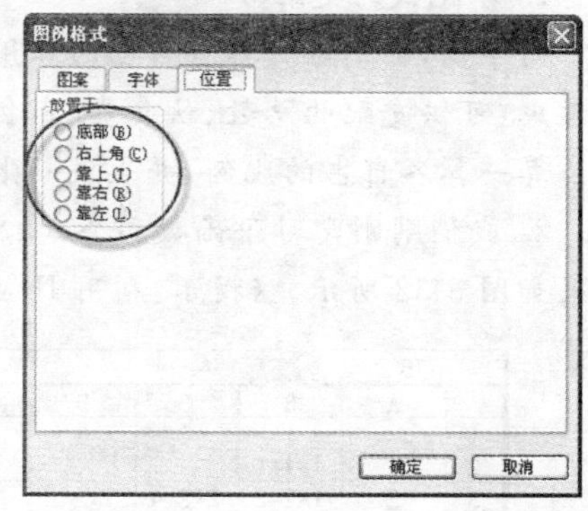

图 3-31 图例位置

图表的格式设置除了上述常用到的设置外，还有“数据系列的格式”设置、“坐标轴的格式”设置、“网格线的格式”设置等。

按照任务要求对图表进行适当设置：图表标题、X 轴标题、Y 轴标题 9 磅，宋体；行坐标、列坐标及图例中的文字字号 8 磅、宋体；图例位置靠右。操作步骤为：

● 在“图表标题”位置击右键→“图表标题格式”对话框→“字体”→确定字体为宋体、字号为 9 磅。

● 在“X 轴标题”上击右键→“坐标轴标题格式”→“字体”→确定字体为宋体、字号为 9 磅。用同样的方式设置“Y 轴标题”。

● 在坐标轴相应位置击右键→“坐标轴格式”→“字体”→确定字体为宋体、字号为 8 磅。

● 双击图例→“图例格式”对话框→“位置”→靠右；在“图例格式”对话框中选择“字体”选项卡，确定图例的字体、字号→“确定”。

✍ 课堂练习

填空题

1. 图表的构成要素是________、________、________、________、________、________。

2. 在图 3-22 的图表示例中，包含的系列有看书、看电视、________、________、________及________等，对系列可以完成添加和删除的操作。

选择题

1. Excel 2003 操作中，图表的标题应在设置(　　)步骤时输入。

A. 图表类型　　B. 图表数据源　　C. 图表选项　　D. 图表位置

2. 当产生图表的基础数据发生变化，图表将(　　)。

A. 发生相应变化　　　　B. 不会改变

C. 被删除　　　　D. 会发生变化但与数据无关

技能操作

1. 零花钱的支配

同学们,你们每月都有自己的零用钱吧?自己总结一下吧?提示:可以从以下方面考虑:可供支配的总数、伙食费、零食、学习用品、课外书籍、与同学交往、回家车费等。算一算各自占的比例,并生成一张图表来分析。

2. 我们刚刚学习了函数和公式,你能否用所学的知识快速生成“乘法口诀表”?效果如图 3-32 所示。(提示:利用 IF 函数和“&”连接符)

J5

	A	B	C	D	E	F	G	H	I	J
1		1	2	3	4	5	6	7	8	9
2	1	1×1=1								
3	2	1×2=2	2×2=4							
4	3	1×3=3	2×3=6	3×3=9						
5	4	1×4=4	2×4=8	3×4=12	4×4=16					
6	5	1×5=5	2×5=10	3×5=15	4×5=20	5×5=25				
7	6	1×6=6	2×6=12	3×6=18	4×6=24	5×6=30	6×6=36			
8	7	1×7=7	2×7=14	3×7=21	4×7=28	5×7=35	6×7=42	7×7=49		
9	8	1×8=8	2×8=16	3×8=24	4×8=32	5×8=40	6×8=48	7×8=56	8×8=64	
10	9	1×9=9	2×9=18	3×9=27	4×9=36	5×9=45	6×9=54	7×9=63	8×9=72	9×9=81

Sheet1 / Sheet2 / Sheet3

就绪

图 3-32　乘法口诀表

任务三　合适岗位选择

【任务引入】

我们经常利用系统提供的“搜索”功能在计算机上查找自己所需要的文件,也曾经在网上“百度”我们所需要的各种信息,例如“智联招聘”网站的求职界面。如图 3-33 所示,通过选择每个选项内容,就可显示出所有满足条件的招聘信息。而在 Excel 中,也经常要处理包含大量数据的信息报表,如果要从浩瀚无比的数据中搜索出我们需要的信息该怎么办呢?

网络公司人力资源部小王刚刚接到领导安排的任务,要从一张比较复杂的“就业职位统计”表(见图 3-34)中得到所需查询的信息。

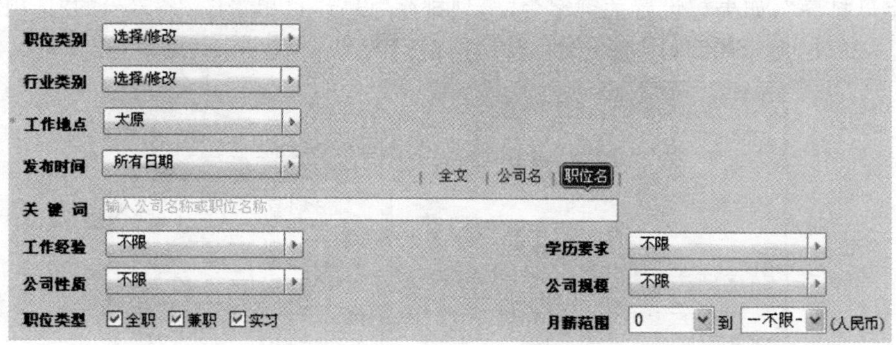

图 3-33　智联招聘求职界面

就业职位统计

序号	企业名称	负责人	需求专业	联系电话	职位方向	人数	薪资待遇	学历	工作地点	其他要求
001	公司一	张一	物流管理	122345	保管员及仓库储备管理员	5	3000	高中/中专以上	济南	沟通能力
002	公司二	王一	计算机网络技术	122346	产品设计	3	4000	本科	济南	工作经验
003	公司三	李一	市场营销	122347	销售员	7	4000	高中/中专以上	聊城	沟通能力
004	公司四	赵一	电子商务	122348	网络营销	6	3500	中级工以上	淄博	工作能力
005	公司五	张二	焊接工艺及设备	122349	焊工	7	6000	中级工以上	聊城	岗位要求
006	公司六	王二	计算机网络技术	122350	卓越技术培训生	9	2600	本科	潍坊	女性、身高
007	公司七	李二	电气自动化	122351	电工	1	3000	中级工以上	聊城	男性、身高
008	公司六	赵二	机电一体化或相关专业	122352	钳工	4	6000	中级工以上	潍坊	沟通能力
009	公司七	张三	焊接专业	122353	焊工	6	5800	中级工以上	潍坊	相关岗位要求
010	公司八	王三	汽车运用	122354	检修员	7	3000	中级工以上	淄博	工作经验
011	公司九	李三	化工工艺	122355	检验员	4	3000	中级工以上	淄博	工作经验
012	公司十	赵三	化工工艺	122356	检验员	3	3000	中级工以上	济南	工作经验

Sheet1 / Sheet2 / Sheet3

就绪

图 3-34　排序筛选示例

1. 按照“薪资待遇”进行升序排序。
2. 按照“学历”升序排序，学历相同的按照“薪资待遇”升序排序。
3. 查看“序号”为“006”公司的招聘信息。
4. 查询“负责人”姓“张”或“赵”的招聘信息。
5. 查询“薪资待遇”高于 3000 并且“工作地点”在济南的招聘信息。

【任务目标】

本任务主要是要学生掌握怎样从杂乱无章的数据中找出想要查的数据，了解数据的查找知识，从而更好地提高工作的效率。主要知识点有数据的排序和筛选。

任务操作 1　数据的排序

1. 简单排序

通过单击常用工具栏上的升序按钮和降序按钮来实现。

2. 复杂排序

通过单击“数据”菜单→“排序”命令→打开“排序”对话框来设置“主要关键字”、“次要关键字”等，这种方式适合按两个及以上关键字的排序，如图 3-35(a)所示。一般关键字是按照“字母排序”，如果想设置关键字为“笔划排序”设置，可单击图 3-35(a)的“选项”按钮，打开图 3-35(b)所示的“排序选项”对话框进行设置。

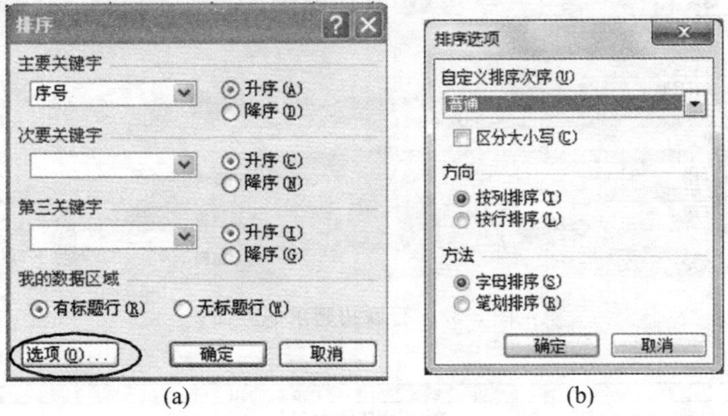

(a) (b)

图 3-35 “排序”对话框

知识链接

数据排序原则

- 数字:顺序是从小数到大数，从负数到正数。
- 文字和包含数字的文本排序如下:0～9、A～Z。
- 逻辑值:False、True。
- 错误值:所有的错误值都是相等的。
- 空白(不是空格)单元格总是排在最后。
- 数据的排序一次最多可以使用三个排序关键字。

- 按照“薪资待遇”进行升序排序，具体操作步骤为:

单击“薪资待遇”这一列的任一单元格→单击常用工具栏中的“升序排序”按钮，效果如图 3-36 示。

	A	B	C	D	E	F	G	H	I	J	K
1	就业职位统计										
2	序号	企业名称	负责人	需求专业	联系电话	职位方向	人数	薪资待遇	学历	工作地点	其他要求
3	006	公司六	王二	计算机网络技术	122350	卓越技术培训生	9	2600	本科	潍坊	女性、身高
4	001	公司一	张一	物流管理	122345	保管员及仓库储备管理员	5	3000	高中/中专以上	济南	沟通能力
5	007	公司七	李二	电气自动化	122351	电工	1	3000	中级工以上	聊城	男性、身高
6	010	公司八	王三	汽车运用	122354	检修员	7	3000	中级工以上	淄博	工作经验
7	011	公司九	李三	化工工艺	122355	检验员	4	3000	中级工以上	淄博	工作经验
8	012	公司十	赵三	化工工艺	122356	检验员	3	3000	中级工以上	济南	工作经验
9	004	公司四	赵一	电子商务	122348	网络营销	6	3500	中级工以上	淄博	工作能力
10	002	公司二	王一	计算机网络技术	122346	产品设计	3	4000	本科	济南	工作经验
11	003	公司三	李一	市场营销	122347	销售员	7	4000	高中/中专以上	聊城	沟通能力
12	009	公司七	张三	焊接专业	122353	焊工	6	5800	中级工以上	潍坊	相关岗位要求
13	005	公司五	张二	焊接工艺及设备	122349	焊工	7	6000	中级工以上	聊城	岗位要求
14	008	公司六	赵二	机电一体化或相关专业	122352	钳工	4	6000	中级工以上	潍坊	沟通能力

Sheet1 / Sheet2 / Sheet3

就绪

图 3-36 按“薪资待遇”升序排序

● 按照“学历”升序排序，学历相同的按照“薪资待遇”升序排序，具体操作步骤为：

单击数据区域的任一单元格→“数据”菜单→“排序”→排序对话框设置如图 3-37 示，效果如图 3-38 示。

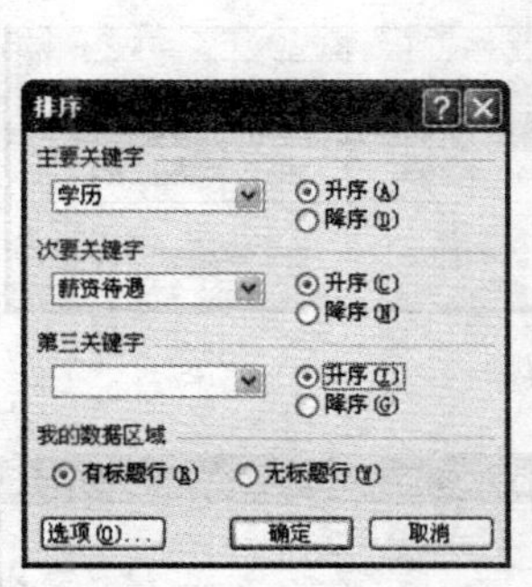

图 3-37　复杂排序案例

就业职位统计

序号	企业名称	负责人	需求专业	联系电话	职位方向	人数	薪资待遇	学历	工作地点	其他要求
006	公司六	王二	计算机网络技术	122350	卓越技术培训生	9	2600	本科	潍坊	女性、身高
002	公司二	王一	计算机网络技术	122346	产品设计	3	4000	本科	济南	工作经验
001	公司一	张一	物流管理	122345	保管员及仓库储备管理员	5	3000	高中/中专以上	济南	沟通能力
003	公司三	李一	市场营销	122347	销售员	7	4000	高中/中专以上	聊城	沟通能力
007	公司七	李二	电气自动化	122351	电工	1	3000	中级工以上	聊城	男性、身高
010	公司八	王三	汽车运用	122354	检修员	7	3000	中级工以上	淄博	工作经验
011	公司九	李三	化工工艺	122355	检验员	4	3000	中级工以上	淄博	工作经验
012	公司十	赵三	化工工艺	122356	检验员	3	3000	中级工以上	济南	工作经验
004	公司四	赵一	电子商务	122348	网络营销	6	3500	中级工以上	淄博	工作能力
009	公司七	张三	焊接专业	122353	焊工	6	5800	中级工以上	潍坊	相关岗位要求
005	公司五	张二	焊接工艺及设备	122349	焊工	7	6000	中级工以上	聊城	岗位要求
008	公司六	赵二	机电一体化或相关专业	122352	钳工	4	6000	中级工以上	潍坊	沟通能力

图 3-38　按照“学历”与“薪资待遇”两个关键字的复杂排序结果

注意观察“学历”列的前二行数值，学历都是“本科”，再观察是否按照“薪资待遇”排序。

✍ 课堂练习

判断题

1. 在 Excel 中，对数据进行排序时最多允许用户选定 2 个排序关键字。（　　）

2. 简单排序时对哪个字段排序就要单击选定哪一列。（　　）

3. Excel 中排序分为单字段简单排序和多字段的复杂排序。（　　）

4. 在 Excel 表格中，对一工作表进行排序，当在“排序”对话框中的“当前数据清单”框中选择“有标题行”选项按钮时，该标题行将不参加排序。（　　）

任务操作 2　数据的筛选

数据筛选是指根据用户设置的条件，在工作表中筛选出符合条件的数据，即只显示符合条件的信息行，隐藏不符合条件的信息行。

1. 自动筛选

● 查看“序号”为“006”公司的招聘信息，操作步骤为：

(1)单击任一单元格。

(2)单击“数据”→“筛选”→“自动筛选”，这时每个标题行出现一个“下拉列表”按钮。

(3)单击序号列的“下拉列表”按钮，会出现如图 3-39 所示的下拉菜单。

(4)单击选择“006”，效果如图 3-40 所示。

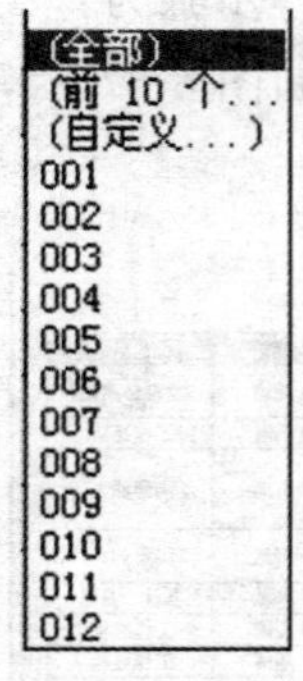

图 3-39

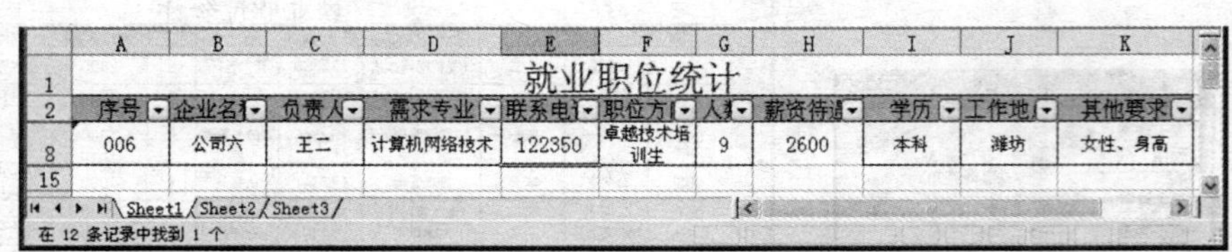

	A	B	C	D	E	F	G	H	I	J	K
1	就业职位统计										
2	序号	企业名称	负责人	需求专业	联系电话	职位方向	人数	薪资待遇	学历	工作地点	其他要求
8	006	公司六	王二	计算机网络技术	122350	卓越技术培训生	9	2600	本科	潍坊	女性、身高
15											

Sheet1 / Sheet2 / Sheet3

在 12 条记录中找到 1 个

图 3-40 自动筛选示例结果

● 查询"负责人"姓"张"或"赵"的招聘信息，操作步骤为：

(1)单击"负责人"字段的下拉列表，选择"自定义"，打开"自定义自动筛选"对话框。

(2)添加如图 3-41 所示的条件，按"确定"。效果如图 3-42 所示，注意观察左侧行号的数值，说明有些不符合条件的已经隐藏起来了。

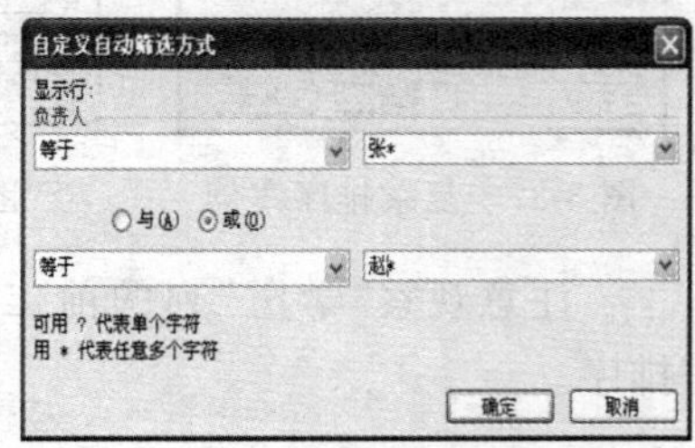

图 3-41 "自定义自动筛选"对话框

	A	B	C	D	E	F	G	H	I	J	K
1	就业职位统计										
2	序号	企业名称	负责人	需求专业	联系电话	职位方向	人数	薪资待遇	学历	工作地点	其他要求
3	001	公司一	张一	物流管理	122345	保管员及仓库储备管理员	5	3000	高中/中专以上	济南	沟通能力
6	004	公司四	赵一	电子商务	122348	网络营销	6	3500	中级工以上	淄博	工作能力
7	005	公司五	张二	焊接工艺及设备	122349	焊工	7	6000	中级工以上	聊城	岗位要求
10	008	公司六	赵二	机电一体化或相关专业	122352	钳工	4	6000	中级工以上	潍坊	沟通能力
11	009	公司七	张三	焊接专业	122353	焊工	6	5800	中级工以上	潍坊	相关岗位要求
14	012	公司十	赵三	化工工艺	122356	检验员	3	3000	中级工以上	济南	工作经验
15											

Sheet1 / Sheet2 / Sheet3

在 12 条记录中找到 6 个

图 3-42 自定义自动筛选示例结果

表 3-3 列出了所有自动筛选项。

表 3-3 **自动筛选选项**

选项	功能
全部	不对当前字段筛选，显示全部记录
前 10 个…	只对"数值"类数据有效，将打开"自动筛选前 10 个"对话框，可选择要显示的"最大"或"最小"的"项"的个数，也可按总记录数的"百分比"来显示"最大"或"最小"的记录
自定义	在"自定义自动筛选方式"对话框中，可使用当前字段中的两个条件值，两条件之间的关系可选择"与"和"或"
确切值	选择某一值后，将显示出包含该值的所有记录

✍ 注意

如果需要取消自动筛选，可单击“数据”→“筛选”→“自动筛选”命令，此时“自动筛选”前的“√”将被取消。

2. 高级筛选

不同于自动筛选，高级筛选需要设置一个条件区域，用来指定筛选数据必须满足的条件。

● 查询“薪资待遇”大于 3000 并且“工作地点”在济南的招聘信息，操作步骤为：

(1)首先准备好条件区，并复制所需的条件标题。

(2)填写条件内容，“薪资待遇＞3000、工作地点＝济南”，如图 3-43 所示。

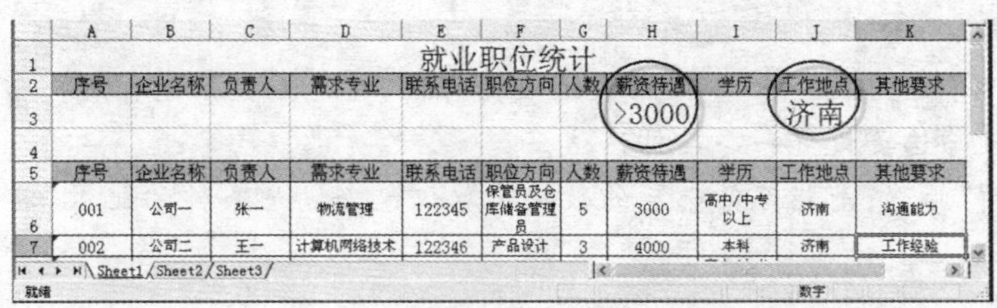

图 3-43　高级筛选案例条件区域

(3)单击任一单元格→“数据”菜单→“筛选”命令→“高级筛选”→打开“高级筛选”对话框。

(4)在“高级筛选”对话框中，确定“数据区域”和“条件区域”，如图 3-44 所示。

(5)单击“确定”，效果如图 3-45 所示，只有序号“002”的数据符合条件。

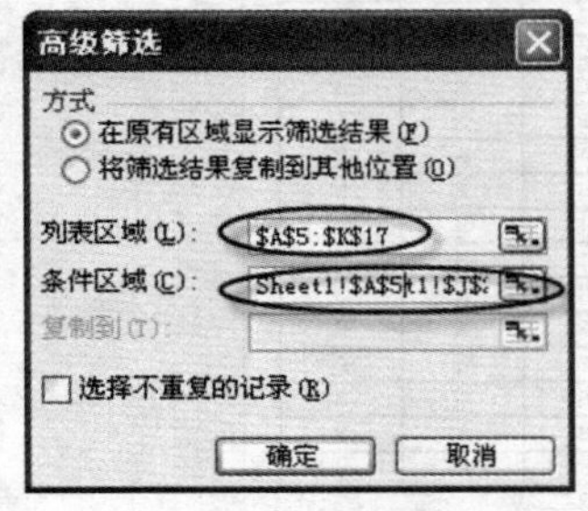

图 3-44　确定数据区和条件区

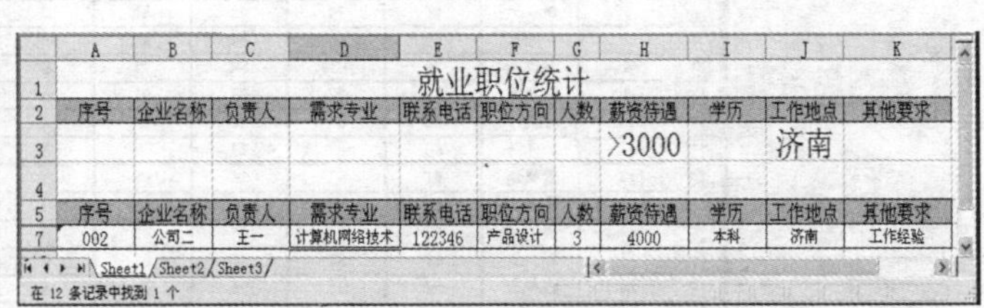

图 3-45　高级筛选示例结果

📖 知识链接

数据筛选

● 取消高级筛选，单击“数据”→“筛选”→“全部显示”。

● 在条件区域列标题下方的若干行中，键入所要匹配的条件，条件可以是一个，也可以是多个。

● 单列上具有多个条件：可以在各列中从上到下依次键入各个条件。

● 多列上的单个条件(同时满足)：在条件区域的同一行中输入所有条件。

● 多列上的单个条件(满足其中之一):在条件区域的不同行中输入所有条件。

● 条件区域允许有空单元格,但不允许有空行。

不管是自动筛选还是高级筛选,都可以使用通配符“?”(代表一个字符)和“*”(任意个字符)进行查询。

✍ 课堂练习

填空题

数据的筛选包括________和________两种实现方法,通过筛选,可以非常方便地查询到满足条件的数据。

判断题

1.“自动筛选前 10 个”不仅对数值数据有效,对文本数据也有效。　（　）

2. 高级筛选要设置一个条件区域。　（　）

3. 所谓“筛选”是指经筛选后的数据清单仅包含满足条件的记录,其他的记录都被删除掉了。　（　）

简述题

简述数据高级筛选的步骤。

操作题

做老师的小助手,帮助老师分析图 3-46 所示班级同学的成绩。

	A	B	C	D	E	F	G	H	I	J
1	学号	姓　名	语文	数学	物理	机械制图	计算机	工程力学	德育	体育
2	1	王国一	67	86	88	63	A	C	B	A
3	2	李光二	71	82	81	81	B	A	B	B
4	3	吴广三	67	79		94	B	B	B	B
5	4	娄婧四	70	80	85		A	C	B	B
6	5	赵洪五	40	92	99	100	A	C	B	A
7	6	侯　六	46	74	46	88	B	B	D	B
8	7	刘燕七	68	69	84	80	B	A	A	B
9	8	郭淑八	79	100	88	95	B	B	A	B
10	9	侯倩九	85	87	98	95	A	A	A	B
11	10	祁美十	60	86	84	89	A	A	A	B
12	11	王予一	68	82	72	79	A	B	B	B
13	12	董德二	61	97	96	95	A	B	A	B
14	13	贾言三	69	87	86	91	B	C	B	C
15	14	侯宪四	65	87	54	90	B	B	A	B
16	15	郑广五	61	82	81	83	C	B	B	B
17	16	臧邦六	66	92	74	95	A	B	B	B

Sheet1 / Sheet2 / Sheet3

就绪

图 3-46　学生成绩

(1)按“语文”进行降序排序,如果“语文”相同,再比较“数学”,按降序排序。

(2)查找“语文”和“机械制图”都大于 60 的同学。

(3)从高到低显示“数学”前 10 名的同学成绩。

(4)查询所有姓“张”的同学成绩。

任务四 通话详单

【任务引入】

小王觉得这个月的手机消费有些不对劲,出入在哪儿呢?想查个究竟很简单,到网上下载个详单,统计汇总之后,一看便知真相,如图 3-47 所示。

	A	B	C	D	E	F	G	H	I	J
1	通话详单									
2	序号	话单类型	对方号码	话单产生地	通话开始时间	通话时长(秒)	基本费(元)	长途费(元)	信息费(元)	总话费(元)
3	1	主叫	15964359×××	本地	06-01 07:02:49	95	0.10	0.00	0.00	0.10
4	2	被叫	15834000×××	本地	06-01 11:14:33	84	0.00	0.00	0.00	0.00
5	3	被叫	15834000×××	本地	06-01 12:54:24	51	0.00	0.00	0.00	0.00
6	4	主叫	13969571×××	本地	06-03 09:59:10	69	0.10	0.00	0.00	0.10
7	5	被叫	13969571×××	本地	06-03 10:03:59	75	0.00	0.00	0.00	0.00
8	6	被叫	15020679×××	本地	06-03 10:14:17	37	0.00	0.00	0.00	0.00
9	7	主叫	8663×××	本地	06-03 10:39:33	37	0.10	0.00	0.00	0.10
10	8	主叫	1259306358413×××	山东济南	06-03 12:52:48	28	0.60	0.00	0.00	0.60
11	9	主叫	1259306358413×××	山东济南	06-03 13:52:44	16	0.60	0.00	0.00	0.60
12	10	主叫	13258980×××	山东济南	06-03 14:42:32	18	0.60	0.00	0.00	0.60
13	11	主叫	1259306358663×××	山东济南	06-03 17:23:08	25	0.60	0.00	0.00	0.60

详单查询

就绪

图 3-47 分类汇总示例

1. 统计主叫和被叫的“总话费”。
2. 按照“话单产生地”进行计数。
3. 按照电话号码分类计算通话时长。

【任务目标】

本任务主要让学生掌握用 Excel 2003 对数据进行综合统计分析,涉及的知识点有“分类汇总”和“合并计算”。

任务操作 1 分类汇总

1. 分类汇总

分类汇总是对数据清单按某个字段进行分类,将字段值相同的连续记录作为一类,进行求和、平均值、计数等汇总运算。

注意:分类汇总前首先要对分类字段进行排序。

● 统计“主叫”和“被叫”的“总话费”,操作步骤为:

按“话单类型”排序→选定区域“A2:J34”→单击“数据”菜单→“分类汇总”→“分类汇总”对话框如图 3-48 所示→“分类字段”为“话单类型”;“汇总方式”为“求和”;“汇总项”为“总话费”→“确定”,结果如图 3-49 所示。(说明图 3-49 中为显示全部信息,将第 9 行与第 32 行隐藏起来)

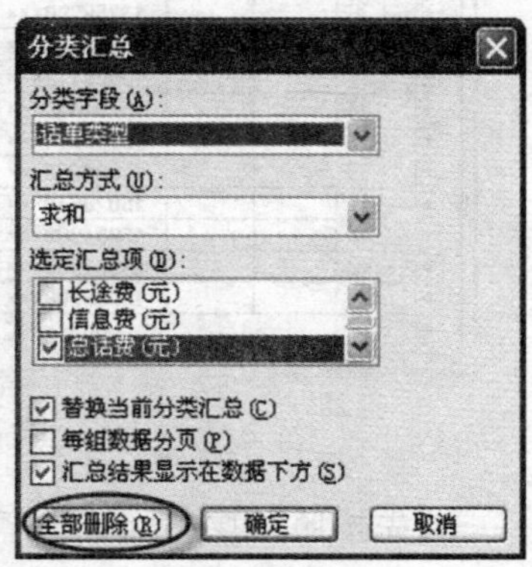

图 3-48 “分类汇总”对话框

	A	B	C	D	E	F	G	H	I	J
1				通话详单						
2	序号	话单类型	对方号码	话单产生地	通话开始时间	通话时长(秒)	基本费(元)	长途费(元)	信息费(元)	总话费(元)
3	2	被叫	15834000×××	本地	06-01 11:14:33	84	0.00	0.00	0.00	0.00
4	3	被叫	15834000×××	本地	06-01 12:54:24	51	0.00	0.00	0.00	0.00
5	5	被叫	13969571×××	本地	06-03 10:03:59	75	0.00	0.00	0.00	0.00
6	6	被叫	15020679×××	本地	06-03 10:14:17	37	0.00	0.00	0.00	0.00
7		被叫 汇总								0.00
8	1	主叫	15964359×××	本地	06-01 07:02:49	95	0.10	0.00	0.00	0.10
33	30	主叫	13563560×××	本地	06-14 07:43:28	22	0.10	0.00	0.00	0.10
34	31	主叫	13258980×××	本地	06-15 16:07:56	96	0.10	0.00	0.00	0.10
35	32	主叫	06358663×××	本地	06-22 11:54:29	28	0.10	0.00	0.00	0.10
36		主叫 汇总								5.54
37		总计								5.54

图 3-49　主叫、被叫总话费

(2)按照“话单产生地”进行计数,效果如图 3-50 所示,操作步骤为:

	A	B	C	D	E	F	G	H	I	J
1				通话详单						
2	序号	话单类型	对方号码	话单产生地	通话开始时间	通话时长(秒)	基本费(元)	长途费(元)	信息费(元)	总话费(元)
31			本地 计数	28						
36			山东济南 计数	4						
37			总计数	32						

图 3-50　按话单产生地计数

首先按照“话单产生地”排序,在分类汇总对话框中确定:“分类字段”→“话单产生地”、“汇总方式”→“计数”、“选定汇总项”→“话单产生地”。余下的步骤与 (1)一致。

(3)按照电话号码分类计算通话时长,效果如图 3-51 所示。

	A	B	C	D	E	F	G	H	I	J
1				通话详单						
2	序号	话单类型	对方号码	话单产生地	通话开始时间	通话时长(秒)	基本费(元)	长途费(元)	信息费(元)	总话费(元)
7			06358413××× 汇总			107				
9			06358423××× 汇总			19				
12			06358663××× 汇总			58				
15			1259306358413××× 汇总			44				
17			1259306358663××× 汇总			25				
19			1259313834533××× 汇总			88				
21			1259315981095××× 汇总			37				
23			13047451××× 汇总			64				
26			13258980××× 汇总			114				
29			13563560××× 汇总			35				
31			13606112××× 汇总			17				
34			13734458××× 汇总			219				
37			13969571××× 汇总			144				
39			15020638××× 汇总			29				
41			15020679××× 汇总			37				
46			15834000××× 汇总			162				
48			15964359××× 汇总			95				
51			15966208××× 汇总			90				
53			8663××× 汇总			37				
54			总计			1421				

图 3-51　按电话号码分类统计通话时长

首先按照“对方号码”排序,在分类汇总对话框中确定:“分类字段”→“对方号码”、“汇总方式”→“求和”、“选定汇总项”→“通话时长”。余下的步骤与 (1)一致。

2. 分类结果的显示分为三级

图 3-49 中左上角“1 2 3”。

“1”级：只显示总汇总项，也就是只显示如图 3-49 所示的第“37”总计行。

“2”级：显示总汇总项和分类汇总项，如图 3-50 所示。

“3”级：显示总汇总项、分类汇总项和原始记录，如图 3-49 所示。

3. 取消分类汇总

打开分类汇总对话框如图 3-48 所示，单击“全部删除”按钮。

课堂练习

填空题

分类汇总能够对数据进行求和、________、________、________、________等的统计运算。

判断题

1. 分类汇总前要按分类字段进行排序。（　　）

2. 分类汇总后的数据清单不能再恢复原工作表的记录。（　　）

简答题

如何撤消分类汇总？

任务操作 2　合并计算

1. 合并计算

合并计算是根据数据项的标志进行合并，且在合并前不需要对数据标志进行排序。与分类汇总具有相似的功能，可以称为另一种形式的分类汇总。

2. 合并计算分类

(1)使用三维引用进行合并计算：数据可以处于不同工作簿或者是处于同一工作簿的不同工作表中，所处的位置不限定。

(2)按位置合并计算：数据源具有相同排列顺序和位置，合并时，对不同工作表上相同位置的数据进行合并计算，合并结果仍保持原来的顺序位置不变。

(3)按分类进行合并计算：数据在同一张工作表中，按照数据标志来分类合并。这是本任务主要学习的内容。

为了与分类汇总进行比较，我们把任务中的三个问题使用“合并计算”进行汇总。

● 统计主叫和被叫的“总话费”，操作步骤为：

隐藏“第 1 行、隐藏除 C、K 外所有列”→单击存放结果的单元格“C36”→单击“数据”菜单→“合并计算”→“合并计算”对话框如图 3-52 所示→“函数”选“求和”，“引用位置”“＄C＄2：＄K＄34”，“标签位置”“首行”、“最

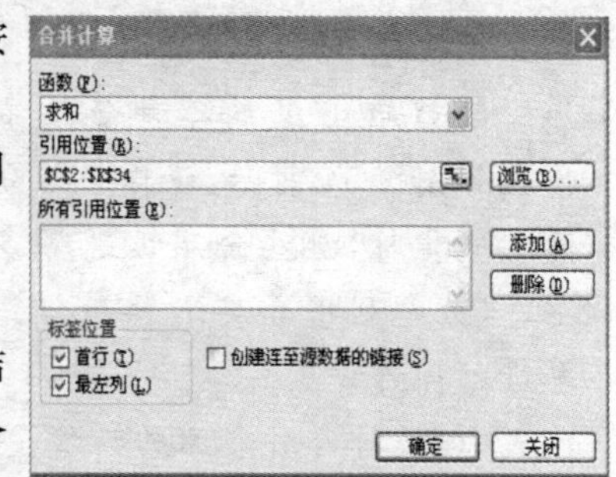

图 3-52　“合并计算”对话框

左列”→“确定”。结果如图 3-53(a)所示。

● 按照“话单产生地”进行计数，操作步骤为：

增加 L 列，字段名为“次”、值全部填充为“1”→隐藏第一行、隐藏除 E、L 之外的所有列→单击存放结果的单元格“E36”→单击“数据”→“合并计算”→“合并计算”对话框→“函数”选“计数”，“引用位置”“$E$2:$L$34”，“标签位置”首行、最左列→“确定”。结果如图 3-53(b)所示。

● 同样的方法求出“按照电话号码分类计算通话时长”，结果如图 3-53(c)所示。

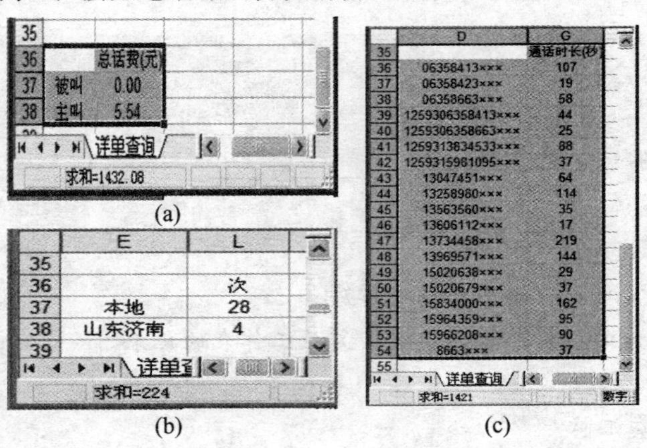

图 3-53　合并计算示例结果

✍ 课堂练习

填空题

合并计算分为________、________和________三种。

判断题

1. 合并计算不需要进行数据的排序。　（　　）

2. 合并计算是更深层次的分类汇总。　（　　）

简述题

简述合并计算的操作步骤。

操作题

某超市上星期各种食品销售情况如图 3-54 所示，请你帮助分析再次进货时，哪些食品该进得多一些？（分别利用分类汇总和合并计算进行操作设置）

(1)统计每种食品的销售量；

(2)统计每种食品的总利润。

	A	B	C	D	E
1	商品名称	日期	数量（袋）	单位利润（元）	总利润（元）
2	食品1	6月10日	45	1	45
3	食品2	6月10日	22	1.5	33
4	食品3	6月10日	6	3	18
5	食品1	6月11日	28	1	28
6	食品2	6月11日	16	1.5	24
7	食品3	6月11日	53	3	159
8	食品1	6月12日	71	1	71
9	食品2	6月12日	14	1.5	21
10	食品3	6月12日	78	3	234
11	食品1	6月13日	33	1	33
12	食品2	6月13日	16	1.5	24
13	食品3	6月13日	43	3	129
14	食品1	6月14日	78	1	78
15	食品2	6月14日	26	1.5	39
16	食品3	6月14日	89	3	267
17	食品1	6月15日	45	1	45
18	食品2	6月15日	34	1.5	51
19	食品3	6月15日	67	3	201
20	食品1	6月16日	63	1	63
21	食品2	6月16日	56	1.5	84
22	食品3	6月16日	45	3	135
23	食品1	6月17日	87	1	87
24	食品2	6月17日	15	1.5	22.5
25	食品3	6月17日	34	3	102
26					

Sheet4　Sheet1　Sheet2　Sheet3

选定目标区域，然后按

图 3-54　商品销售清单

任务五　打印工资清单

【任务引入】

××公司有几百名员工,员工的工资如何准确无误地发放,怎样保证数据的安全,怎样把每个人的工资条按时发放到个人手中(见图 3-55)?

序号	姓名	应发小计	医保	住房公基金	应扣小计	实发金额
0004	李	2432.00	47.80	112.50	160.30	2271.70

图 3-55　工资条

1. 如图 3-56 所示工资表,为了保证工资表的数据安全,只允许用户修改"序号"、隐藏"应发金额"的计算公式、设置工作簿访问密码。

	A	B	C	D	E	F	G
1	××公司工资表						
2	序号	姓名	应发小计	医保	住房公基金	应扣小计	实发金额
3	0001	赵	2413.00	45.60	106.70	152.30	2260.70
4	0002	钱	2413.00	45.60	106.70	152.30	2260.70
5	0003	孙	3244.00	67.90	156.80	224.70	3019.30
6	0004	李	2432.00	47.80	112.50	160.30	2271.70
7	0005	周	3445.00	79.00	176.50	255.50	3189.50
8	0006	吴	1234.00	24.00	86.70	110.70	1123.30
9	0007	郑	2413.00	45.60	106.70	152.30	2260.70
10	0008	王	2413.00	45.60	106.70	152.30	2260.70
11	0009	赵1	3244.00	67.90	156.80	224.70	3019.30
12	0010	钱1	2432.00	47.80	112.50	160.30	2271.70
13	0011	孙1	3445.00	79.00	176.50	255.50	3189.50
14	0012	李1	1234.00	24.00	86.70	110.70	1123.30
15	0013	周1	2413.00	45.60	106.70	152.30	2260.70
16	0014	吴1	3244.00	67.90	156.80	224.70	3019.30
17	0015	郑1	2432.00	47.80	112.50	160.30	2271.70
18	0016	王1	3445.00	79.00	176.50	255.50	3189.50
19	0017	赵2	1234.00	24.00	86.70	110.70	1123.30

图 3-56　工资表

2. 为了便于对照查看,冻结图 3-56 中的 1、2 行和 A、B 列。

3. 打印工资条,要求:

(1)设定打印区域:"B2:H35"。

(2)纸张为 B5、纵向,页边距左、右为 0.6cm,上、下为 3.2cm,页脚为 1.8cm 设置为"第? 页共? 页"。

(3)在"应发金额"右侧边线处插入分页线并预览、打印。

序号	姓名	应发小计	医保	住房公基金	应扣小计	实发金额
0001	赵	2413.00	45.60	106.70	152.30	2260.70
序号	姓名	应发小计	医保	住房公基金	应扣小计	实发金额
0002	钱	2413.00	45.60	106.70	152.30	2260.70
序号	姓名	应发小计	医保	住房公基金	应扣小计	实发金额
0003	孙	3244.00	67.90	156.80	224.70	3019.30
序号	姓名	应发小计	医保	住房公基金	应扣小计	实发金额
0004	李	2432.00	47.80	112.50	160.30	2271.70
序号	姓名	应发小计	医保	住房公基金	应扣小计	实发金额
0005	周	3445.00	79.00	176.50	255.50	3189.50
序号	姓名	应发小计	医保	住房公基金	应扣小计	实发金额
0006	吴	1234.00	24.00	86.70	110.70	1123.30

图 3-57　打印工资条

【任务目标】

本任务主要让学生对 Excel 2003 中的数据安全设置有一些了解，掌握工作表的打印设置。相关的知识点：数据的安全设置、冻结窗格、工作表的打印。

任务操作 1　数据的安全设置

Excel 2003 从工作簿的访问权限、工作表的访问权限、单元格及宏的访问权限等多个角度采取了安全措施，这些安全措施能够在一定程度上提供对数据的安全保护。主要策略是用密码进行授权访问和数据隐藏，只有提供合法的用户密码才能访问受保护的工作表数据。

任务中，为了保证工资表的数据安全，只允许用户修改“序号”、隐藏“应发金额”的计算公式、设置工作簿访问密码。

1. 允许用户编辑区域

只允许用户修改“序号”，具体步骤为：

单击“工具”菜单→“保护”→“允许用户编辑区域”→出现“允许用户编辑区域”对话框，如图 3-58(a)所示→“新建”→“新区域”对话框，如图 3-58(b)所示→“引用单元格”选定“序号”一列→“区域密码”设定密码→“确定”。

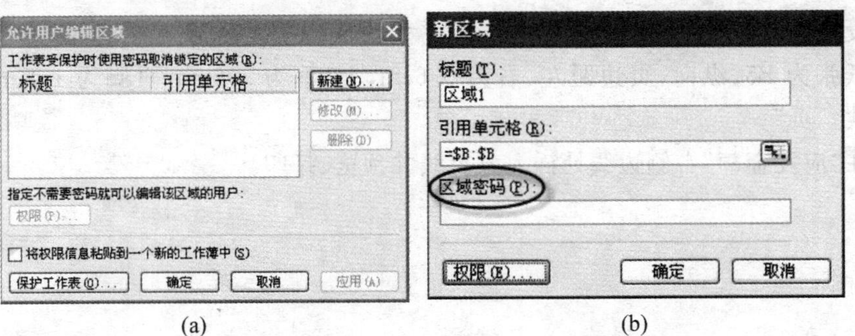

图 3-58　“允许用户编辑区域”对话框和“新区域”对话框

2. 隐藏计算公式

隐藏“应发金额”的计算公式，具体步骤为：

选定“应发金额”列→单击“格式”菜单→“单元格”→“单元格格式”对话框→“保护”，如图 3-59 所示→选择“锁定”和“隐藏”→“确定”。

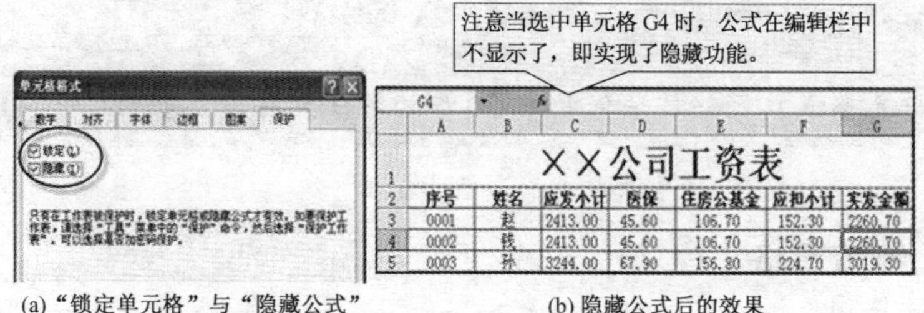

	A	B	C	D	E	F	G
2	序号	姓名	应发小计	医保	住房公基金	应扣小计	实发金额
3	0001	赵	2413.00	45.60	106.70	152.30	2260.70
4	0002	钱	2413.00	45.60	106.70	152.30	2260.70
5	0003	孙	3244.00	67.90	156.80	224.70	3019.30

(a)“锁定单元格”与“隐藏公式” (b) 隐藏公式后的效果

图 3-59 锁定与隐藏

✍ 说明提示

不管采用什么方法，设置了单元格或单元格区域保护之后，都必须设置对工作表的保护（“工具”菜单→“保护”→“保护工作表”，如图 3-60(a)所示→输入密码→“确定”），只有设置了对工作表的保护之后，对单元格或单元格区域的保护才会生效。

知识链接

(1)单元格或单元格区域的保护有两种方式，一种是通过单元格的格式设置，如“隐藏计算公式”；一种是在被保护的工作表中设置“允许用户编辑的区域”。

(2)撤销工作表、工作簿的保护：“工具”菜单→“保护”→“撤销工作表保护”或者“撤销工作簿保护”。

(3)通过对宏的限制性运行，可在一定程度上预防由于宏病毒的传播对计算机系统的破坏，也能防范某些不良宏程序对数据的访问。“工具”菜单→“宏”→“安全性”→“安全级”选择“高”。

3. 设置工作簿访问密码

单击“工具”菜单→“保护”→“保护工作簿”→输入密码→“确定”，如图 3-60(b)所示。

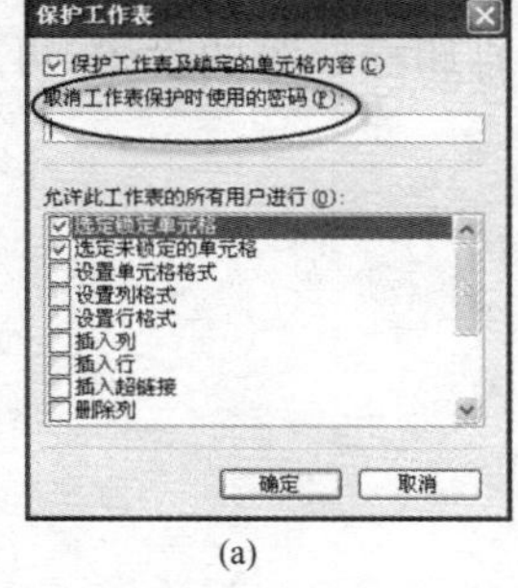

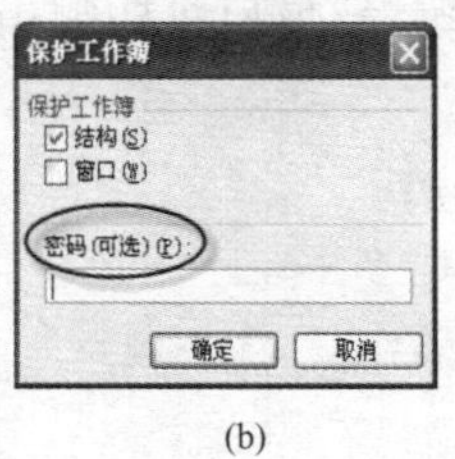

(a) (b)

图 3-60 “保护工作表”与“保护工作薄”对话框

✍ **课堂练习**

填空题

Excel 2003 数据安全上采取的措施有工作簿的安全、________、________、及________。

判断题

设置了单元格或单元格区域保护之后，都必须设置对工作表的保护。（　　）

任务操作 2　冻结窗格

1. 冻结窗格的作用

将指定行或列(主要是左侧和顶端)的内容固定不动，拖动行或列时，固定的行或列不移动，便于对照查看。

当我们在制作一个 Excel 表格时，如果行数较多、列数也较多，一旦向下滚屏，则上面的标题行也跟着滚动，在处理数据时往往难以分清各列数据对应于表头的标题，容易搞错位置。利用“冻结窗格”功能可以很好地解决这一问题。

2. 设置方法

方法一：将光标定位在要冻结的标题行的下一行(可以是一行或多行)，然后选择“窗口”菜单下的“冻结窗格”即可(冻结整行的办法)。

横向、竖向都可以同时冻结，要选取横向与竖向相交处的单元格(交叉位置叉角里面的那个单元格)。

方法二：单击“窗口”菜单→“拆分”→调整拆分窗口边线位置→“窗口”菜单→“冻结窗格”。

“冻结行”在向下滚动时可以看到效果；“冻结列”向右滚动时可以看到效果。

冻结图 3-51 中的 1、2 行和 A、B 列，操作步骤为：

单击“C3”单元格 →“窗口”菜单 →“冻结窗格”。

任务操作 3　工作表的打印

打印前要进行纸张、页边距、页眉/页脚和打印标题等的设置，再通过“打印预览”查看输出效果，进行及时的调整，最后打印输出。

知识拓展

工资条的打印

特点：每一项记录前都要有标题行。

利用前面学过的“自动填充”、“排序”及“表格边框设置”知识：先复制标题行到工作表的最后（有 n 条记录打印，就复制 $n-1$ 个标题行）；在“序号”前插入一列；工资记录前按 2、4、6…等差序列填充，标题行前按 3、5、7…等差序列填充，A2 位置填 1，最后按第一列排序；选中区域“B2：H3”设置上下边线为“双线”形式，依次选中“B4：H5、B6：H7…”设置上下边线为“双线”形式，如图 3-57 所示。

打印结束，再按“序号”排序，恢复到原状态。

(1)设定打印区域：“B2：H35”

“文件”菜单→“页面设置”→“工作表”→单击“打印区域”的折叠按钮→选择工作表中的“B2”至“H35”。

(2)纸张为 B5、纵向；页边距：左、右为 0.6cm，上、下为 3.2cm，页脚：1.8cm、“第？页共？页”、居中，操作步骤为：

● 单击“文件”→“页面设置”→“页面”→“纸张大小”选“B5”，“方向”选“纵向”；

● 单击“文件”→“页面设置”→“页边距”设置上、下、左、右的边距；

● 单击“文件”→“页面设置”→“页眉/页脚”→“自定义页脚”→“页脚”对话框→“第 页共 页”，其中“第、页、共、页”几个字要从键盘输入，如图 3-61 所示。

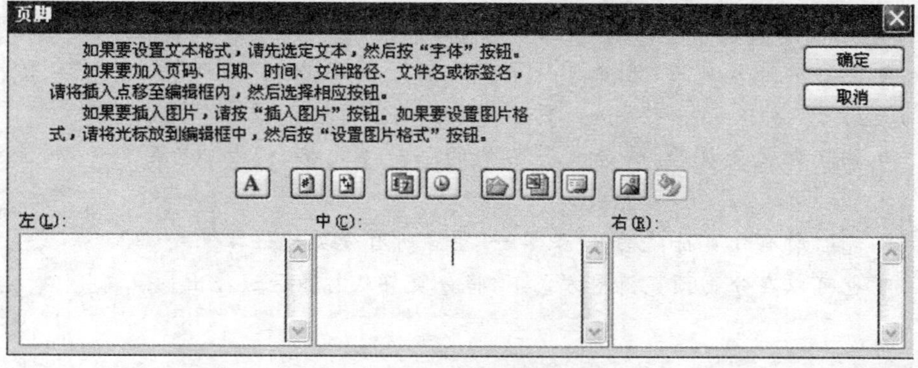

图 3-61　“页脚”对话框

(3)在“应发金额”右侧边线处插入分页线并预览、打印，操作步骤为：

● “视图”→“分页预览”→用鼠标拖动粗的蓝色边线到“应发金额”右侧。

● “文件”→“打印预览”。

● “文件”→“打印”→“打印内容”对话框，如图 3-62 所示→确定“打印范围”、“打印内容”、“打印份数”→“确定”。

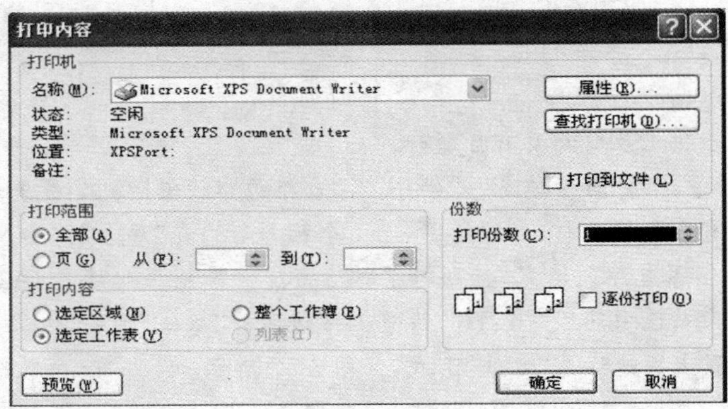

图 3-62　"打印"对话框

知识链接

(1)打印设置

方法一:"文件"菜单→"页面设置"或者"文件"→"打印预览"

方法二:常用工具栏"打印"按钮。

(2)缩放打印:打印时可以根据内容和纸张的大小进行缩放。

(3)设置分页打印标题:"文件"菜单→"页面设置"→"页面"→"打印标题"→选择"顶端标题行"和"左端标题行"→"确定"。

(4)插入人工分页符:单击新起页左上角的单元格,此单元格位于第一行插入垂直分页符;位于第A列只插入水平分页符;其他位置同时插入水平、垂直分页符。

(5)删除分页符

- 删除水平分页符:选分页符下面的任一单元格→"插入"菜单→"删除分页符"。
- 删除垂直分页符:选分页符右侧的任一单元格→"插入"菜单→"删除分页符"。
- 删除所有分页符:"插入"菜单→"重置所有分页符"。
- 也可以在分页预览视图方式下,将分页符从打印区域拖出。

课堂练习

填空题

1. 工作表打印前要进行________、________、________、________等的设置。

2. 打印工作表前就能看到实际打印效果的操作是________。

判断题

1. 在 Excel 2003 中,若只需打印工作表的部分数据,应先把它们复制到一张单独的工作表中。　(　　)

2.“页面设置”对话框中的“工作表”标签里的“打印区域”栏的作用是选择要打印的区域。　　（　　）

简答题

1. 如何设置分页打印标题？

2. 如何插入人工分页符？

操作题

对于任务实训案例图 3-46 进行如下操作：

- 对于 C 到 J 列的所有数据进行锁定，不允许非授权用户修改。
- 解除所有锁定。
- 打印成绩单，要求如下：

A4 纸张；第一行设置为分页打印标题；页脚位置插入页码、居中；打印预览界面调整左、右页边距确保每条记录在同一页上完整打印；

任务六　综合实训

【实训分析】

为了衡量教师工作量的多少，学校想制定表格进行统计分析。同学们，你们能够胜任这项评定的工作吗？

在掌握了本项目的基本操作之后，现对本项目涉及的知识点进行综合训练。涉及到的知识点比较广泛，包括：数据的录入、编辑、格式设置、函数、公式、图表、数据的查询、统计、数据的安全及打印等。

【实训目标】

熟练掌握公式、函数、图表的使用及数据的综合统计分析；对于工作表的编辑、安全设置及打印有很好的了解。

实训操作 1　建立教师工作表

1. 建立一个工作簿，文件名为“教师档案管理”，保存在“E:\电子表格案例”。

2. 如图 3-63、图 3-64 和图 3-65 所示，完成三张表的信息录入。

3. 工作表命名为“教师基本信息”、“2009 年度教学工作量”、“2010 年度教学工作量”。

教师基本信息表

编号	姓名	性别	出生日期	毕业院校	所学专业	参加工作时间	籍贯
0001	赵	男	1974-6-13	聊城大学	计算机应用	1997年7月	山东
0002	钱	男	1976-5-25	聊城大学	计算机应用	1997年7月	山西
0004	李	男	1978-5-12	济南大学	电气自动化	1999年7月	吉林
0007	郑	男	1972-4-24	青岛化工学院	精细化工	1997年7月	山东
0008	王	男	1979-9-23	洛阳工学院	生物化工	2001年7月	山东
0003	孙	女	1978-9-12	山东师范大学	电气自动化	1999年7月	山东
0005	周	女	1975-8-6	山东师范大学	生物化工	1998年7月	山东
0006	吴	女	1978-9-6	山东经济学院	无机化学	2000年7月	辽宁
0009	白	女	1981-12-5	上海建材学院	无机化学	2002年7月	山东

图 3-63　教师基本信息表

2009年度教学工作量

编号	姓名	性别	工作量（课时）	职称	授课门数	授课班级数	发表论文（篇）	考核等级	每课时补贴（元）	总课时费（元）
0001	赵	男	326	中级	2	4	1	良好	15	4890
0002	钱	男	543	高级	3	7	2	优秀	18	9774
0003	孙	女	895.5	中级	1	3	4	合格	15	13432.5
0004	李	男	453	中级	6	7	2	合格	15	6795
0005	周	女	324	中级	3	3	1	良好	15	4860
0006	吴	女	765	高级	5	4	1	良好	18	13770
0007	郑	男	235	高级	2	4	1	优秀	18	4230
0008	王	男	134	中级	1	3	2	合格	15	2010
0009	白	女	664	高级	3	2	3	良好	18	11952

图 3-64　2009 年度教学工作量

2010年度教学工作量

编号	姓名	性别	工作量（课时）	职称	授课门数	授课班级数	发表论文（篇）	考核等级	每课时补贴（元）	总课时费
0001	赵	男	809	中级	4	5	2	优秀	15	
0002	钱	男	456.5	高级	1	3	1	合格	18	
0003	孙	女	435	中级	4	4	0	合格	15	
0004	李	男	612	高级	1	6	2	良好	18	
0005	周	女	342	中级	2	3	1	良好	15	
0006	吴	女	901.5	中级	2	4	1	优秀	15	
0007	郑	男	321	中级	5	6	1	合格	15	
0008	王	男	456	高级	3	7	0	合格	18	
0009	白	女	267	高级	2	2	2	良好	18	

图 3-65　2010 年度教学工作量

实训操作 2　教师工作表格式设置

1. 标题格式设置:标题合并居中、18 磅、宋体、加粗。
2. 标题以外全部宋体、12 磅。
3. 第二行蓝色底纹。
4. 列 G、H、J 靠右对齐,余下列居中对齐。
5. 设置合适的行高和列宽。

实训操作 3　教师工作表数据管理

1. 利用公式求出“2010 年度教学工作量”中的“总课时费”。

2. 求出“工作量(课时)”的最大值、最小值。

3. 将“工作量(课时)”高于 600 的教师的工作量标记红色。

4. 创建图表对 2009 年度教师“工作量(课时)”进行分析。

5. 查询编号为“0008”的教师的“基本信息”。

6. 职称为“中级”且“ 工作量(课时)”大于 500 的人员名单。

7. 根据“教师的基本信息”工作表，对“性别”一列进行分类汇总，求出男女教师的个数。

8. 利用“按位置合并计算”求出每位教师 2009 年度和 2010 年度的总课时量。

实训操作 4　教师工作表打印

1. 将“工作量(课时)”和“发表论文(篇)”两列设为禁止编辑区。

2. 将“教师基本信息”进行打印输出，纸张:B5、页边距均为 2。

3. 将第一行设置为分页打印标题。

项目四 PowerPoint 2003 演示文稿

项目背景

当今时代，毕业后找一份称心如意的工作并非易事，在众多竞争者中如何推销自己、如何给招聘单位留下深刻的印象，除了证明自己实力的纸质资料外，准备一份电子稿的个人简历，发到招聘单位邮箱，也不失为加深个人印象的好办法。利用演示文稿软件PowerPoint来制作个人简历、制作企业产品介绍、项目案例展示、项目合作计划、会议内容等生动有效，有很强的说服力，因此，掌握演示文稿的制作方法是现代信息化工作必备技能之一。

项目分析

本项目主要是通过制作一个精美的个人简历，掌握演示文稿的创建、编辑、格式设置、切换及放映等操作，从而了解演示文稿的制作过程。如图4-1所示，本实例中个人简历由9个幻灯片组成，封面页与正文页采取了统一的模块类型，内容包括文字、图片、表格、艺术字、声音等多媒体信息。本项目主要知识点有PowerPoint的基本操作，演示文稿的创建，文字、图片、表格的编辑，背景配色方案的使用，幻灯片母版应用，放映控制及打包等内容。

项目目标

- 了解PowerPoint的基本功能
- 掌握演示文稿的创建步骤
- 熟练掌握演示文稿的基本编辑操作
- 掌握背景、配色方案的使用
- 理解幻灯片母版的作用及其应用
- 掌握幻灯片的放映及其打包方法

项目实战

- 任务一　创建演示文稿
- 任务二　编辑幻灯片
- 任务三　应用设计母版
- 任务四　设置放映与打包

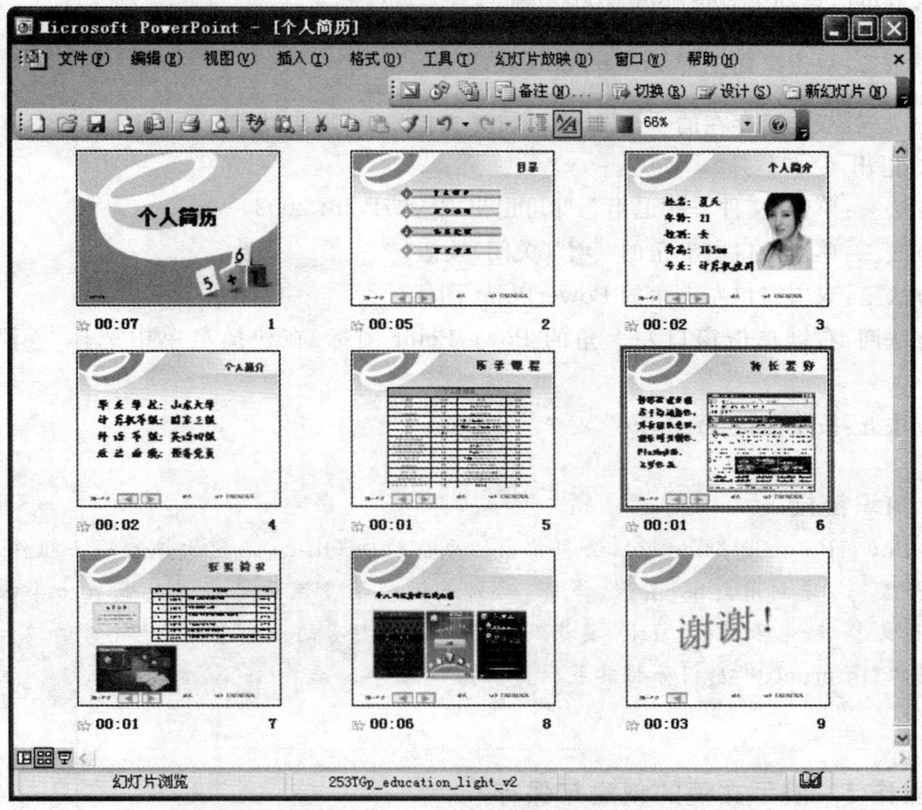

图 4-1　个人简历效果图

任务一　创建演示文稿

【任务引入】

世纪创新学院学生李文临近毕业，他想找一份满意的工作，小李平时喜欢计算机操作，他计划制作一份包含自己情况的个人简历，发送到招聘单位的邮箱，凸显自己的特长，增加成功的筹码，他该如何创建自己的个人简历呢？

【任务目标】

本任务主要是要求学生掌握演示文稿创建的基本步骤和方法。主要知识点有演示文稿的基本知识、创建演示文稿、演示文稿的视图模式。

任务操作 1　PowerPoint 2003 的启动和退出

1. 启动

方法一：单击“开始”→“程序”→“Microsoft Office”→“Microsoft Office PowerPoint

2003”，就可以启动 PowerPoint 2003。

方法二：双击桌面上的 PowerPoint 快捷图标“”。

方法三：双击已存在的一个 PowerPoint 文档，也可以启动 PowerPoint 2003。

2. 退出

方法一：单击“文件”→“退出”，即可退出 PowerPoint 2003。

方法二：单击窗口右上角的“”（关闭）按钮。

方法三：双击窗口左上角的 PowerPoint 图标。

方法四：右键单击窗口左上角的 PowerPoint 图标，在快捷菜单中选择“”关闭菜单。

方法五：按快捷键“Alt＋F4”。

知识链接

PowerPoint 是 Microsoft 公司推出的办公软件 Office 系列软件的一个组件，简称 PPT。可以利用文字、图形、声音、动画或视频等多媒体数据信息制作出个人简历、论文答辩、电子教案、贺卡、奖状及电子相册等丰富的演示文稿，并能够通过计算机屏幕、Internet、投影仪等将其展现出来。

任务操作 2 演示文稿的创建与保存

1. 创建演示文稿

(1)启动 PowerPoint 2003。

(2)可以采用以下三种方法创建演示文稿。

方法一：单击“文件”→“新建”命令→单击幻灯片窗口右侧的“新建演示文稿”任务窗格→出现“新建”选项→选择“空演示文稿”或“根据设计母版”或“根据内容提示向导”来创建新的演示文稿，如图 4-2 所示。

方法二：单击任务窗格顶部的三角按钮，如图 4-2 所示→从下拉菜单中选择“新建演示文稿”→“新建”选项，其余步骤参照方法一。

方法三：利用“常用工具栏”中的“”（新建）按钮。

2. PowerPoint 2003 窗口组成

(1)标题栏：位于窗口最上方，用来显示文档的名称。如图 4-2 所示，标题栏显示的文档名称是“演示文稿 1”。

(2)菜单栏：位于标题栏下方，包含了 PowerPoint 2003 所有的操作命令。

(3)工具栏：一般位于菜单栏下方，主要有“常用”工具栏与“格式”工具栏。

(4)幻灯片窗口：界面中面积最大的区域，用来显示和编辑演示文稿中出现的幻灯片。

(5)视图按钮：位于界面底部左侧，可以使用不同的视图方式查看演示文稿。

(6)大纲/幻灯片视图：包含大纲标签和幻灯片标签。在大纲标签下，可以看到幻灯片

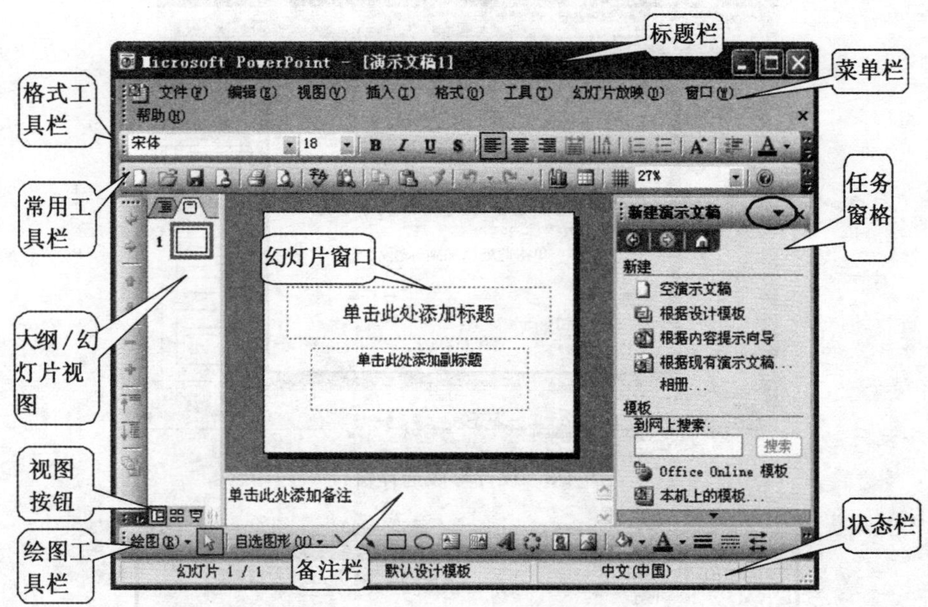

图 4-2　PowerPoint 2003 的窗口

文本的大纲；在幻灯片标签下可以看到缩略图形式的幻灯片。

(7)备注栏：位于幻灯片窗口的下方，可供用户输入演讲者备注。通过拖动窗格的灰色边框可以调整其尺寸大小。

(8)状态栏：位于 PowerPoint 窗口的最下方，它显示了当前所编辑文档的主要属性及信息。

(9)任务窗格：位于幻灯片窗口的右侧，用来显示设计演示文稿时经常用到的命令。不同的操作显示不同的任务窗格。

✍ 说明提示

如果“任务窗格”中没有显示出需要使用的某个任务窗格，可单击任务窗格顶部的“其他任务窗格”右侧的三角按钮，从下拉菜单中选择所需要的任务窗格，如图 4-2 所示任务窗格的下拉按钮(以圆圈符号标注)。

根据任务样张要求，选中图 4-2 右侧任务窗格的“根据设计母版”，弹出如图 4-3 右侧显示的“幻灯片设计”窗格，在应用设计母版中选择最下面的“浏览”，打开“应用设计母版”对话框，从中选择要使用的设计母版“E 时代”。如图 4-4 所示，单击“应用”按钮，效果如图 4-5 所示。

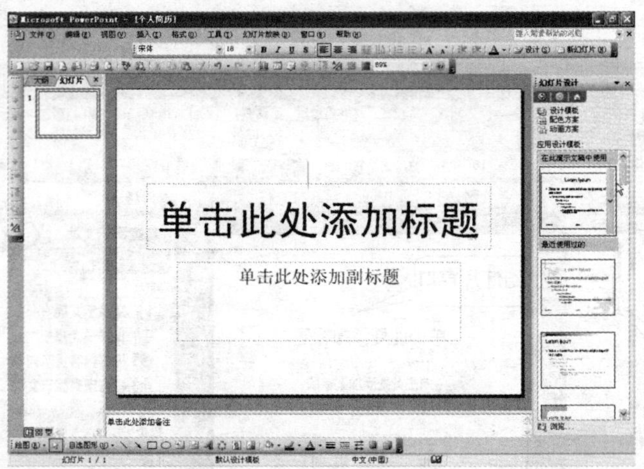

图 4-3 设计母版选择窗口

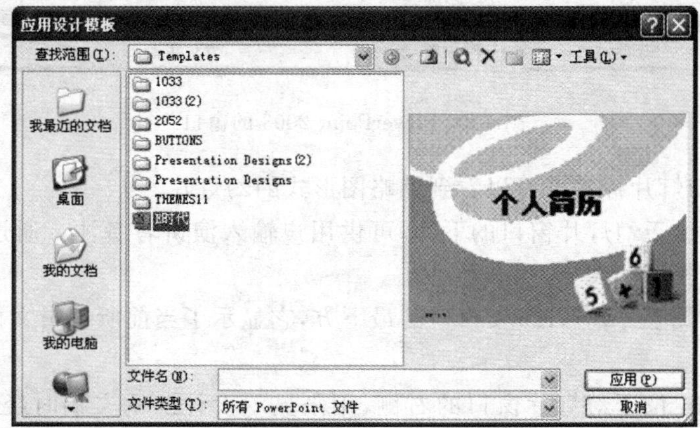

图 4-4 “应用设计母版”对话框

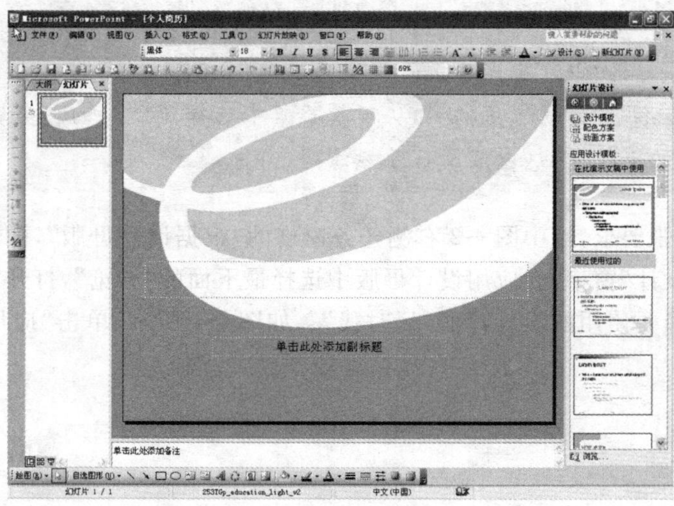

图 4-5 应用设计母版后的幻灯片效果

✍ 说明提示

“E时代”母版是专为本任务制作的模块，用户计算机如果没有该母版，也可以使用其他母版文件代替或使用自己制作的母版。

3. 保存与关闭演示文稿

(1)新建演示文稿的保存

方法一：单击“文件”→“保存”(或“另存为”)→出现如图4-6所示的“另存为”对话框→在“保存位置”列表中选择文件保存的位置→在“文件名”文本框中输入文件的名称“个人简历”→并在“保存类型”列表中选择文件类型(默认的是PowerPoint演示文稿，扩展名为“.ppt”)→单击“保存”按钮→生成“个人简历.ppt”文档。

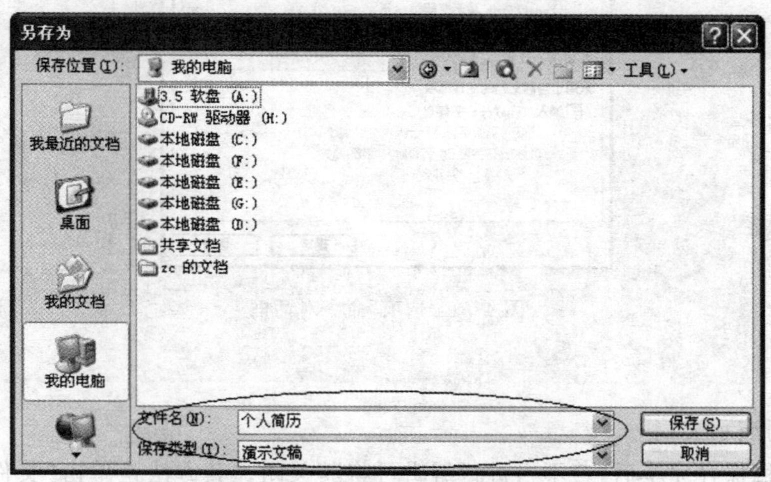

图4-6　“另存为”命令对话框

方法二：单击“常用工具栏”中的“ ”(保存)按钮→出现“另存为”对话框，后续步骤同方法一。

(2)已有演示文稿的保存

已保存为的演示文稿，因为已经确定了文件位置、文件名及保存类型，因此当使用“保存”命令后，会以原文件位置，原文件名保存，并不出现“另存为”命令对话框。

如果使用“另存为”命令，则保存的方法与新建演示文稿的保存方法相同，而不影响原有演示文稿的保存情况。

✍ 说明提示

可以使用“自动保存”功能，以防止死机、停电等意外事件造成的文件无法保存情况，方法是：“工具”菜单→“选项”→“保存”选项卡→ 设置自动保存时间，如图 4-7 所示。

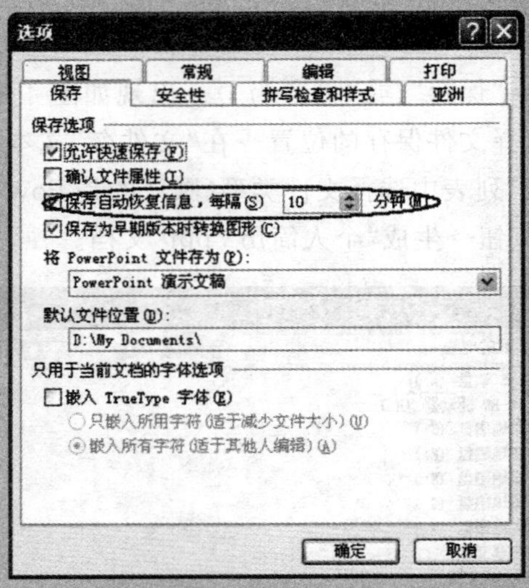

图 4-7 “选项”命令对话框

(3)关闭演示文稿

演示文稿保存完毕后，若不再进行编辑可将其关闭。其方法是单击“文件”→“关闭”命令，或者单击菜单栏右端的“×”(关闭窗口)按钮。

✍ 说明提示

关闭演示文稿所用的“×”按钮与退出 PowerPoint 所用的“×”按钮不是同一个按钮。

关闭 PowerPoint 时使用

关闭演示文稿时使用

✍ 课堂练习

1. 下列(　　)方法不能启动 PowerPoint 2003。

A. 用鼠标左键双击桌面上的 PowerPoint 2003 图标

B. 用鼠标右键双击桌面上的 PowerPoint 2003 快捷图标

C. 用鼠标左键双击 PowerPoint 2003 文件图标

D. 选择"开始"→"程序"→"Microsoft Office"→"Microsoft PowerPoint 2003"命令

2. PowerPoint 演示文稿的默认扩展名是(　　)。

A. .PTT　　B. .XLS　　C. .PPT　　D. .DOC

3. 在 PowerPoint 中，要在演示过程中终止幻灯片的放映，则随时可按(　　)键。

A. "ESC"　　B. "Alt+F4"　　C. "Ctrl+C"　　D. "Delete"

任务操作 3　PowerPoint 2003 的视图方式

PowerPoint 共有五种视图方式，即幻灯片视图、大纲视图、幻灯片浏览视图、备注页视图、幻灯片放映视图。

● 幻灯片视图(普通视图)：即当前幻灯片页的编辑状态，视图的大小可以通过"常用"工具栏上的比例栏进行调整，可通过单击窗口左下角的"田"按钮进行切换。

普通视图是将幻灯片、大纲和备注页视图集成到一个视图中，既可以输入、编辑和排版文本，也可以输入备注信息，如图 4-8 所示。

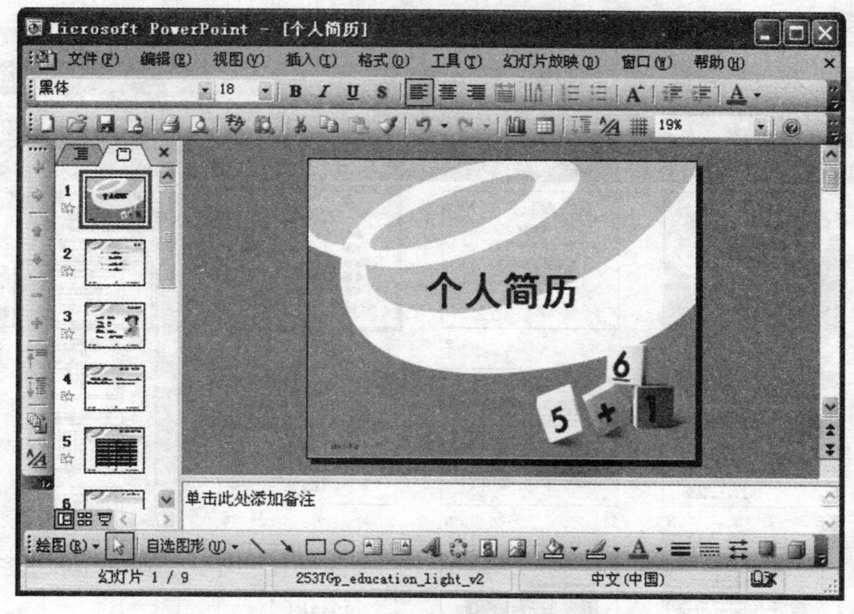

图 4-8　幻灯片视图

● 大纲视图：主要用于输入和修改大纲文字，当幻灯片的文字输入量较大时用这种方法进行编辑较为方便。可通过单击左侧的"大纲"选项卡切换到大纲视图，如图 4-9 所示。

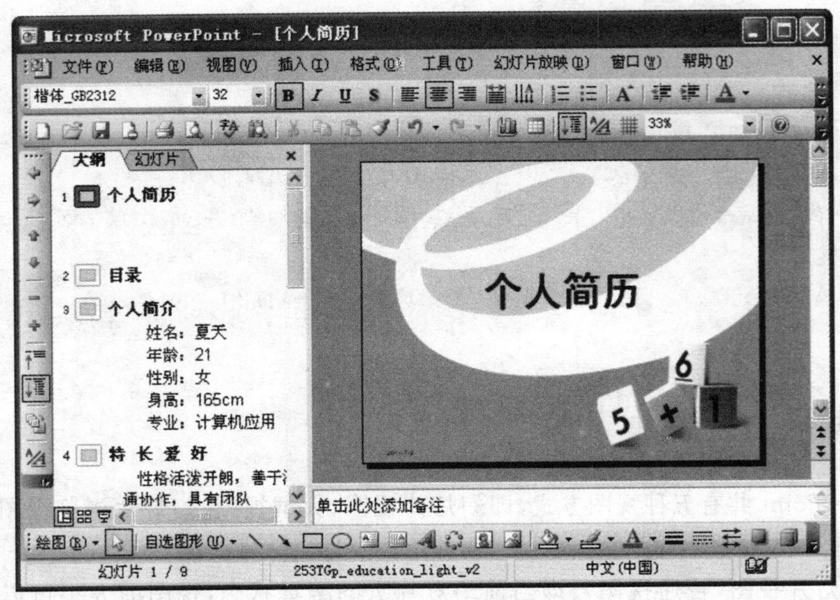

图 4-9 大纲视图

● 幻灯片浏览视图：是一种可以看到演示文稿中所有幻灯片的视图，用这种方式，可以很方便地进行幻灯片的次序调整及其他编辑工作（复制、删除等）。可通过单击界面右下角的“品”按钮进行切换，如图 4-10 所示。

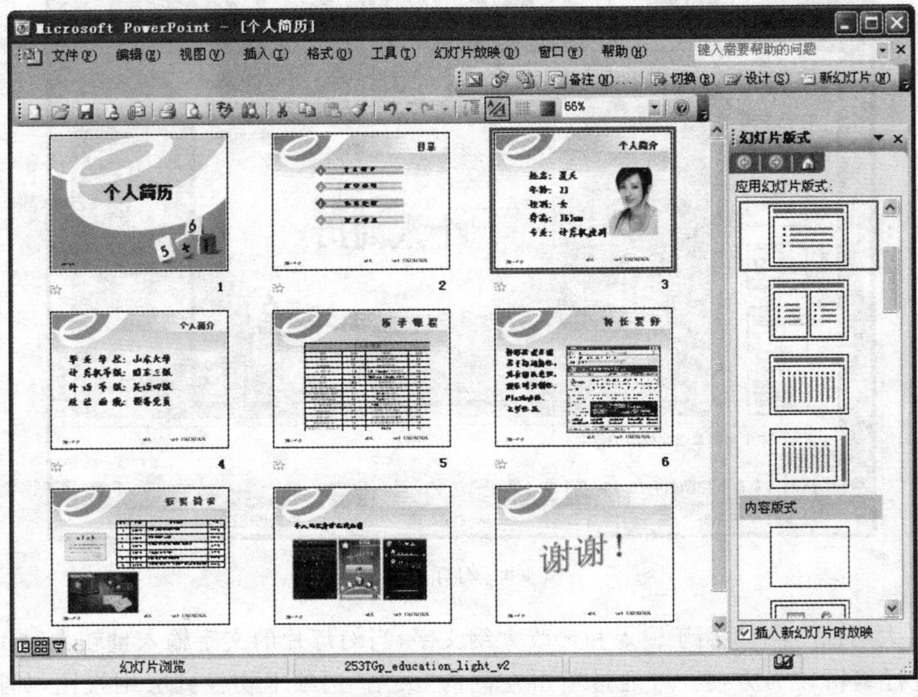

图 4-10 幻灯片浏览视图

● 备注页视图：主要用于作者编写注释与参考信息。可通过单击“视图”→“备注页”进行切换，如图 4-11 所示，其视图如图 4-12 所示。

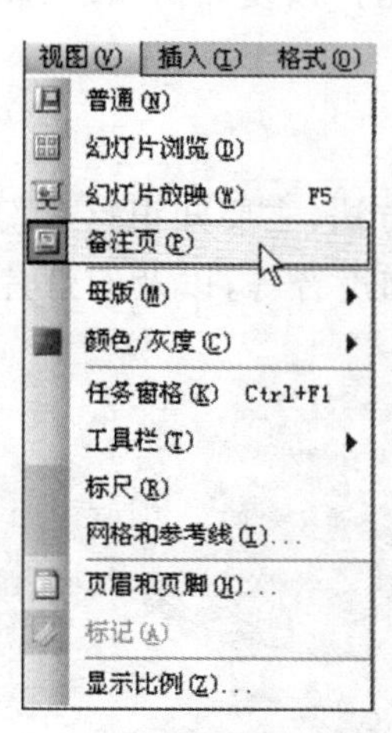

图 4-11　视图切换菜单

图 4-12　备注页视图

● 幻灯片放映视图：幻灯片放映视图并不是显示单个静止的画面，而是一个实际的放映演示文稿。在这种全屏幕视图中，用户所看到的效果就是观众会看到的效果。如果要将演示文稿放映出来，则可以单击界面左下角的“▣”按钮。

✍ 课堂练习

填空题

PowerPoint 共有五种视图方式，分别是________、________、________、________和________。

选择题

在(　　)视图下不能显示幻灯片中插入的图片对象。

A. 大纲　　B. 幻灯片浏览　　C. 幻灯片　　D. 幻灯片放映

操作题

在幻灯片浏览视图中，可不可以进行为幻灯片中的文字设置颜色、为幻灯片设置项目符号、向幻灯片中插入图表之类的操作？

任务二　编辑幻灯片

【任务引入】

在任务一中,小李已经创建了个人简历演示文稿,并了解了 PowerPoint 的基本操作和视图方式,小李该如何在自己的个人简历中录入文字、插入图片以及如何添加、删除幻灯片呢?

【任务目标】

本任务主要是要学生掌握演示文稿中幻灯片的基本编辑方法,主要知识点有幻灯片中编辑文本、绘制图形、插入图片、超级链接、动作按钮、影片和声音等,以及幻灯片的添加、移动、复制、粘贴、隐藏、删除等基本操作。

任务操作 1　编辑幻灯片

1、添加幻灯片

方法一:执行“插入”菜单→“新幻灯片”命令。

方法二:单击工具栏中“新幻灯片(N)”按钮。

使用上述两种方法中的任何一种,PowerPoint 都会立即在演示文稿中添加新的幻灯片,效果如图 4-13 所示。

图 4-13　插入一张新幻灯片

2. 移动幻灯片

方法一:"大纲/幻灯片"窗格→"幻灯片"选项卡→单击选中需要移动的幻灯片,按住鼠标左键不放可以将其拖到合适的位置,一条浮动的水平直线可以提示将幻灯片放置之前的确切位置。

方法二:在"幻灯片浏览"视图窗口中选中幻灯片,按住鼠标左键不放,也可以将其拖动到合适的位置,此时表明移动位置的直线成为一条垂直直线。

3. 复制幻灯片

操作步骤如下:

(1)打开含有目标幻灯片的演示文稿。

(2)"大纲/幻灯片"窗格→"幻灯片"选项卡→单击选中需要复制的幻灯片。

(3)右击鼠标选择"复制"命令或执行"编辑"→"复制"命令或单击常用工具栏中的""按钮复制幻灯片。

4. 粘贴幻灯片

操作步骤如下:

(1)打开要粘贴幻灯片的演示文稿。

(2)"大纲/幻灯片"窗格→"幻灯片"选项卡,选择要粘贴的具体位置。

(3)右击鼠标选择"粘贴"命令或执行"编辑"菜单→"粘贴"命令或单击常用工具栏中的""按钮粘贴幻灯片。

5. 删除幻灯片

当需要删除一张幻灯片时,"大纲/幻灯片"窗格中若处于"幻灯片"状态下,选中要删除的幻灯片,或在"大纲"状态下选中该幻灯片的编号图标→按"Delete"键即可将该幻灯片删除,或者在要删除的幻灯片上右击鼠标选择"删除幻灯片"选项,也可删除幻灯片。

技能链接

隐藏幻灯片

对于一个演示文稿中的许多幅幻灯片,如果有些幻灯片在放映时不想让它们出现,那么就可以对其进行隐藏操作,具体步骤如下:

(1)方法:切换到"大纲/幻灯片"窗格→"幻灯片"选项卡→ 单击选中需要隐藏的幻灯片→"幻灯片放映"菜单→"隐藏幻灯片"。

说明:隐藏幻灯片编号数字出现一条删除斜线。

(2)若要使隐藏的幻灯片在放映时重新显示出来,具体步骤如下:

方法一:设置隐藏幻灯片为显示状态。

单击选中需要显示的隐藏幻灯片→"幻灯片放映"→"隐藏幻灯片"。

方法二:幻灯片放映时查看隐藏幻灯片。

幻灯片放映时右击任意幻灯片→ 选择"定位到幻灯片"→ 选中需要显示的隐藏幻灯片即可。

任务操作 2　编辑幻灯片内容

1. 输入文本

幻灯片窗格中显示的文本框称之为“文本占位符”，占位符有文本或图片两种，将光标定位其中就可以输入文字了。输入的文字可以像 Word 中的文字一样，可以设置字体、颜色、字号等属性，如图 4-14 所示。

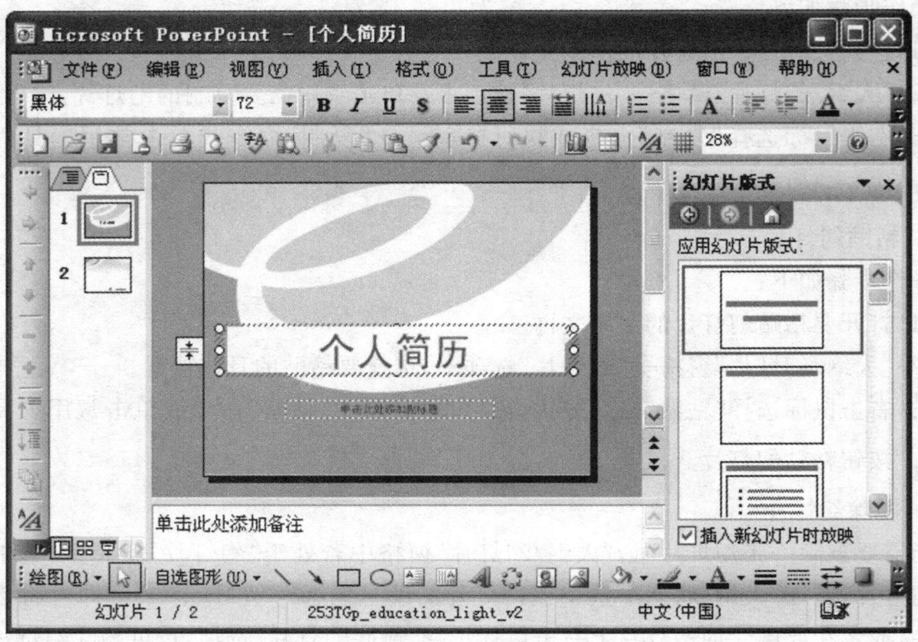

图 4-14　录入文字

在没有占位符的地方输入文本，就要借助于文本框了。选择“插入”→“文本框”命令，打开子菜单→选择“水平”或“垂直”命令→在幻灯片中拖动鼠标画出一个文本框→在文本框中输入相应的文字。

占位符和文本框的编辑非常相似，要调整第二张幻灯片顶端的占位符周围的空间并调整占位符中文本的位置，使文字居中，操作步骤如下：

(1)单击占位符文本。

(2)执行“格式”→“占位符”命令打开，如图 4-15 所示，设置自选图形格式对话框。

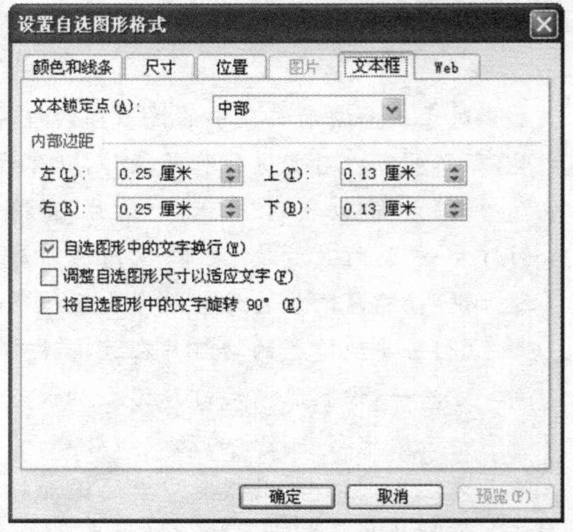

图 4-15　“文本框标签”对话框

(3)选择“文本框”标签→“文本所定点”

的下拉菜单中选择占位符内文本的位置，或在“内部边距”中更改“左”、“右”、“上”、“下”框中的数字。

(4)单击“确定”按钮，完成设置。

2. 插入图片

在 PowerPoint 的幻灯片中插入图片的方式有多种，可以插入图形、剪贴画、图片文件、从剪贴板中粘贴图片，还可以直接从扫描仪读取扫描的文件等。

● 使用自选图形

PowerPoint 还提供了基本的图形绘制，可以在幻灯片中插入内置的标准图形，如圆形图、矩形图、线条、流程图等。要在第 2 张幻灯片上制作出如图 4-16 所示的效果，具体步骤如下：

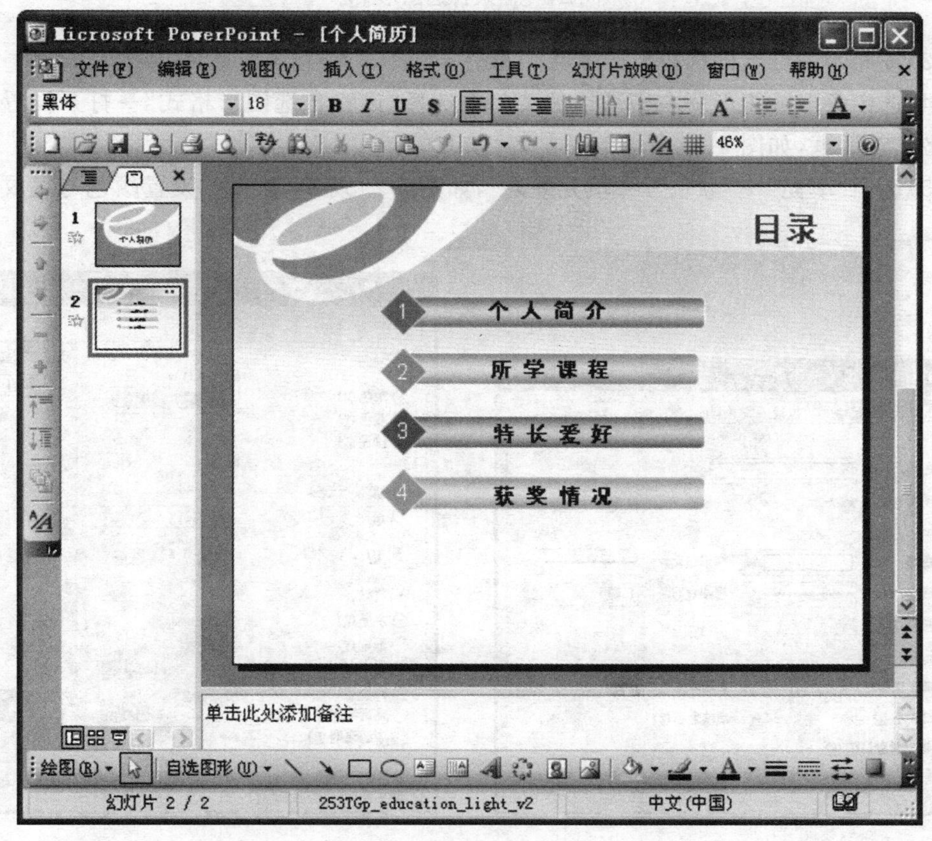

图 4-16　目录效果

(1)选择菜单“插入”→“图片”→“自选图形”命令。

(2)在“自选图形”工具栏或者直接单击绘图工具栏中的“自选图形”按钮→选择所需的菱形，如图 4-17 所示→在幻灯片中拖动鼠标，就绘制了菱形。

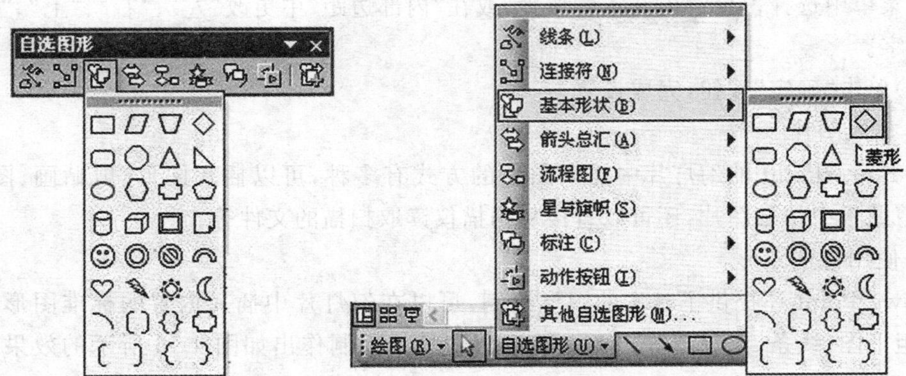

图 4-17　插入自选图形菜单

(3)按照步骤(2),同样可以绘制出矩形。

(4)选中菱形或矩形→右击从快捷菜单中选择“设置自选图形格式”→打开设置自选图形格式对话框,如图 4-18 所示。

(5)选中“填充”→“颜色”→“填充效果”,如图 4-19 所示,从中可设置颜色与底纹填充样式。

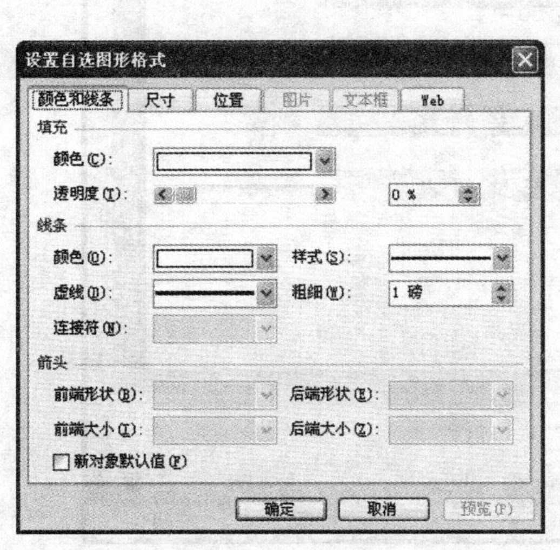

图 4-18　“设置自选图形格式”对话框

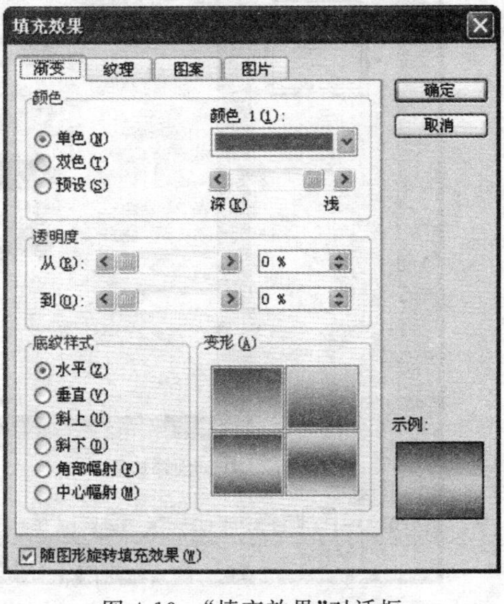

图 4-19　“填充效果”对话框

(6)选中菱形→按下“Shift”键→单击选中矩形→右击→从快捷菜单中选择“组合”,即可将两个图形组合在一起,如图 4-20 所示。

(7)选中矩形右击→“添加文字”,即可输入文本,效果如图 4-21 所示。

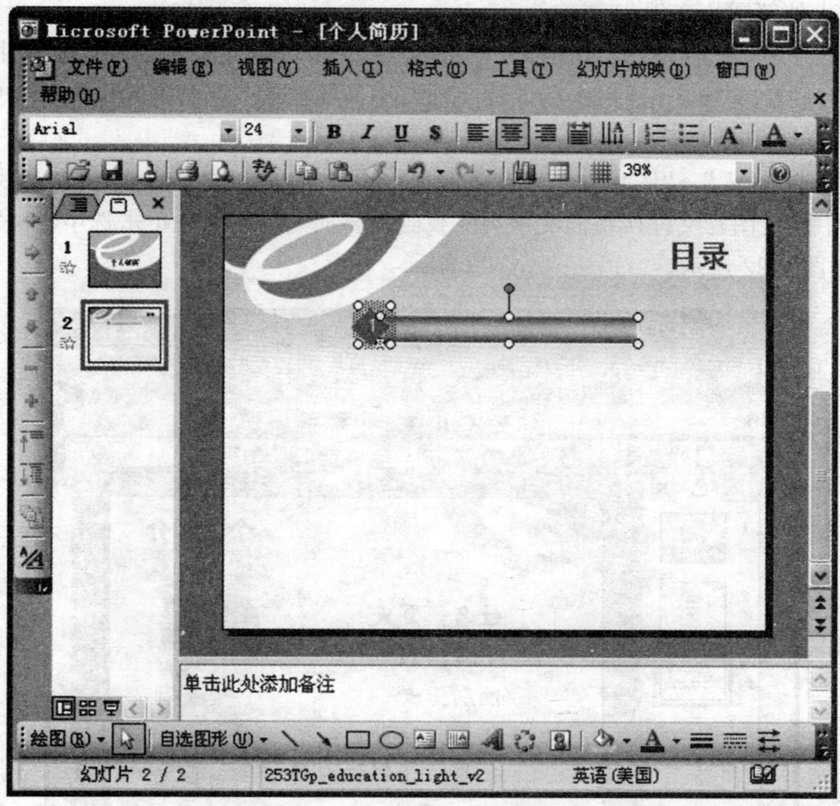

图 4-20　图形效果

图 4-21　添加文字后效果

(8)按照图 4-16 的目录效果图,依次制作后面的图形。

● 插入外部图片文件

在幻灯片中，除了可以插入图形外，也可以在幻灯片中添加自己的图片文件，这些文件可以是在硬盘或 Internet 网上的图片文件。小李要在第三张幻灯片个人简介中插入自己的照片，具体步骤如下：

选择菜单“插入”→“图片”→“来自文件”命令→“插入图片”对话框→在“查找范围”下拉列表框中选定图片文件所在的文件夹→找到需要插入的图片→单击选中它→“插入”按钮，效果如图 4-22 所示。

图 4-22　插入外部图片

● 插入剪贴画

有两种方式可以建立带有剪贴画的幻灯片，一种是利用含有剪贴画的版式的幻灯片来创建，另一种是在不含有剪贴画版式的幻灯片中创建。

(1)常用的是利用幻灯片版式建立带有剪贴画的幻灯片。先在演示文稿的当前幻灯片位置后插入一张新的幻灯片→“幻灯片版式”任务窗格→选中含有剪贴画占位符版式的幻灯片→双击剪贴画预留区→弹出“选择图片”对话框→双击要选择的剪贴画→剪贴画插入到预留区中。

(2)在没有剪贴画占位符的幻灯片中插入剪贴画。先选择“插入”→“图片”→“剪贴画”→打开“插入剪贴画”任务窗格，如图 4-23 所示→在“搜索文字”栏中输入要搜索图片的关键字(可省略不写)→在“其他搜索选项”栏下设置搜索范围和搜索文件的类型→按“搜索”按钮→单击要插入的图片，将其加入到当前幻灯片上。也可以单击“管理剪辑”，如图 4-24 所示，打开 Microsoft 剪贴管理器收藏夹，从中可以选择相关的剪贴画。

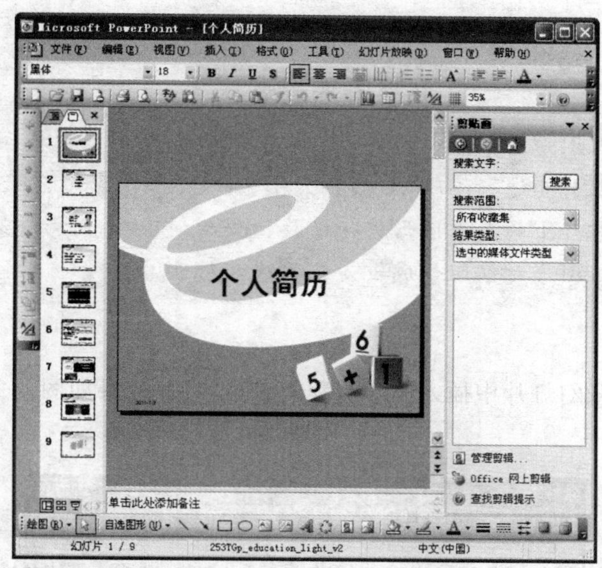

图 4-23　幻灯片版式中插入剪贴画

(3)如果要在演示文稿中的每张幻灯片中都增加同一个剪贴画,则在幻灯片母版的背景上增加该剪贴画即可。步骤如下:选择菜单“视图”→“母版”→“幻灯片母版”命令→在幻灯片母版的背景上加入所需的剪贴画,如图 4-24 所示。

图 4-24　幻灯片中插入剪贴画

● 使用艺术字

PowerPoint 还提供了一个艺术汉字处理程序,可以编辑各种艺术汉字效果。加入艺术字的方法是:

(1)选择菜单“插入”→“图片”→“艺术字”命令,或者直接单击绘图工具栏中的“艺术字”按钮→打开“艺术字库”对话框。

(2)选择艺术字的样式→在“编辑艺术字”对话框中输入文字→“确定”。

技能链接

设置插入对象格式

幻灯片中插入图形对象后，选定对象单击鼠标右键→ 在快捷菜单中选择“设置对象格式”项，可以对其进行编辑，如调整大小、位置、裁剪等。还可以通过“绘图”工具栏对添加到幻灯片上的自选图形进行缩放、旋转、翻转、加阴影或边框等操作，并可将一些单个的简单图形对象组合成较复杂的组合对象。

3. 插入图表

小李要在第 4 张幻灯片中插入所学课程的表格，具体效果如图 4-25 所示。具体制作步骤如下：

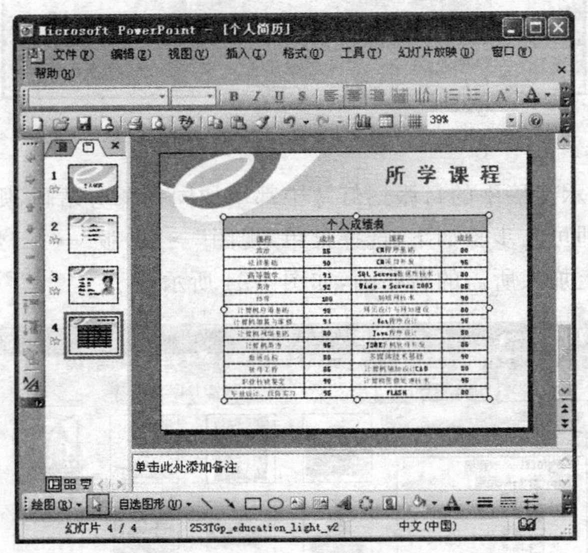

图 4-25 插入表格后效果

选中第 4 张幻灯片→“插入”菜单→“对象”打开插入对象窗口，如图 4-26 所示→单击“浏览”，选中要插入的 Excel 表格，单击确定即可将表格插入。

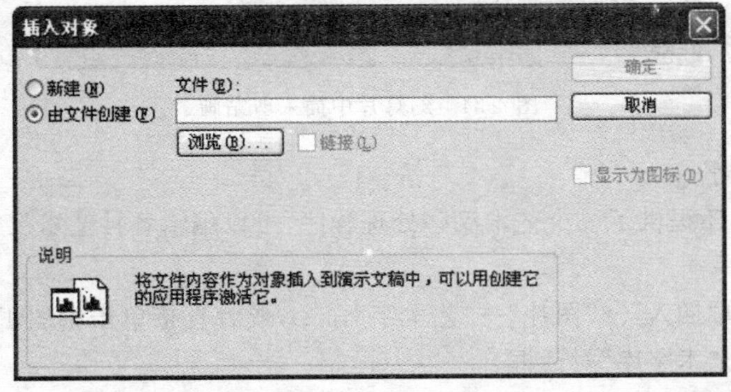

图 4-26 插入对象选择窗口

技能链接

插入表格的其他方法

方法一：在插入新幻灯片后，从幻灯片版式中选择含有表格占位符的版式，应用到新的幻灯片，然后单击幻灯片中表格占位符标识，就可以制作表格。

方法二：直接在已有的幻灯片中加入表格，可以利用常用工具栏上的“插入表格”按钮，快速建立一个表格。在幻灯片中，插入图表的方法与插入表格类似。创建表格和图表的方法与在 Word 或 Excel 中相似。

4. 插入超级链接

在演示文稿中使用超级链接，可以跳转到不同的位置，如演示文稿中某张幻灯片、其他演示文稿、Word 文档、Excel 表格或 Internet 上的某个地址等。小李要在幻灯片中插入自己的博客链接，具体步骤如下：

(1)在幻灯片上选中要链接的文本。

(2)选择“插入”→“超链接”菜单命令，弹出如图 4-27 所示的“插入超链接”对话框。

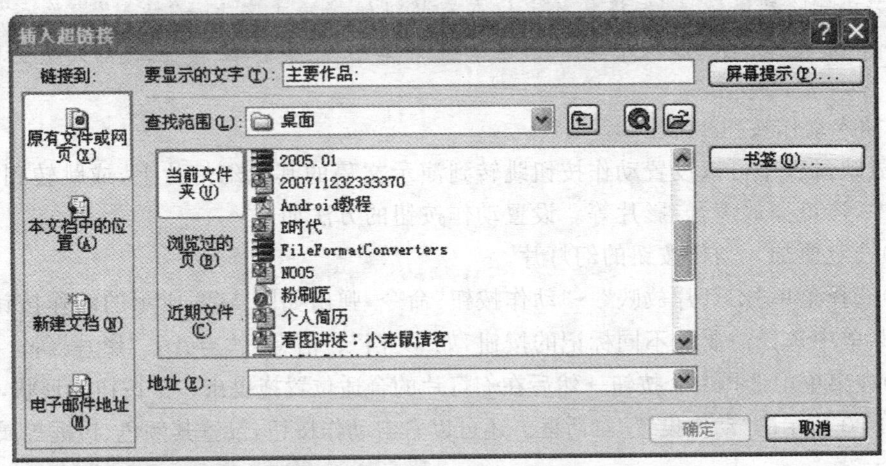

图 4-27　“插入超级链接”对话框

(3)在“链接到”列表中选择要插入的超级链接类型。

说明提示

超级链接的四种类型

- 链接到已有的文件或 Web 页上，则单击“原有文件或 Web 页”图标。
- 链接到当前演示文稿的某个幻灯片，则可单击“本文档中的位置”图标。
- 链接一个新演示文稿，则单击“新建文档”图标。
- 链接到电子邮件，可单击“电子邮件地址”图标。

(4)在“要显示的文字”文本框中显示的是用于链接的文字，也可以更改。

(5)在“地址”框中显示的是所链接文档的路径和文件名,在其下拉列表框中,还可以选择要链接的网页地址。

(6)单击“屏幕显示”按钮,弹出如图 4-28 所示的提示框,可以输入相应的提示信息,在放映幻灯片时,当鼠标指向该超级链接时会出现提示信息。

图 4-28　设置超级链接屏幕提示

(7)完成各种设置后,单击“确定”按钮。

技能链接

删除超链接

若要删除超级链接,先将鼠标定位在有超级链接的文字上→“插入”菜单→“超链接”命令→ 在弹出的“编辑超链接”对话框中→ 单击“删除链接”按钮,删除超级链接。

5. 插入动作按钮

在放映过程中可以设置动作按钮跳转到演示文稿的其他幻灯片上,或跳转到其他演示文稿中,还可播放声音、影片等。设置动作按钮的方法如下:

(1)选定要加入动作按钮的幻灯片。

(2)选择菜单“幻灯片放映”→“动作按钮”命令,弹出如图 4-29 所示的动作按钮菜单。可以从菜单中选择需要的不同标记的按钮,如“文档”、“信息”、“声音”、“影片”等。

(3)在菜单中选择一个按钮→然后在幻灯片的合适位置拖曳出一个按钮的形状,则会弹出如图 4-30 所示的“动作设置”对话框。还可以右击动作按钮,设置其颜色、边框等属性。

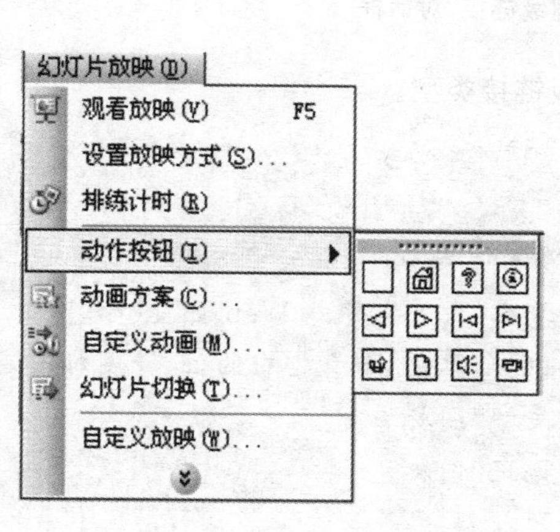

图 4-29　动作按钮菜单

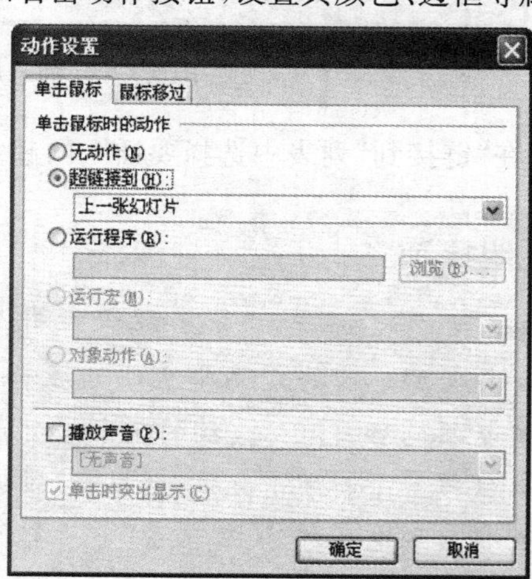

图 4-30　“动作设置”对话框

(4)选中“超链接到”单选框→打开下拉列表→选择要链接的对象→单击“确定”按钮。

用上述方法可以在幻灯片上设置多种动作按钮，丰富幻灯片的内容和表现方法，如图 4-31 所示就是一个插入了动作按钮的幻灯片实例。

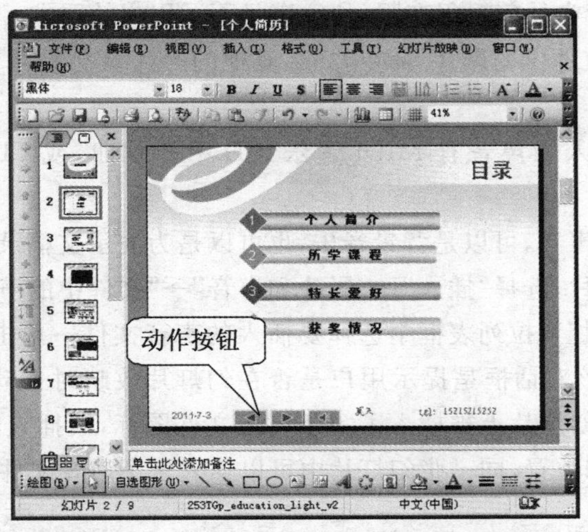

图 4-31　插入动作按钮的幻灯片

如果在幻灯片中插入播放声音的按钮，要为该按钮添加声音，可选择“动作设置”对话框，如图 4-32 所示，选中“播放声音”复选框，然后在下拉列表中选择一种声音效果或选择一个声音文件，这样在放映幻灯片时，单击此按钮可以播放声音或音乐。

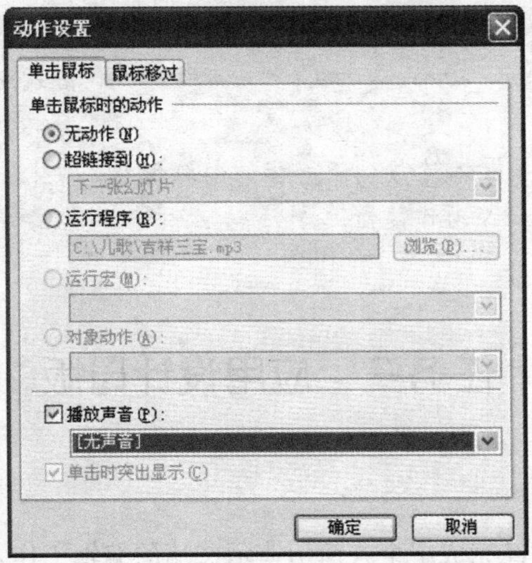

图 4-32　“动作设置”对话框

动作按钮设置以后，若想修改或重新设置，可以选择菜单“幻灯片放映”→“动作设置”命令，重新调用“动作设置”对话框，对动作按钮进行重新设置。

6. 插入影片和声音

动画和声音能让幻灯片文档更加生动形象，插入影片和声音的步骤如下：

(1)插入影片

选择“插入”菜单→“影片和声音”→“剪辑管理器中的影片”命令，可弹出“剪贴画”任务窗格，选中想要的剪贴并单击“确定”按钮，这个媒体剪贴就被插入到幻灯片中了。

Microsoft 剪辑库中的剪辑很有限，往往满足不了用户的要求。用户可以使用“插入”→“影片和声音”→“文件中的影片”命令，插入其他的影片。

(2)插入声音

可在幻灯片中插入的声音有 MIDI 音乐、CD 中的歌曲，或 CD 中的音乐录制成的 WAV 文件。

准备好要插入的声音，可以是背景音乐，也可以是为演示文稿录制的旁白。切换到要插入音乐的那张幻灯片，选择“插入”→“影片和声音”→“文件中的声音”，弹出“插入声音”对话框。在“查找范围”下拉列表框中选择要插入的声音文件→单击“确定”按钮，弹出如图 4-32 所示对话框，该对话框是提示用户是否在幻灯片放映时自动播放声音。单击“自动”按钮，用户将看到幻灯片上被插入了一个声音文件图标，被插入的声音图标与剪贴画一样，可以改变大小和位置，同一张幻灯片中可以插入多个声音文件。

✍ 课堂练习

选择题

1. 使用(　　)可实现在一张空白幻灯片指定位置输入文字。

　A. 插入文本框　　　　　　　B. 插入对象

　C. 将光标移到此处，直接输入文字　　D. 从 Word 文档粘贴

2. 要插入艺术字应该使用(　　)菜单。

　A. 视图　　B. 插入　　C. 工具　　D. 格式

操作题

1. 在每张幻灯片中插入连接到下一张的超级链接。

2. 在你的幻灯片加入动作按钮。

任务三　应用设计母版

【任务引入】

在任务二中，小李已经完成了个人简历演示文稿的编辑工作，小李想修改一下幻灯片的总体效果，该如何操作能够最快、最简单使得幻灯片的风格统一呢？

【任务目标】

本任务主要是要学生掌握演示文稿中幻灯片总体效果的设计方法，主要知识点有幻灯片背景、配色方案、使用母版、设置页眉页脚、应用设计母版等操作。

任务操作 1　修改幻灯片背景和配色方案

当利用母版制作演示文稿时，幻灯片使用的母版背景都是可以修改的。此外，幻灯片中文字和背景颜色非常相近时，还需要改变幻灯片的配色方案来获得良好的效果。

1. 改变幻灯片背景

为当前的幻灯片改变背景颜色的步骤如下：

(1)单击"格式"→"背景"，打开如图 4-33 所示背景对话框。

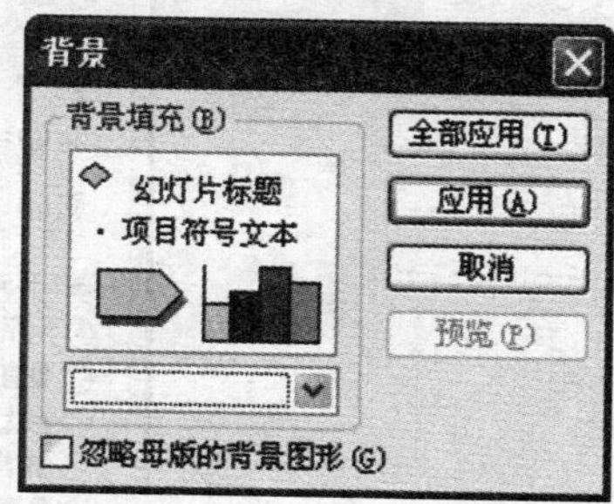

图 4-33　"背景"对话框

(2)打开背景对话框下方的下拉列表框，从基于演示文稿的默认配色方案的少数颜色中做出选择，如图 4-34 所示。如果没有看到满意的颜色，可以单击"其他颜色…"按钮，打开如图 4-35 所示的颜色对话框，单击调色板中所需的颜色，如果希望自己定义颜色的话，单击图 4-35 中的"自定义"标签，然后对设置进行调整，直到"新增"窗口内看到满意的颜色为止，单击"确定"按钮，返回背景对话框。

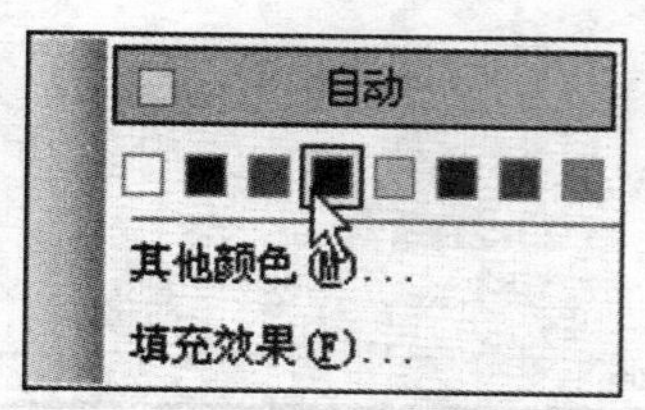

图 4-34　颜色选择列表

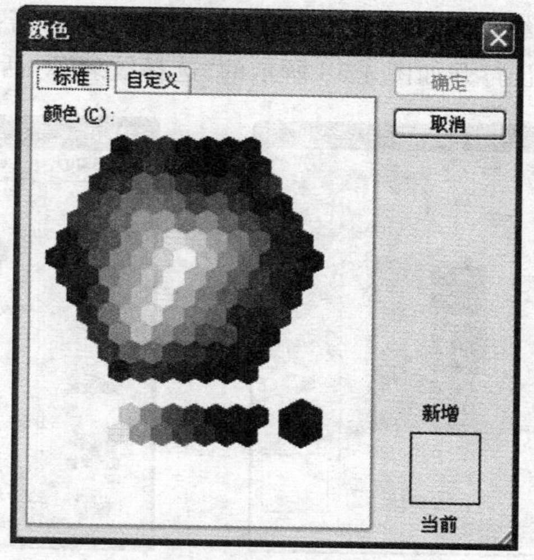

图 4-35　"颜色"对话框

(3)单击"预览"按钮可以看到背景的设置效果。单击"全部应用"按钮，整个演示文稿应用新设的背景颜色，而单击"应用"按钮则只在当前这张幻灯片上改变背景颜色。

单击"填充效果"按钮，在对话框的选项卡中可以选择单色、双色和预设等不同的颜色设置，可以满足幻灯片丰富颜色的设置。

● 渐变：以多种方式将一种或两种颜色合并到一起，通过单击"单色"或"双色"或选择某种"预设"方案，来设置渐变颜色。例如：选中了"预设"单选按钮，在右侧的下拉式列表框中就可以选择了 PowerPoint 预设的效果了，如图 4-36 所示。

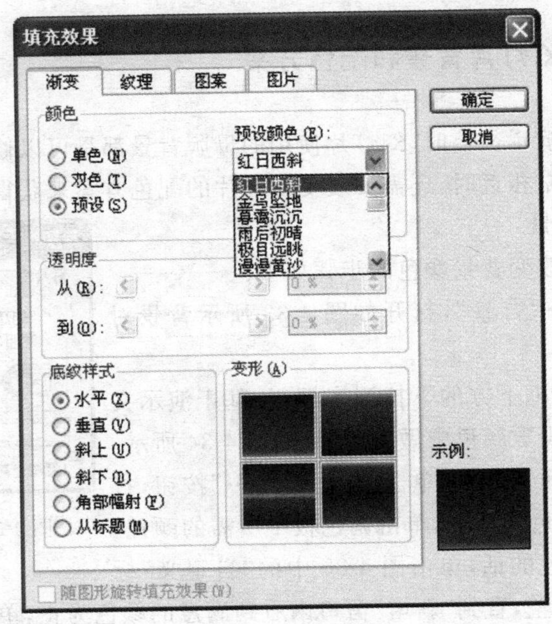

图 4-36　预设设置

● 纹理:在“纹理”标签中找到满足自己需要的纹理,如图 4-37 所示。单击“其他纹理”按钮,打开如图 4-38 所示的“选择纹理”对话框,导入保存在电脑中的其他纹理。

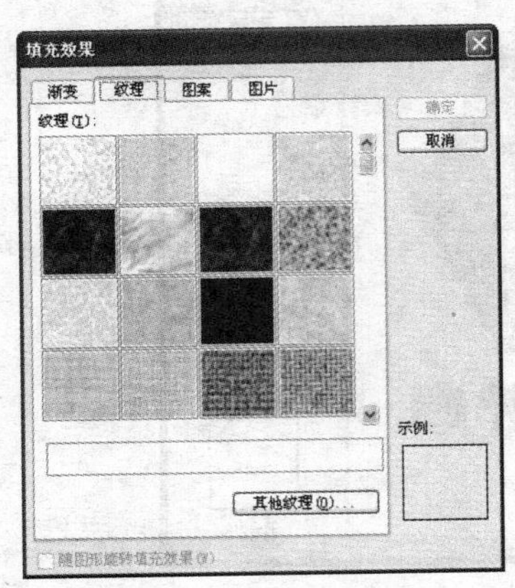

图 4-37　“纹理”对话框

图 4-38　“选择纹理”对话框

● 图案:打开该标签,可以看到两种基色组成的线条、点的图案组合,在选择这些效果时注意与文本配合,如图 4-39 所示。

● 图片:单击“选择图片”按钮后,可以打开选择图片对话框,选择合适图片作为演示文稿的背景,如图 4-40 所示。

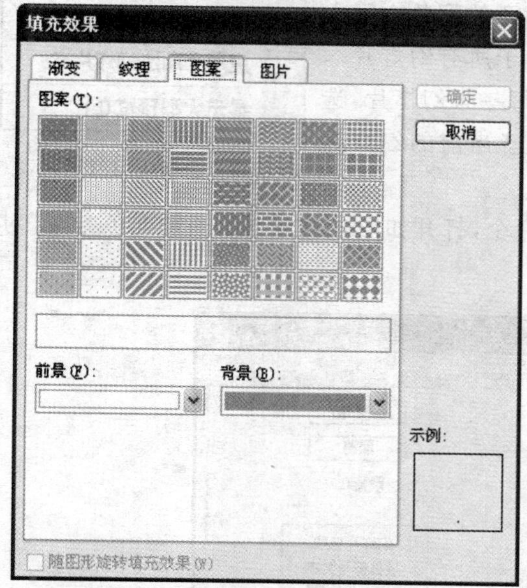

图 4-39　“图案”对话框

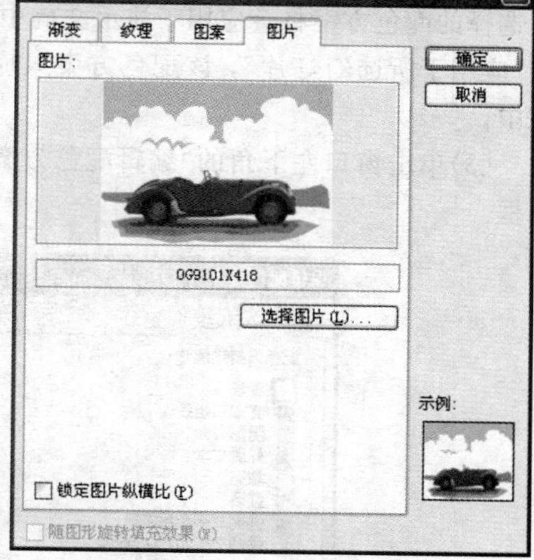

图 4-40　“图片”对话框

2. 修改配色方案

所谓“配色方案”，就是指母版中已经预定义的 8 种均衡颜色。这 8 种颜色分别应用于背景、文本和线条、阴影、标题文本、填充、强调、强调文字和超链接、强调文字和尾随超链接。当用户改变了母版中的某种颜色设置后，可能会造成可能会造成整个幻灯片颜色搭配的不协调，这是可以改变幻灯片的配色方案。具体步骤如下：

(1)打开当前的演示文稿，选择“格式”菜单→“幻灯片设计”命令，打开幻灯片设计窗格，单击“配色方案”，打开如图 4-41 所示对话框。

图 4-41　在幻灯片设计窗格中选择配色方案

(2)在“应用配色方案”列表中选择一种满意的配色方案上右击，打开如图 4-42 所示的列表→选择“应用于所有幻灯片”，所选择的配色方案将会应用于演示文稿中的每一张幻灯片，选择“应用于所选幻灯片”，该配色方案只应用于当前的幻灯片之中。

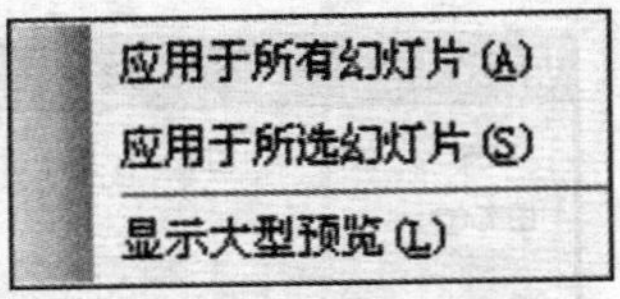

应用于所有幻灯片(A)
应用于所选幻灯片(S)
显示大型预览(L)

图 4-42 选择应用范围列表

(3)单击窗口左下角的“编辑配色方案”命令，打开如图 4-43 所示“编辑配色方案”对话框。

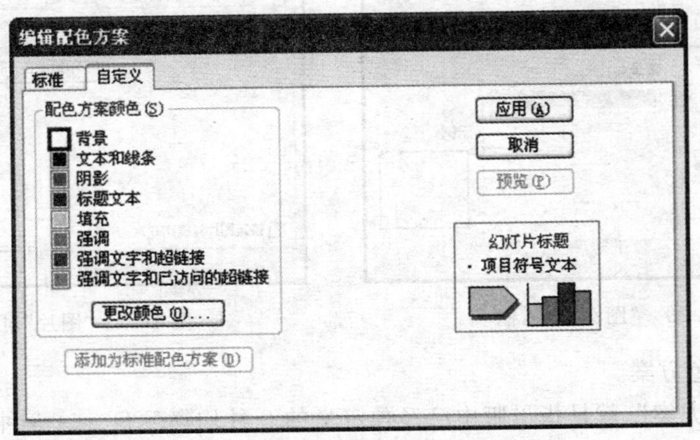

图 4-43 “编辑配色方案”对话框

(4)在此对话框的配色方案颜色列表框中，列出了配色方案中的 8 种基本颜色，从“配置方案颜色”里选择一种需要修改的颜色方案→单击“更改颜色”按钮，弹出相应的背景色对话框。例如选择了“文本和线条”→单击“更改颜色”按钮，便弹出“文本和线条”背景色对话框，以便进行设置修改。

(5)编辑好配色方案，单击“应用”按钮，则当前幻灯片的配色方案就修改了。

任务操作 2 保存与使用设计母版

PowerPoint 2003 为用户提供了几十种母版，这些母版只是预留了格式和配色方案，用户可以将自己满意的演示文稿保存为设计母版。具体步骤如下：

打开“个人简历”演示文稿→“文件”菜单→“另存为”→在打开的“另存为”对话框中输入保存的名称“个人简历母版”→类型中选择“演示文稿设计母版”→单击“保存”，个人简历母版就保存为 PowerPoint 设计母版了。设计母版文件的扩展名为“. dot”，如图 4-44 所示。

要使用保存过的“个人简历”设计母版来建立演示文稿，只需在母版窗格中单击“本机上的母版”选项，打开“设计母版”选项卡，选中“个人简历”设计母版选项后，单击“确定”按钮，该母版就被应用到新的演示文稿中。

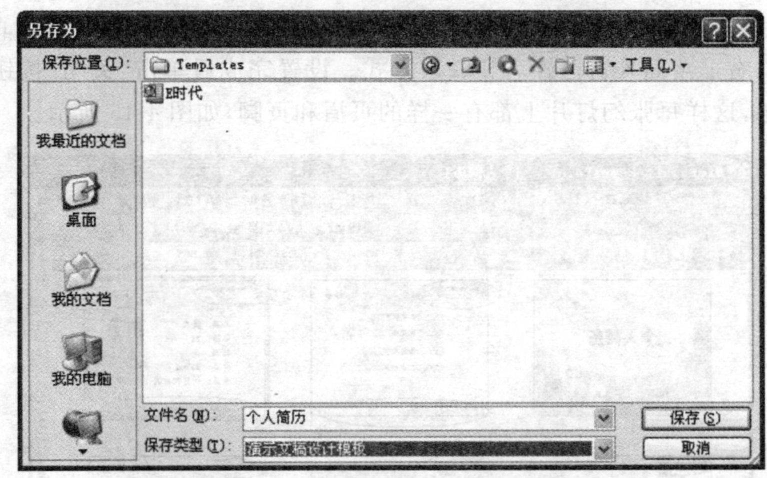

图 4-44　保存设计母版

任务操作 3　使用母版设置页眉、页脚

如果要使演示文稿中的所有幻灯片使用一致的格式和风格，可以使用 PowerPoint 的母版功能。PowerPoint 2003 中根据设计的需要分为幻灯片母版、标题母版、备注母版和讲义母版 4 种，这里首先使用幻灯片母版设置幻灯片的页眉和页脚。

1. 幻灯片母版

(1)打开演示文稿文件，"视图"菜单→"母版"→"幻灯片母版"，进入幻灯片母版设计环境，如图 4-45 所示，左侧上面一张为内容母版，下面一张为标题母版。

图 4-45　幻灯片母版设计界面

(2)选中第一张,在左上角区域插入文字,内容为自己的人生格言:“认认真真做事,踏踏实实做人”,右下角插入自己姓名和联系方式。设置完成后单击“关闭”按钮,即可退出母版编辑状态,这样每张幻灯片上都有一样的页眉和页脚,如图 4-46 所示。

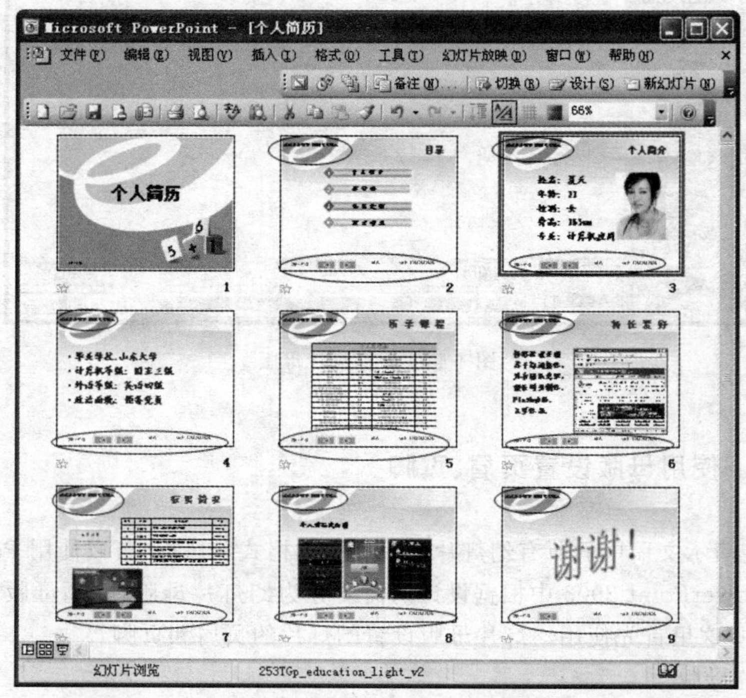

图 4-46　母版编辑完成后效果图

2. 标题母版

标题母版和幻灯片母版惟一的不同就是:标题母版是专门用来设计幻灯片标题版式的。

3. 讲义母版

打开“视图”→“讲义母版”菜单,进入讲义母版编辑状态,如图 4-47 所示。

此时会打开一个讲义母版的工具栏,单击工具栏上的按钮,可以选择在一张打印纸上显示几张幻灯片。

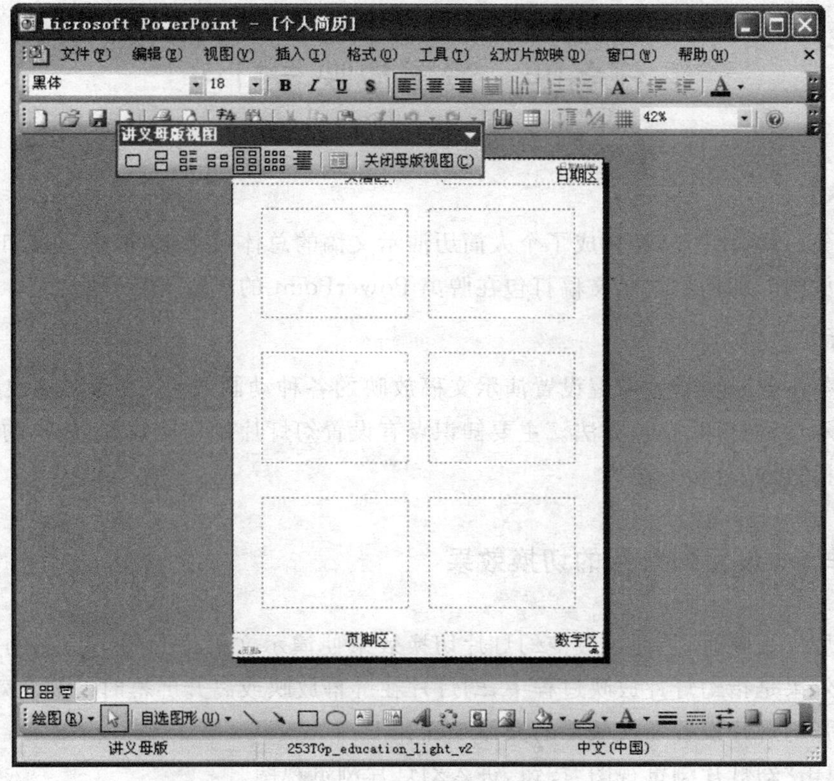

图 4-47　讲义母版视图

课堂练习

选择题

1. 在 PowerPoint 2003 中，关于演示文稿母版的说法正确的是(　　)。

   A. 有幻灯片母版、设计母版、讲义母版和备注母版 4 种母版

   B. 改变幻灯片母版会影响包括标题幻灯片在内的所有幻灯片的设置

   C. 改变标题母版会影响包括标题幻灯片在内的所有幻灯片的设置

   D. 讲义母版仅用于控制讲义的打印方式

2. 演示文稿设计母版文件的扩展名是(　　)。

   A. .ppt　　B. .doc　　C. .dot　　D. .xls

操作题

将你的个人简历演示文稿保存为设计母版，并使用该母版再创建一个论文答辩的演示文稿。

任务四　设置放映与打包

【任务引入】

在任务三中，小李已经完成了个人简历演示文稿的总体效果编辑，小李该如何设置演示文稿的放映？如何将演示文稿打包在脱离 PowerPoint 的环境下运行呢？

【任务目标】

本任务主要是要学生掌握设置演示文稿放映的各种动画效果，演示文稿放映的控制方法和演示文稿打印、打包方法。主要知识点有设置幻灯片的切换效果、放映的控制方法和演示文稿打印、打包方法。

任务操作 1　设置幻灯片的切换效果

在幻灯片放映时，能通过改变幻灯片切换效果使演示文稿给人留下更深的印象。幻灯片切换效果是指幻灯片放映过程中，幻灯片在屏幕放映或离开屏幕时的视觉效果。

对一张幻灯片设置切换效果的操作步骤如下：

(1)单击“幻灯片浏览视图”按钮，进入幻灯片浏览视图。

(2)执行“幻灯片放映”→“幻灯片切换”命令，打开如图 4-48 所示的“幻灯片切换”任务窗格，其中包含有当前幻灯片的切换选项。

图 4-48　“幻灯片切换”任务窗格

✍ **说明提示**

提示：单击“任务窗格”的下三角按钮，从下拉菜单中选择“幻灯片切换”任务窗格，即可更改当前幻灯片的切换选项。

(3)在列表中选择“向右推出”→速度“慢”→声音“照相机”→切换方式“单击鼠标换页”。

如果选择“每隔”文本框，单击文本框的上下按钮，选择时间，则被选中的幻灯片以该时间为间隔进行自动切换。

如果“单击鼠标时”和计时器同时设置时，PowerPoint 自动在两者之间选择一个较短时间进行切换。

(4)如果单击“应用于所有幻灯片”按钮，则可将当前幻灯片的切换选项设置应用于演示文稿的所有幻灯片。

(5)设置完成后，单击“▶ 播放”按钮，则可以对所设幻灯片的切换效果进行预览。单击“幻灯片放映”按钮，幻灯片放映视图以相应切换效果显示幻灯片。

任务操作 2　设置幻灯片的放映

PowerPoint 2003 为用户设置了自动放映功能，这样可以让演示文稿在没有人工干预情况下自动放映相关内容。

演示文稿在无人管理的情况下自动运行的设置步骤如下：

(1)打开“个人简历”演示文稿。

(2)执行“幻灯片放映”→“设置放映方式”命令，打开如图 4-49 所示的“设置放映方式”对话框。

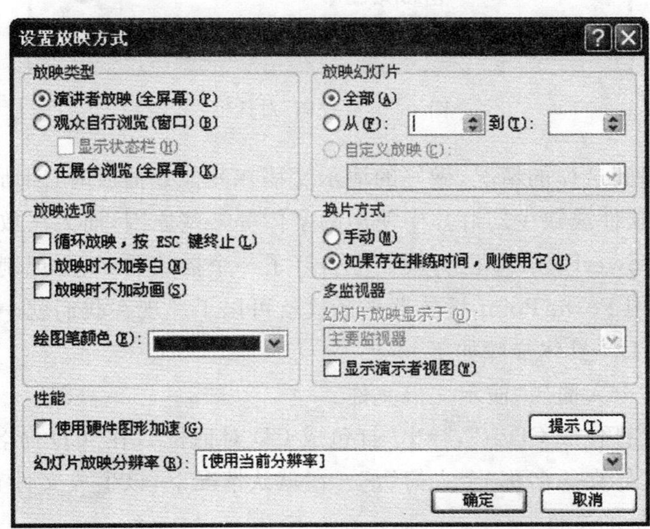

图 4-49　“设置放映方式”对话框

(3)选中“在展台浏览(全屏幕)”单选按钮。

(4)在“放映幻灯片”部分,指定希望运行演示文稿的哪一部分。

(5)在“换片方式”部分,选择演示文稿是手工换片,还是按预设时间运行。

(6)单击“确定”按钮。

任务操作 3　演示文稿的打印和打包

对 PowerPoint 演示文稿进行打印有很多种方法:以幻灯片形式进行打印、以演讲者备注形式打印、以听众讲义形式打印和大纲形式打印。

对演示文稿进行打印设置的步骤是:

执行“文件”→“打印”命令,将出现如图 4-50 所示的“打印”对话框,进行相应设置即可。

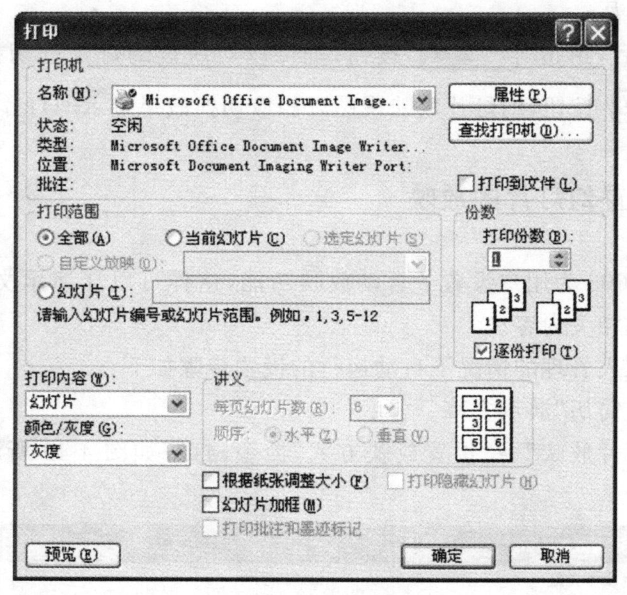

图 4-50　“打印”对话框

我们可能都遇到这样的情况,做好的演示文稿在其他处播放时,因所使用计算机上未安装 PowerPoint 软件或缺少幻灯片中使用的字体等一些原因,而无法放映幻灯片或放映效果不佳。其实 PowerPoint 早已为我们准备好了一个播放器,只要把制作完成的演示文稿打包,使用时利用 PowerPoint 播放器来播放就可以了。现在我们就一起将“个人简历”演示文稿打包成 CD。具体步骤如下:

(1)首先打开“个人简历”演示文稿文件。

(2)“文件”→“打包成 CD…”,弹出“打包成 CD 对话框”,在“CD 命名为”的输入框内输入打包后生成文件夹的名称“个人简历”。在默认情况下,该生成文件夹中含有 PowerPoint 播放器和链接的文件。

(3)若需更改,可单击“选项…”按钮,打开“选项”对话框。从“选项”对话框中可以选择包含的文件、链接的文件、嵌入的字体，还可以设置保护文件的密码以及选择演示文稿在播放器中的播放方式等。

✍ **说明提示**

播放器可以使没有安装 PowerPoint 的计算机能播放幻灯片，链接的文件可使幻灯片中链接的图片、声音、影片等在其他计算机上也能打开。如果选择了"嵌入的 TrueType 字体"，则可在其他计算机上显示幻灯片中使用的未安装字体。此外，PowerPoint 播放器还允许加入多个演示文稿。单击"添加文件…"按钮，在弹出的对话框中选择要加入的文件，添加即可。

(4)设置完成后，单击"确定"返回原对话框，单击"复制到文件夹"按钮，我们可以看到"正在将文件复制到文件夹"提示框，请大家耐心等一会儿，复制完成。

这样，只要将该文件夹复制到 U 盘或刻录成 CD，以后无论到哪里，不管计算机上是否安装有 PowerPoint 或需要的字体，幻灯片均可正常播放了。

✍ **课堂练习**

选择题

1. 在 PowerPoint 2003 中，若要使幻灯片在播放时能每隔 5 秒自动转到下一页，应选择"幻灯片放映"下的命令是(　　)。

A. 动作设置　　B、动作按钮

C. 自定义动画　　D. 幻灯片切换

2. 在 PowerPoint 2003 中，不能对所有幻灯片同时进行修改的是(　　)。

A. 背景　　B. 配色方案

C. 幻灯片切换方式　　D. 自定义动画

操作题

1. 把一个自己制作的演示文稿打包成 CD。
2. 尝试把多个演示文稿打包成 CD。

任务五　综合实训

【实训分析】

请同学们亲手制作一份圣诞贺卡，发给你的朋友、父母、老师，祝他们圣诞快乐。要求包含文字、图片、声音、艺术字、图表等内容。幻灯片切换方式为："水平百叶窗"每张幻灯片中的标题文字设定为"从右部中速飞入"。尽量运用演示文稿软件的各种功能优化演示文稿，要求颜色搭配和谐、内容健康向上。演示文稿长度不少于 6 张(含首页)，最后打包成 CD。

【实训目标】

本任务主要是要学生综合利用演示文稿放映的各种功能，制作演示文稿。要求熟练掌握运用 PowerPoint 演示文稿软件创建幻灯片、灵活编辑幻灯片、设计演示文稿的总体效果及放映切换效果。主要知识点包括创建演示文稿、编辑幻灯片、设计幻灯片及演示文稿放映与打包。

实训操作　制作圣诞贺卡

实训基本步骤如下：

1. 创建演示文稿。启动 PowerPoint 2003→“其他任务窗格”中选择“新演示文稿”→单击“母版”中的“本机母版…”→选择“设计母版”选项卡，选择一个设计母版→“确定”按钮。窗口右侧出现“应用幻灯片版式”→选择“标题幻灯片”→“确定”。

2. 编辑演示文稿首页。选中“单击此处添加标题”文本框→输入文字“圣诞快乐”→添加副标题“——我的圣诞祝福”→选中副标题，单击工具栏上的“≡”按钮。

3. 设置演示文稿配色方案。在“幻灯片设计窗口”→单击“幻灯片配色方案”，→单击“编辑配色方案”→打开“编辑配色方案对话框”→选择“自定义”选项卡→在“配色方案颜色”中选择“文本和线条”→单击“更改颜色”按钮。

4. 添加编辑其他幻灯片。切换到普通视图，添加第 2 张、第 3 张……幻灯片，并编辑祝福内容，包括文字、图片、背景音乐、艺术字、图形、剪贴画等内容。

5. 设置母版统一字体。单击“视图”→“母版”→“幻灯片母版”命令→选中“单击此处编辑母版标题样式”文本框→单击“格式”→“字体”打开字体对话框进行字体设置。

6. 添加项目符号。若在第三张幻灯片的文字前添加项目符号，选择“格式”→“项目符号和编号”→打开“项目符号和编号”对话框→选中其中的任意一种项目符号→“字符”按钮→打开项目符号对话框→在“项目符号和来源”中选择“Wingdings”中的“💻”。

7. 设置超链接或动作按钮。选择“幻灯片放映”→“动作按钮”便可设置动作按钮。

8. 设置页眉和页脚。选择“视图”→“页眉和页脚”，打开“页眉和页脚”对话框，选择日期和时间自动更新、幻灯片编号、标题幻灯片中显不显示。

9. 设置动画和幻灯片切换方式。依次选中幻灯片，“幻灯片放映”→“自定义动画”，打开“自定义动画窗口”，设置每张幻灯片的文本、图片动画。“幻灯片放映”→“幻灯片切换”设置幻灯片的切换方式。

10. 设置幻灯排片放映，打包成 CD。选择“幻灯片放映”→“设置幻灯片放映方式”，设置放映方式。“文件”→“打包成 CD…”→弹出“打包成 CD 对话框”，在“CD 命名为”的输入框内输入打包后生成文件夹的名称“圣诞祝福”。

项目五　计算机网络基础

项目背景

如图 5-1 所示，随着网络信息技术的发展，计算机网络与 Internet 已经渗透到人们工作与生活的各个方面，网络远程教育、网络社交、网络信息推广及电子商务等正在改变着人们的工作方式、学习意识与生活理念，在交通、金融、企业管理、教育、邮电、商业等各行各业中得到广泛的应用，并逐渐形成了一种特殊的网络社会文化意识，人们获取信息、接受新事务更方便、更快捷，因此，掌握计算机网络与 Internet 的应用已经成为现代人必备的技能之一。

图 5-1　因特网示意图

项目分析

本项目主要目的是通过与生活密切相关、生动有趣的实例，使学生能够学习计算机网络与 Internet 的基础知识，掌握连接 Internet 的基本设置与操作，学会 Internet 提供的服务功能，例如：信息浏览、电子邮件(E-mail)、文件传输(FTP)、远程登录(Telnet)、电子公告牌(BBS)等。本项目重点操作内容是网络信息浏览、电子邮件及常用网络应用工具软件的基本应用。

项目目标

- 了解网络与因特网的基本概念及功能
- 理解 IP、TCP/IP 等的作用及应用
- 理解 Internet 的接入方法
- 掌握 TCP/IP 的配置方法
- 熟练掌握利用 IE 进行信息浏览的基本操作
- 掌握电子邮件的基本操作

项目实战

- 任务一　计算机网络规划
- 任务二　接入 Internet
- 任务三　冲浪 Internet
- 任务四　电子邮件交流

任务一　计算机网络规划

【任务引入】

世纪创新学院的小李刚买了一台笔记本电脑，学院宿舍里已经安装了无线上网，可以连上因特网，但小李却想与舍友们的台式机能够连接在一起，以便于互相访问、共享资料、玩游戏等，他该如何准备？又该如何进行设置操作呢？

【任务目标】

本任务主要是要学生掌握计算机网络与 Internet 的基础知识、了解常见网络术语、学会进行局域网简单规划与基本设置。主要知识点有网络概念、种类及功能，因特网的服务功能及常见网络术语，IP 及 TCP/IP 在网络中的基本应用等。

任务操作 1　认识计算机网络

1. 计算机网络概念

利用通信设备和线路将地理位置不同的、功能独立的多个计算机系统连接起来，以功能完善的网络软件实现网络的硬件、软件及数据共享和信息传递的系统，如图 5-2 所示。

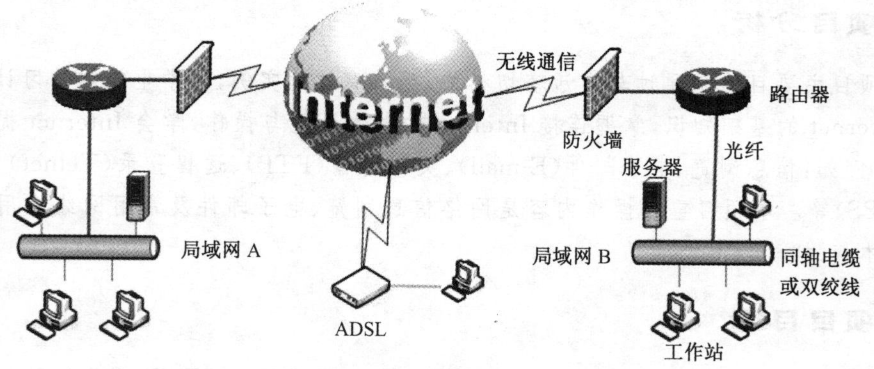

图 5-2　计算机网络示意图

知识拓展

计算机网络的功能

- 数据通信：计算机网络最基本的功能。
- 资源共享：计算机网络最主要的功能。
- 分布协同处理：计算机网络最高级的功能。

2. 计算机网络分类

计算机网络种类繁多，按照不同的分类标准，可以有多种分类方法。常见分类见表 5-1。

表 5-1　计算机网络常见分类

分类标准	具体类型
网络拓扑结构	总线形网、星形网、树形网、环形网等
网络规模和覆盖范围	局域网、城域网、广域网
通信介质	双绞线网、同轴电缆网、光纤网等有线网和无线卫星网等
服务提供方式	客户机/服务器、对等网
信号频带占用	基带网和宽带网

● 局域网(Local Area Network,LAN)

局域网网络规模较小,覆盖范围一般在几千米内。这种类型的网络一般在一个企业或事业单位内部组建,架设在一座或几座相邻的建筑物中,一般采用同轴电缆、双绞线等传输介质连接而成,但信息传输速率较快,一般为 4Mb/s～2Gb/s。

● 广域网(Wide Area Network,WAN)

广域网覆盖范围很大,一般为几十千米以上的计算机网络。常借用传统的公共通信网、电话网或电报网来实现。随着计算机网络在社会经济生活中的日益重要和卫星通信、光纤通信技术的发展,电信公司开始专门为计算机互联网开设信道。目前在广域网的主干线路传输速率已可达 2.5Gb/s,Internet 就是一个典型的广域网。

● 城域网(Metropolis Area Network,MAN)

城域网规模介于局域网和广域网之间,通常局限在一座城市的范围内,联网距离为 10～100km,传输速率与广域网相同。

说明提示

"网络拓扑"是引用几何拓扑学中的概念,把网络中的计算机和通信设备抽象为"点",把传输介质抽象为"线",这样由若干"点"和"线"组成的几何图形就是计算机网络的拓扑结构。

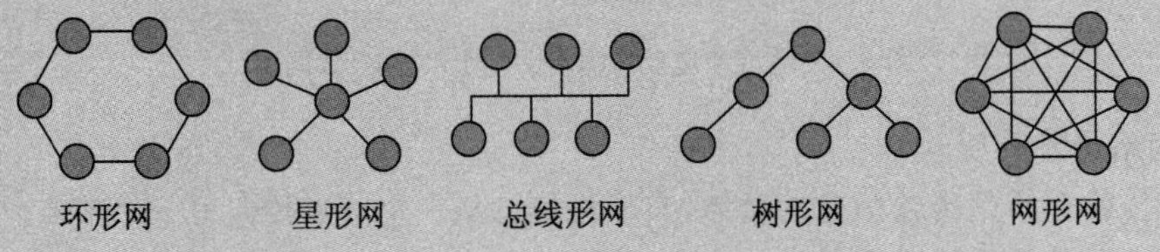

任务操作 2　认识计算机网络硬件

1. 服务器

如图 5-2 所示,服务器是计算机网络的核心部分,负责网络的资源管理与通信工作,响应网络工作站的服务请求,为网络用户提供资源服务。

2. 工作站(客户机)

工作站是网络用户进行信息处理的个人计算机,它向网络系统服务器请求服务和互相访问资源,实现资源共享。

3. 网卡

网卡(Network Interface Card, NIC),也称网络适配器,通常插在微机的 PCI 扩展槽上,实现计算机与网络互连的设备,负责网络数据的接收和发送工作。无论是双绞线连接、同轴电缆连接还是光纤连接,都必须借助于网卡才能实现数据的通信。

目前网卡按其传输速度来分可分为 10M 网卡、10/100M 自适应网卡以及千兆(1000M)网卡,如图 5-3 和图 5-4 所示。

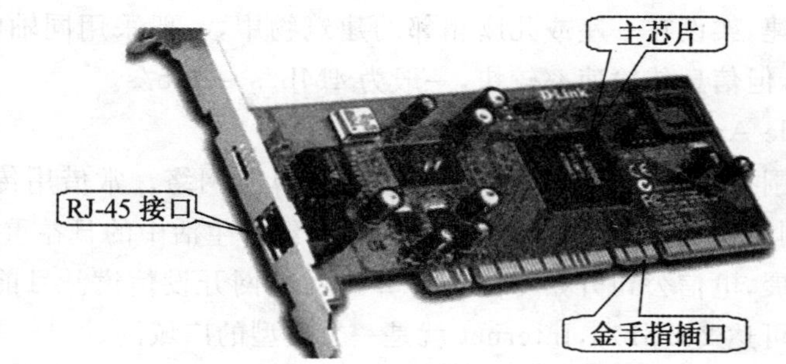

图 5-3　台式机使用以太网网卡

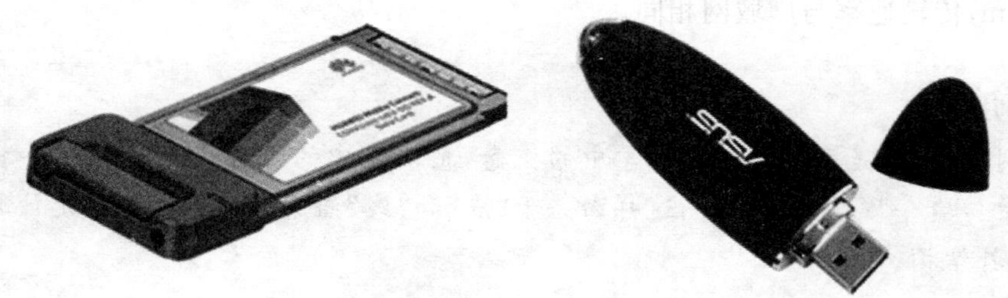

图 5-4　笔记本电脑 PCMCIA 网卡与 USB 网卡

4. 网络传输介质

网络传输介质是传输信息的载体,实现将信息从一个节点传向另一个节点。

传输介质分为有线介质与无线介质,有线介质如图 5-5 所示。无线介质主要有红外线、微波、卫星等。

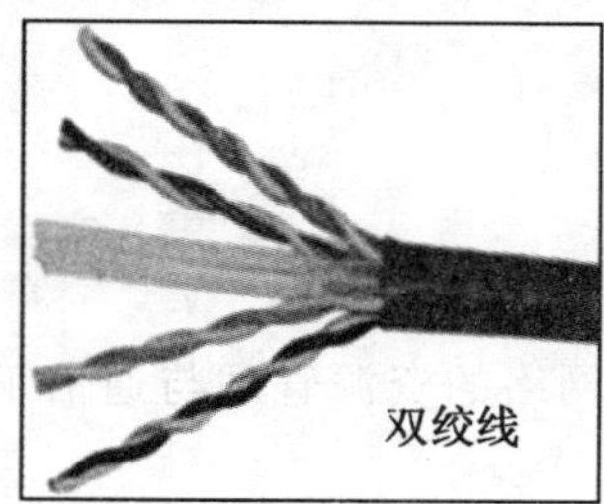

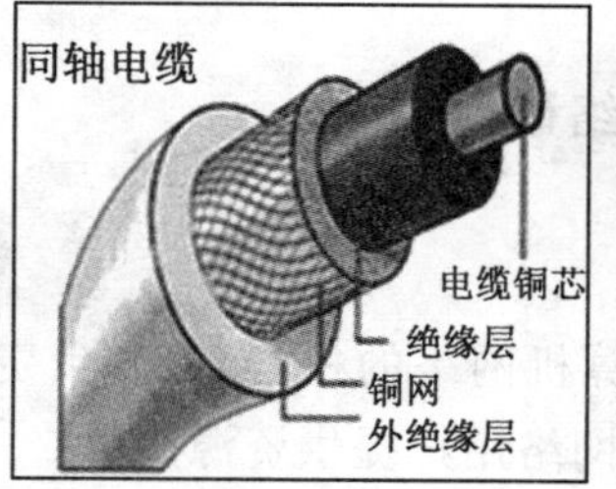

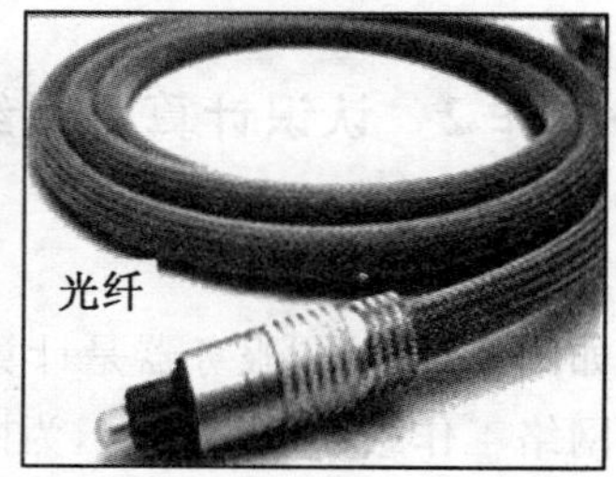

图 5-5　计算机网络常用有线传输介质

双绞线用于点到点通信信道、低档局域网及电话系统，常用于星型结构网络。两端安装有 RJ-45 头（水晶头），用于连接网卡与集线器，如图 5-6 所示为 RJ-45 插口与双绞线。

图 5-6　RJ-45 网络插口与水晶头

同轴电缆用于中、高档局域网及电话系统的远距离传输。

光纤用于高速局域网络和广域网络中。

5. 网络互联设备

局域网中，常用的联网设备有中继器（Repeater）、集线器（Hub）、交换机（Switch）等，如图 5-7 所示。不同型号的设备可提供多种不同的网络接口，以适应不同传输介质和传输速率（10Mb/s、100Mb/s 或 1000Mb/s）。

图 5-7　24 口交换机

广域网中常用的网间连接设备有调制解调器（Modem）、路由器（Router）等，如图 5-8 所示。

图 5-8　路由器

中继器用于同一网络中两个网段的连接。对传输中的数字信号进行再生放大，用以扩展局域网中连接设备的传输距离。

集线器是一种特殊的中继器，用于局域网内部多个工作站之间的连接，提供了多个计算机连接的端口。

交换机与集线器的区别是交换机面板上每个节点具有同样的带宽，即每个节点均可独享交换机的额定带宽，如图 5-7 所示为 24 口交换机图。

调制解调器实现将电话线路传输的模拟信号与计算机可以识别的数字信号之间的转换。

路由器可以连接多个网络端口，包括局域网与广域网的网络端口，具有判断网络地址和选择路径、数据转发和数据过滤的功能，如图 5-8 所示为路由器及插口图。

知识拓展

计算机网络软件

网络软件通常包括网络操作系统、网络协议及通信软件等。网络操作系统保证了计算机正常运行和接受网络服务的能力，常见的有 Windows XP、Windows 2003、Win7 等。网络协议是为了保证计算机之间能够有效通讯的统一协议，例如：TCP/IP 协议、IP 协议等。

课堂练习

填空题

1. 计算机网络的功能有________、________与________。
2. 网络有线传输介质主要有________、同轴电缆与________。
3. 常见的网络拓扑结构有________、环形网、________等。

选择题

1. 要使得一台计算机能够连接 Internet，必须使用(　　)网络互联设备。

   A. 交换机　　B. 路由器　　C. 中继器　　D. 集线器

2. 双绞线采用(　　)接口才能连接到网络设备中。

   A. RJ-45　　B. RJ-11　　C. USB　　D. LPT1

简答题

1. 简述什么是计算机网络？计算机网络的功能主要有哪些？
2. 网卡的作用是什么？

任务操作 3　认识因特网(Internet)

1. Internet 概念

因特网(Internet)指在 ARPA 网基础上发展出来的世界上最大的全球性互联网络，由世界上成百上千的局域网、城域网及广域网互连形成的一个庞大网络，通过它，可以了解来自世界各地的信息。

因特网在中国的发展特别快，2011 年 1 月，中国互联网络信息中心(CNNIC)发布：截至 2010 年 12 月，中国网民规模已达 4.57 亿，较 2009 年底增加 7330 万人，互联网普及率攀升至 34.3%，高于世界平均水平。

2. Internet 提供的服务

Internet 目前提供的服务主要有 WWW 服务、电子邮件、文件传输、远程登录、电子公告牌、网络视频会议、电子商务等应用服务功能。

(1)WWW 服务

WWW(World Wide Web)，中文名称为万维网，是 Internet 提供的一种超文本信息检索系统。用户可以很方便地登录各种功能类型的浏览器，接受 WWW 服务器提供的各种信息检索服务。

知识链接

1969 年，美国国防部国防前沿研究项目署(ARPA)创建 ARPAnet 网，这是 Internet 的雏形。

1974 年，ARPA 的鲍勃·凯恩和斯坦福的温登·泽夫提出 TCP/IP 协议，定义了在电脑网络之间传送报文的方法。1983 年 1 月 1 日，ARPA 网采用 TCP/IP 协议作为网络核心协议。

1986 年，美国国家科学基金会(NSF)创建了大学之间互联的骨干网络 NSFnet，这是互联网历史上重要的一步。1994 年，NSFNet 转为商业运营。

1991 年，欧洲粒子物理研究所(CERN)在蒂姆·伯纳斯·李(Tim Berners Lee)带领下先后创立 HTML、HTTP 及 WWW(World Wide Web)项目，使得万维网(WWW)成为人类历史上最深远、最广泛的超媒体传播媒介。蒂姆·伯纳斯·李亦被称为“互联网之父”。

(2)电子邮件(E-Mail)

电子邮件是用户或用户组之间通过计算机网络收发信息的服务，是 Internet 最早提供的服务之一，以其快速高效、价格低廉、一信多投的功能成为目前因特网用户最多、应用最广泛的服务。

(3)文件传输(FTP)

文件传输在文件传输协议 FTP(File Transfer Protocol)支持下可以传输任何格式的数据。通过文件传输服务，用户不但可以获取 Internet 上丰富的资源，也可以将自己的计算机中的文件传输到其他计算机中。

(4)远程登录(Telnet)

在网络通信协议 Telnet 支持下，使自己的计算机暂时成为远程计算机终端的过程。登录成功后，用户可实时使用远程计算机开放的网络资源。

(5)电子公告牌(BBS)

同 E-Mail 一样，电子公告牌也是 Internet 早期服务，是一种电子信息服务系统，可以进行信息的发布与讨论，例如：校园 BBS、商业 BBS 等。

(6)电子商务(E-Business)

这是随着计算机与网络技术的发展新兴的一种服务形式，使用户可以足不出户，实现商务交易活动,从而达到电子化、自动化运作的商务形式。

3. Internet 常用术语

(1)HTTP 协议

HTTP(Hyper Text Transfer Protocol)超文本传输协议是一种"请求/响应"式协议,定义了客户端浏览器与 WWW 服务器之间进行通信的协议。

(2)TCP/IP 协议

TCP/IP 协议是 Internet 的核心协议,它定义了在 Internet 上的计算机相互通信的过程。其中 TCP(Transmission Control Protocol)协议是传输控制协议,IP(Internet Protocol)协议是网络互联协议。利用 TCP/IP 协议可以保证 Internet 上传输的数据安全、可靠地传送到目的地。

(3)HTML

HTML(Hyper Text Marked Language)超级文本描述语言是一种基本的网页页面描述语言,形成的网页文件扩展名是". html"或". htm"。

(4)URL 地址

URL(Uniform Resource Locator)统一资源定位符用以检索和定位 WWW 信息资源。其书写格式为:"传输协议名称://主机域名(或 IP 地址)[:端口地址]/页面文档路径"。

例如:http://www. sxtu. edu. cn/xuexiao/chap2/213. htm

(5)超链接

超链接(HyperLink)是 WWW 服务器提供的超文本服务的重要部分,它能够使用户只轻轻单击鼠标即可实现随机性、跳跃式地浏览网络资源,在 Internet 与 WWW 大众化、商业化发展中起到了关键作用。

任务操作 4 认识 IP 地址与域名

1. IP 地址

(1)IP 地址表示

IP 地址就是标识网络中每一台计算机或网络设备的一个惟一的地址,由 32 位二进制代码构成,通常分为四段,每段用点分的十进制数字隔开。

例如 IP 地址二进制为:11001010 01011100 01111000 00101110。

转换成十进制为:202. 92. 120. 46。

(2)IP 地址组成

● 网络地址是标识计算机所在的网络区段,可分为 A～E 类,常用的为 A、B、C 类 IP 地址,用第一个字节的前几位进行标识分类,如图 5-9 所示。

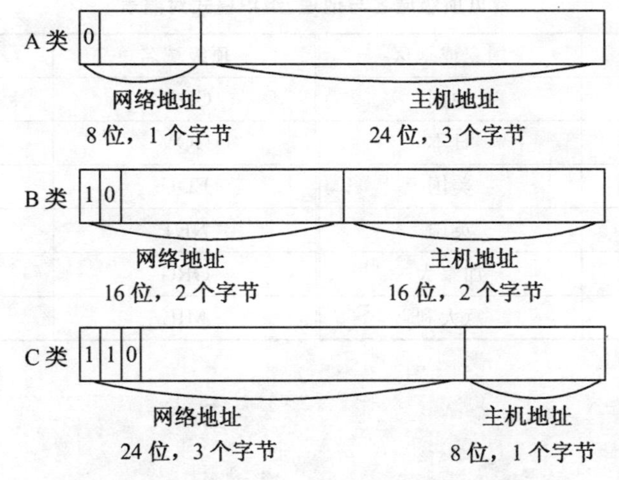

图 5-9　IP 地址的组成与分类

- 主机地址是指计算机在网络中的标识。

网络地址表示的位数越多，则形成的网络数目越多。主机地址表示的位数越多，则一个网络内连接的主机数目越多。因此 A 类网常用于大型网络，B 类网常用于中型网络，C 类网常用于小型网络。

说明提示

通过判断 IP 地址的第一字节就可判断出 IP 地址的类型。

例：202.102.152.3 是 C 类地址。

2. 子网掩码

子网掩码是一个 32 位二进制数字，与 IP 地址一样，也包含网络地址和主机地址，是用来说明子网如何划分的。一般情况下，网络地址全部为“1”，主机地址全部为“0”，用来判断 IP 地址是否属于同一个网络。

各类网络与子网掩码的对应关系为：

A 类：255.0.0.0；B 类：255.255.0.0；C 类：255.255.255.0。

3. 域名

IP 地址不方便记忆，TCP/IP 定义了一种字符型的主机命名机制，即每台主机有一个更加直观、方便记忆的字符型地址，这便是域名。

主机域名的一般格式为：“主机名．机构名．网络名(机构类型)．顶级域名”。其中顶级域名可以采用地理模式和组织模式两种表示方式，如表 5-2 所示。

4. DNS

为了便于用户使用和记忆网络地址，也便于网络地址的分层管理和分配，Internet 采用了域名服务系统 DNS(Domain Name System)，以实现主机域名与 IP 地址的转换。常见顶级域名与地理、组织模式对照见表 5-2。

表 5-2 常见顶级域名与地理、组织模式对照表

顶级域名	国家或地区	顶级域名	组织类型
CN	中国	COM	商业网站
JP	日本	GOV	政府网站
US	美国	EDU	教育网站
UK	英国	NET	网络机构
CA	加拿大	ORG	组织机构
IT	意大利	MIL	军事机构

✍ 课堂练习

填空题

1. IP 地址由________位________进制数构成，由________和________两部分组成。

2. 统一资源定位器的英文缩写是________，HTML 是指________。

3. ________是世界上最大的计算机网络 Internet 的协议标准。

4. DNS 服务器的作用是________。

选择题

1. 不属于 Internet 提供的服务是(　　)。
   A. 信息检索　B. 网络游戏　C. 远程登录　D. 多媒体软件制作

2. 某主机域名为 PUBLIC. SD. EDU. CN，其中(　　)为主机名，(　　)为网站类型。
   A. PUBLIC　B. SD　C. EDU　D. CN

3. 某公司为商业机构，申请国际域名时一般其顶级域名分配为(　　)。
   A. com　B. net　C. edu　D. gov

4. 可作为 Internet 中某主机 IP 地址的是(　　)。
   A. 41. 255. －255. 212　B. 165. 216. 216. 28
   C. 35. 216. 20. 272　D. 255. 255. 255. 0

5. Internet 中属于 C 类网络地址的是(　　)。
   A. 193. 102. 0. 1　B. 191. 5. 100. 1　C. 25. 10. 20. 30　D. 128. 5. 100.

6. 下列域名中，可以表示电子公告牌的是(　　)。
   A. ftp. microsoft. com　B. news. cei. gov. cn
   C. www. hwstp. com　D. bbs. tsinghua. edu. cn

任务操作 5　连接局域网

1. 设备准备

笔记本(二台)，台式机(三台)，每台计算机安装有网卡，八口普通交换机(一台)，制作

两端带水晶头的双绞线(五根,长度根据需要确定)。

2. 连接示意图

五台计算机利用交换机、双绞网线连接成拓扑结构为星形的对等网络(见图 5-10)。

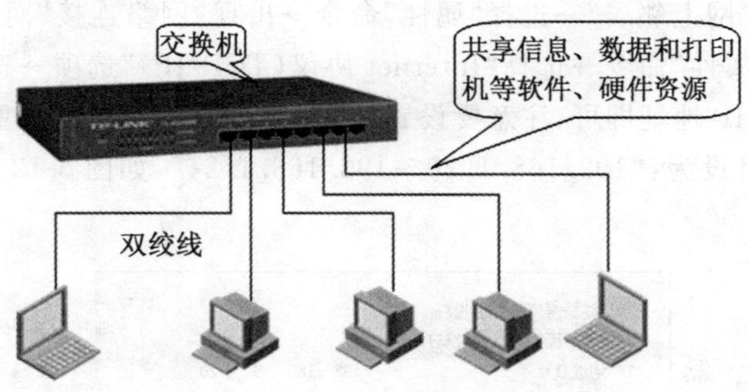

图 5-10　局域网连接示意图

3. 设置计算机名与工作组

操作步骤为:

右击 Windows XP 系统桌面上的“我的电脑”图标→选择“属性”→出现“系统属性”对话框,如图 5-11 所示→选择“更改”命令按钮→设置“计算机名/域更改”对话框中的“计算机名”与“工作组”即可→设置完成后重新启动计算机即可。

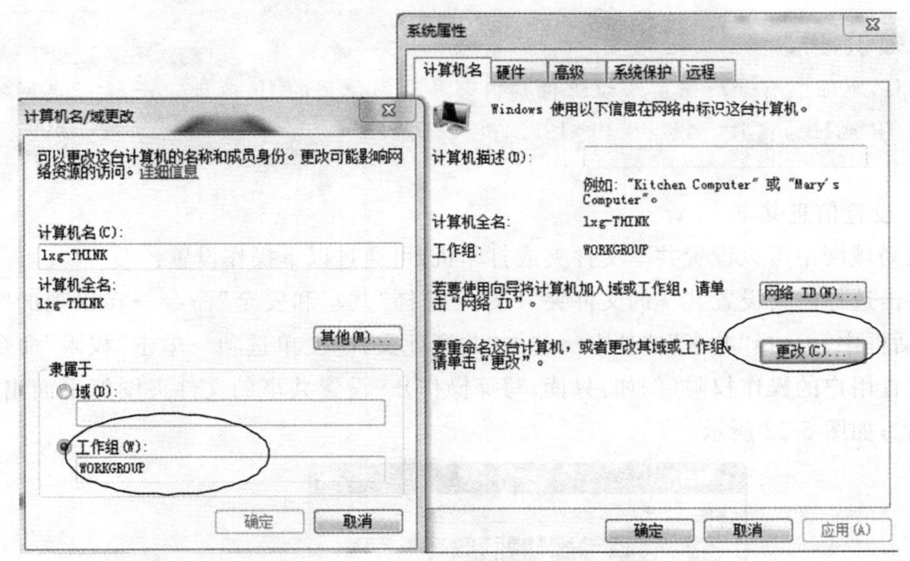

图 5-11　“系统属性”与“计算机名/域更改”对话框

注意

局域网要保证连网计算机在同一个工作组内才能互访,一般设置为“WorkGroup”。

4. 配置 TCP/IP

为进行互相计算机能够互相访问，需要进行配置有关 IP 地址等信息。

操作步骤为：

右击桌面图标“网上邻居”→选择“属性”命令→出现“网络连接”对话框→右击“本地连接”图标→选择“属性”命令→选择“Internet 协议(TCP/IP)”选项→选择“属性”按钮→设置每台计算机的 IP 地址即可，注意要设置在同一网段内，不要出现重复。例如这五台计算机的 IP 地址可设为：“192.168.1.20～192.168.1.24”，如图 5-12 所示，子网掩码设置为“255.255.255.0”。

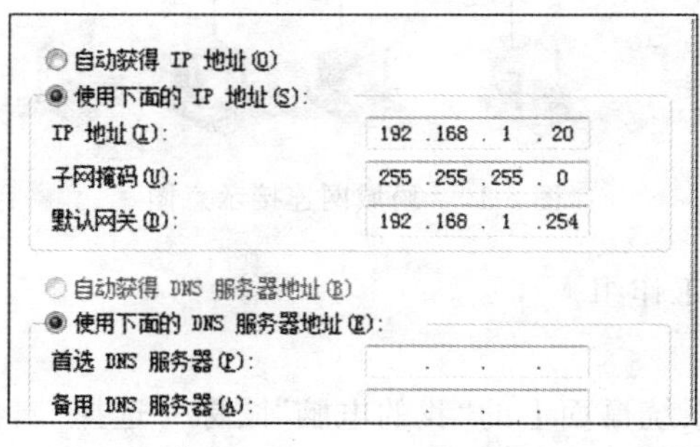

图 5-12 配置 IP 地址

知识拓展

IP 地址中有专门保留给组织机构内部局域网使用的 IP 地址。一般 C 类网常用内网 IP 地址为：“192.168.0.0～192.168.255.255”。

5. 设置信息共享

在局域网中可以设置共享文件夹或打印机，可通过以下操作设置：

右击选择需要设置共享的文件夹“Lx”→选择“共享和安全”命令→在出现的“Lx 属性”对话框中→选择“共享”选项卡→选中“共享此文件夹”单选项→单击“权限”命令按钮可以设置用户的操作权限(例如：只读、写等操作)→设置共享的文件夹图标下面出现“托手”标志，如图 5-13 所示。

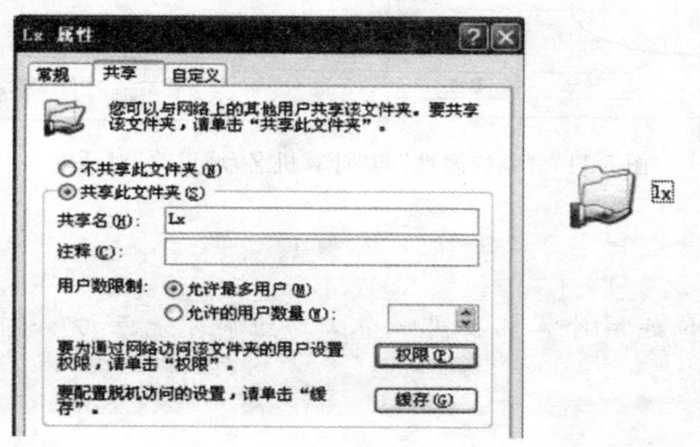

图 5-13 “设置共享文件夹”对话框与共享文件夹图标

6. 互相访问其他计算机

双击打开桌面图标“网上邻居”→单击左侧任务窗口的“查找工作组的计算机”→双击打开共享文件夹就可以互相访问共享资源了。

✍ **课堂练习**

选择题

1.“304.103.29.0”是(　　)的 IP 地址。

A. 正确　　B. 错误

2. 下列不是计算机网络硬件的是(　　)。

A. 集线器　B. 交换机　C. 网络传输协议　D. 工作站

3. 计算机网络的基本功能是(　　),主要功能是(　　)。

A. 资源共享　B. 数据传输　C. 协调负载　D. 信息下载

4. 下列网络不是按服务方式分类的是(　　)。

A. 对等网络　B. 树型　C. C/S 网络　D. 分布式网络

5. NIC 是(　　)设备的简称。

A. 网卡　B. 声卡　C. 显卡　D. 调制解调器

6. 惟一标识 Internet 网络中某一台主机的是(　　)

A. 用户名　B. 用户密码　C. 用户使用权限　D. IP 地址

任务二　接入 Internet

【任务引入】

小李同学假期在计算机科技市场某公司实习,应某客户要求,为客户的孩子组装了一台性能比较先进的台式机,希望能够在家里上因特网,要求方便使用,能够保证一定的网络速度,请问小李应该给该客户怎样的建议呢?他该如何帮助客户设置并接入 Internet 呢?

【任务目标】

本任务主要是要求掌握接入 Internet 的主要方式,包括:拨号上网、ADSL 接入、DDN 接入、Cable Modem 接入、光纤接入及无线接入等,了解各种接入方式的使用特点,学会常见接入方式 ADSL 的设置方法。

任务操作 1　了解接入 Internet 的方式

1. PSTN 方式(拨号上网)

通过电话线、调制解调器(Modem)接入公用电话网,利用 ISP 提供的账号接入 Internet，是早期普遍使用的一种上网方式，上网时不能接收电话，上网速度较慢，理论上的最高速率为 56Kb/s，如图 5-14 所示。

图 5-14　PSTN 拨号上网方式示意图

知识拓展

调制解调器(Modem)

调制解调器由调制器与解调器构成，主要完成电话线传输的模拟信息与计算机传输的数字信息的转换。

2. ISDN 综合业务数字网

ISDN (Integrated Service Data Network)是以综合数字电话网(IDN)为基础发展而成的，提供端到端的数字连接，为用户承担语音、数据及图像等综合数字业务，如图 5-15 所示。分为窄带 N-ISDN 与宽带 B-ISDN 两种类型，N-ISDN 是以公用电话交换网为基础，而 B-ISDN 是以光纤作为干线和传输介质，可提供 2～600Mb/s 的高速连接，费用较 PSTN 方式贵。

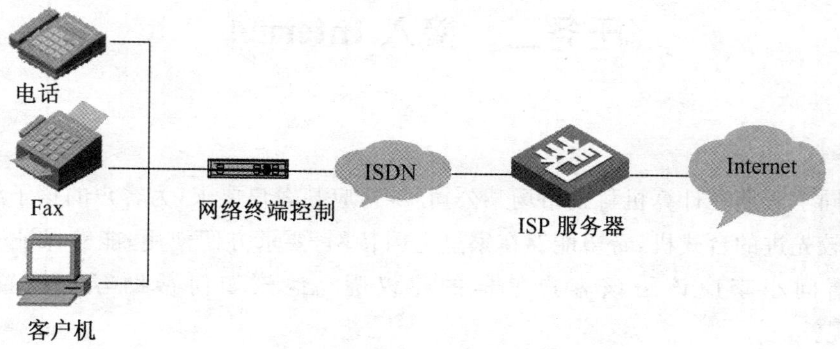

图 5-15　ISDN 综合业务数字网接入示意图

3. DDN 数字数据网接入

DDN 是采用数字信道(如光缆、数字微波和卫星信道)来传输信号的数据传输网，为用户提供全数字、全透明、高质量的网络连接、传递各种数据业务，传输速度为 64kb/s～2.048Mb/s，要铺设专线和相应的路由器，投入较大，费用较高。

4. ADSL 非对称数字用户线

ADSL(Asymmetric Digital Subscriber Line)是一种通过普通电话线提供宽带数据业务的技术，它的安装非常方便，不需要进行信号传输线路改造，只需利用普通电话线和 ADSL Modem 就可实现接入，并且有效地实现了数据与语音线路的分离(通过语音分离器实现)，这是目前用户最多的一种接入技术。它采用上行与下行速率不同的传输策略，上行速率最高达 640Kb/s，下行速率最高达 8Mb/s，因为这个特点，被称为“非对称性”。如果多台计算机共享一根 ADSL 线路上网，需要增加一台宽带路由器。

5. Cable Modem

Cable Modem 利用现成的有线电视(CATV)网进行数据传输，传输线路采用同轴电缆与光纤混合网结构，光纤连接骨干网，同轴电缆以树型总线结构分配到小区的每一个用户，所有用户共享带宽资源，当用户激增时，速度就可能减慢，如图 5-16 所示。

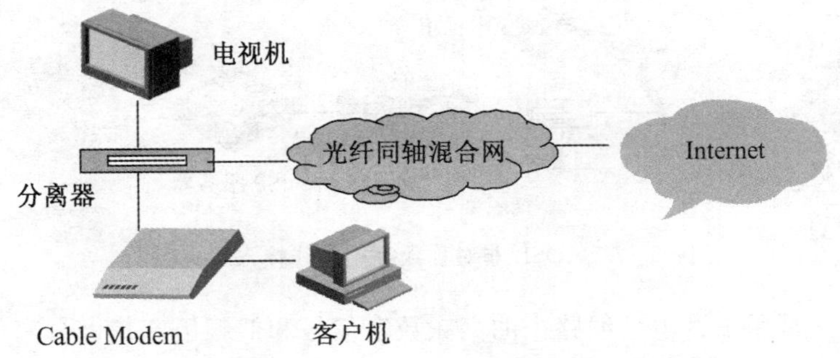

图 5-16　Cable Modem 接入示意图

6. 光纤接入

光纤接入方式是利用光纤传输技术直接为用户提供高性能宽带接入的一种方式。光纤接入方式具有频带宽、容量大、信号质量好和可靠性高等优点，是未来宽带接入网的发展趋势。

7. 无线接入

无线接入技术(Wireless Access Technology)是以移动通信技术等无线技术向用户提供固定的或移动的终端业务服务，它包括移动式无线接入和固定式无线接入(Fixed Wireless Access，FWA)。用户通过高频天线和 ISP 连接，距离在 10km 左右，带宽为 2～11Mb/s，费用低廉，但是受地形和距离的限制，适合城市里距离 ISP 不远的用户，性能价格比很高。

✍ 说明提示

网络传输速率

网络传输速率(俗称“带宽”)是指每秒传输的二进制位数(比特数)，简称为“位/秒”，是衡量接入网络的重要指标。

任务操作 2　设置接入 Internet 的连接方式

目前家庭用户个人上网一般情况下采用 ADSL 接入方式，这种接入方式安装、设置方便，价格适中，速度有 1M、2M 等不同选择，完全可以满足家庭用户使用。

一般情况下，客户在网络服务商申请 ADSL 业务后，网络安装人员会上门为用户进行安装设置。但是如果系统崩溃或重装系统等原因，可能需要用户自己进行安装设置，这就需要了解安装设置的有关情况。

1. ADSL 安装准备

10/100M PCI 接口的自适应网卡（兼容性较好的品牌）、ADSL Modem、信号分离器，还有两根两端做好 RJ-11 接头的电话线和一根两端做好 RJ-45 接头的五类双绞网络线（安装时由当地电信部门提供）。

2. ADSL 硬件连接（见图 5-17）

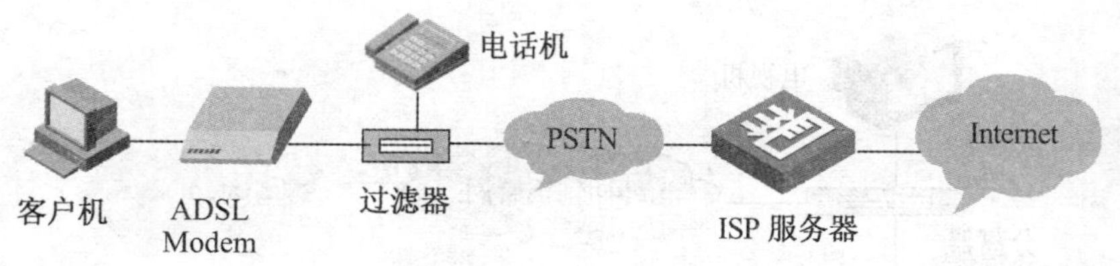

图 5-17　ADSL 非对称数字用户线接入示意图

信号分离器是用来将电话线路中的高频数字信号和低频语音信号分离的。大部分分离器从左到右的端口分别是：Line 端口接电话入户线，Phone 端口接普通电话机，ADSL 数据信号输出端口接 ADSL Modem。

分离器与 ADSL Modem 之间用一条两芯电话线连上，ADSL Modem 与计算机的网卡之间用一条交叉网线连通即可完成硬件安装。安装完毕后打开电脑和 ADSL Modem 的电源，如果两边连接网线的插孔所对应的指示灯都亮了，那么说明你的硬件连接已经成功了。

3. 设置新建连接

（1）右击桌面"网上邻居"→从快捷菜单中选择"属性"→出现"网络连接"对话框→选择左侧"网络任务"中的"创建一个新的连接"，如图 5-18 所示。

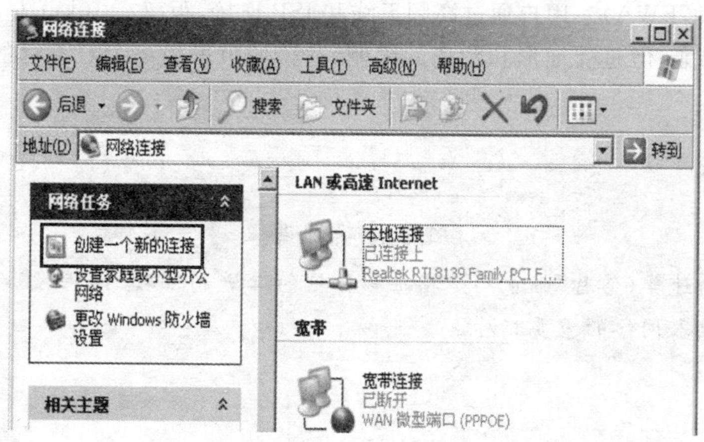

图 5-18　网络连接对话框

（2）出现"新建连接向导"→单击"下一步"→从"网络连接类型"中选择一个合适的接入方式→选择"连接到 Internet"，如图 5-19 所示。

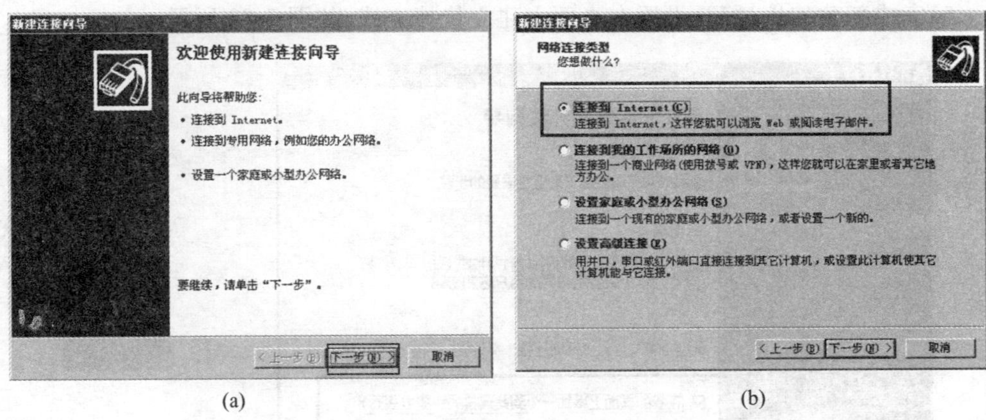

图 5-19　新建连接向导之网络连接类型设置

(3)选择接入方式的设置方法“手动设置我的连接”，网络服务商 ISP 会给用户提供一个 ADSL 用户名与默认密码，如图 5-20 所示。

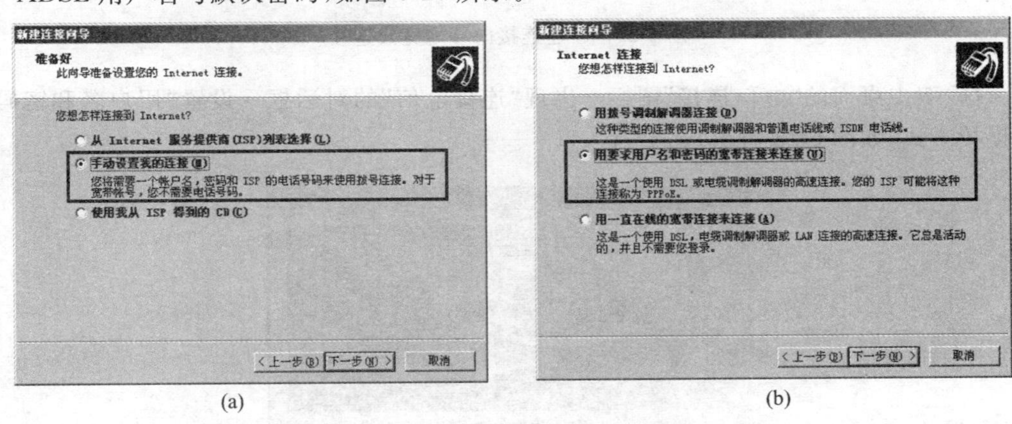

图 5-20　新建连接向导之 Internet 连接方式

(4)设置 Internet 账户信息，按照 ISP 提供的用户名与密码进行设置→为新建的连接方式起一个代表 ISP 的名称，以便用户识别，为以后再创建新的连接做好准备，如图 5-21 所示。

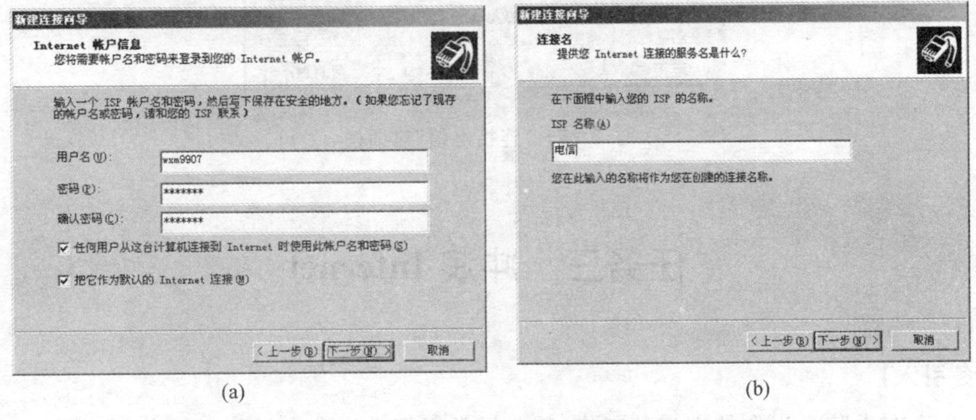

图 5-21　新建连接向导之设置 Internet 账户信息

(5)完成新建连接过程,设置在桌面上建立快捷方式,如图 5-22 所示。

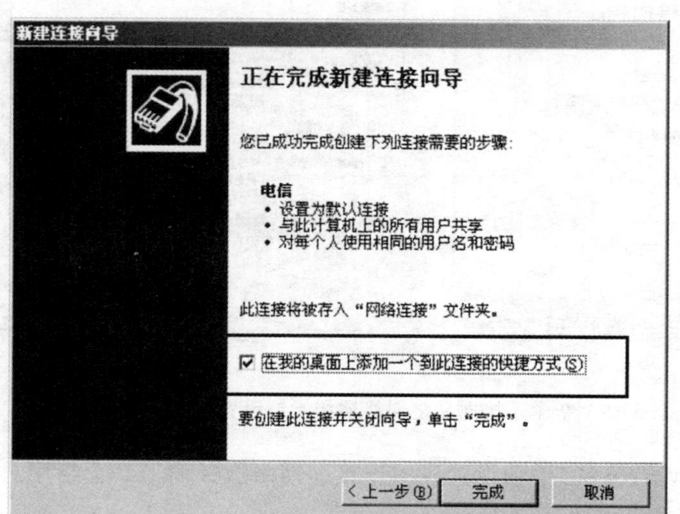

图 5-22　新建连接向导之完成连接

(6)双击桌面的“电信连接”图标→出现“连接电信”的对话框→设置“用户名和密码”的连接方式,如图 5-23 所示。

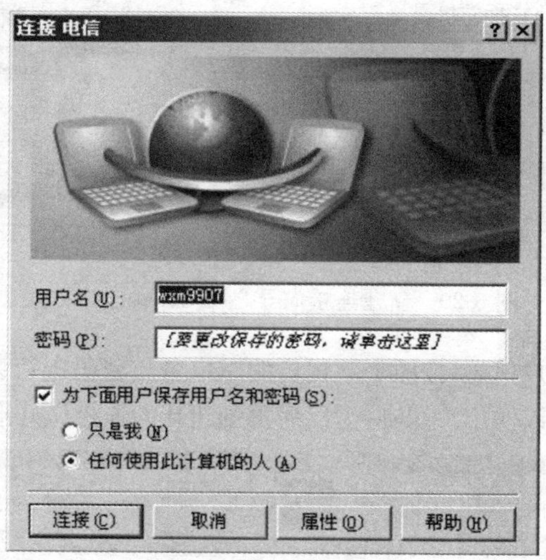

图 5-23　“连接电信”对话框

任务三　冲浪 Internet

【任务引入】

小李在学院学生会的文宣部工作,需要经常组织学生参加一些文艺、体育方面有意义的活动。在活动的组织、开展过程中，他深深体会到因特网在活动组织和能力培养中所起的重要作用，通过浏览、检索、收藏、下载所需要的网络信息，增长了见识，拓展了能力，学到了很多有价值的东西，特别是组织管理能力得到了广大师生的认可。

【任务目标】

通过掌握 IE 浏览器的使用，熟练掌握利用因特网浏览网页、搜索、收藏、下载和保存网络信息，从而高效、准确地利用因特网为工作、学习提供有益服务，并熟练应用到日常工作、学习中去，培养学生树立正确的上网意识，学会文明上网，利用网络不仅仅是玩游戏、聊天，更重要的是每个人工作、学习中的良师益友。

任务操作 1　认识 IE 浏览器

浏览器是网络用户浏览 WWW 服务器上文件的必备工具，主要是通过 HTTP 协议实现客户机与网络服务器之间的信息交互。

1. 启动 IE 浏览器

- 双击桌面上的 Internet Explorer 的图标“ ”。
- 单击“开始”→“程序”→“Internet Explorer”。
- 单击任务栏的“快速启动”按钮“ ”。

知识拓展

常见的浏览器：IE 浏览器、360 浏览器、搜狗浏览器、腾讯 TT 浏览器、火狐浏览器、遨游浏览器等。

2. IE 窗口组成(见图 5-24)

标题栏　地址栏　菜单栏　网页窗口　状态栏

图 5-24　IE 窗口

3. IE 设置操作

(1)IE 界面显示设置

IE 窗口可以按照浏览者个性化的显示方式进行设置，以方便工作与学习使用。

操作方法：

单击菜单栏“查看”→“工具栏”→设置“菜单栏”、“状态栏”等常用工具栏的显示与隐藏，如图 5-25 所示。

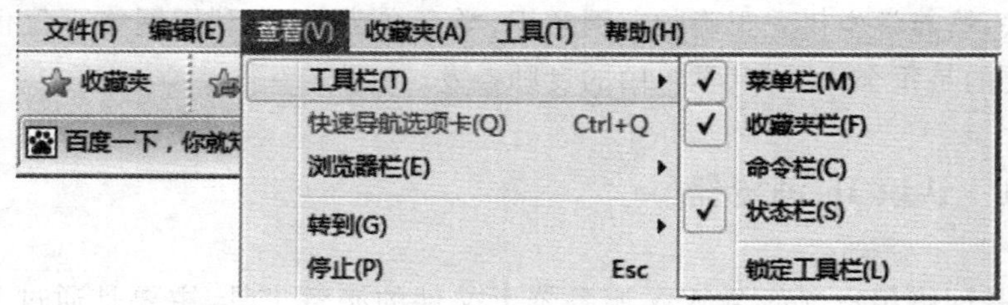

图 5-25 设置工具栏

(2)网页文字显示大小设置

在 IE 中浏览网页时，可根据需要设置显示文字大小，以符合每个用户的浏览习惯。

操作方法：

单击菜单栏“查看”→“文字大小”→设置字体“最大”、“较大”、“中”等字体大小显示设置，如图 5-26(a)所示。

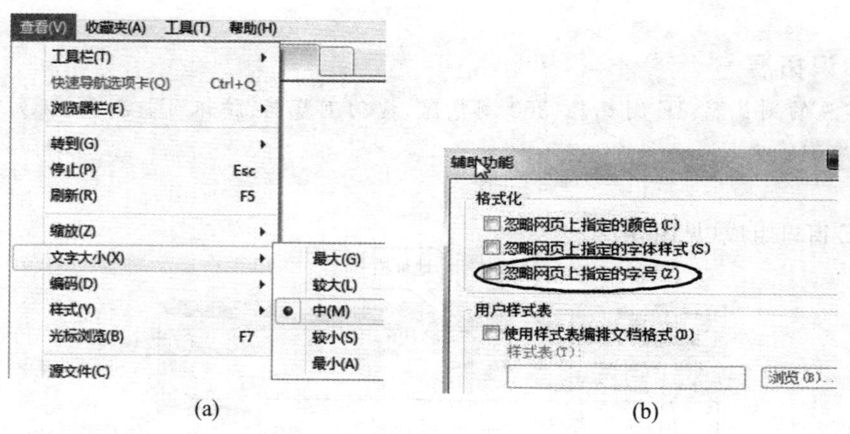

(a) (b)

图 5-26 设置网页显示文字大小

✍ 说明提示

当浏览的网页采用 CSS 样式表来定义字体大小时，上述设置操作可能不起作用。

可通过“工具”→“Internet 选项”→“常规”→“辅助选项”设置→ 选中“忽略网页上指定的字号”，如图 5-26(b)所示。

(3)IE 默认主页设置

单击“工具”菜单→“Internet 选项”→“常规”选项中设置主页，如图 5-27 所示。

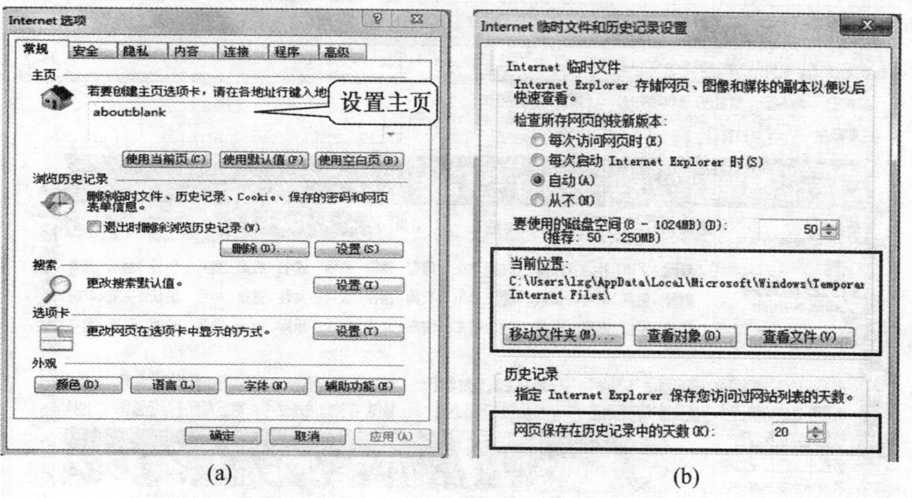

(a)　　　　(b)

图 5-27　Internet 主页及临时文件、历史记录设置

✍ 说明提示

“使用空白页”为“about:blank”，通常在没有设置起始主页的情况下出现，可以在一定程度上改善 IE 的启动速度，而“Se:blank”是 360 等其他浏览器的空白页设置。

(4)IE 临时文件夹和历史记录设置

临时文件夹用于存放浏览 Internet 时产生的临时文件或用户个人 Cookie，便于提高浏览网页速度，但如果内容太多，也会影响上网浏览的速度，所以需要经常清理。

操作方法：

单击菜单栏“工具”→“Internet 选项”→“常规”→单击“设置”按钮→出现如图 5-27 所示的对话框→选择相应操作以查看、设置临时文件夹的位置或进行“历史记录”天数设置等操作。

任务操作 2　浏览网络信息

1. 学会浏览网页

启动浏览器 IE→在“地址栏”框里输入需要登录网址域名→键入回车键或单击“转到”按钮→单击网页的导航超链接即可实现网页浏览，如图 5-28 所示。

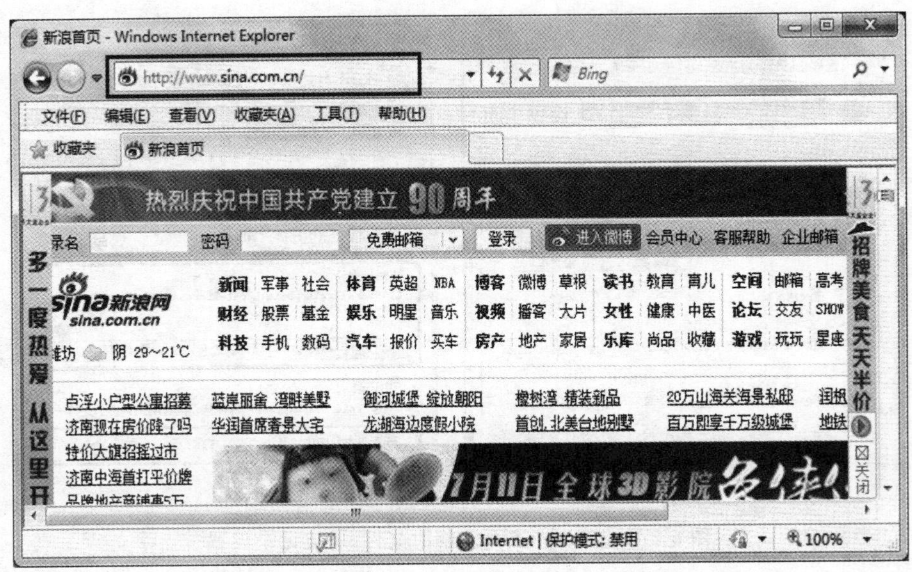

图 5-28 利用地址栏输入网址 URL

常见网址域名如表 5-3 所示。

表 5-3 常见网址域名

网址名称	网站域名	网址名称	网站域名
新浪	www. sina. com. cn	新华网	www. xinhuanet. com
搜狐	www. sohu. com	人民网	www. people. com. cn
网易	www. 163. com	凤凰网	www. ifeng. com
百度	www. baidu. com	人人网	www. renren. com
淘宝	www. taobao. com	腾讯网	www. qq. com

浏览网络信息时可以通过网址导航网站查询所需要的网址，例如 360 的“hao. 360. cn”。

2. 学会保存网页

(1)保存网页

单击菜单栏“文件”→“另存为”命令→出现“保存网页”对话框，如图 5-29 所示→选择网页“保存类型”→“保存”。

(2)保存网页图片

在网页图片中右击→从快捷菜单选择“图片另存为”[见图 5-30(a)]→设置图片保存的文件夹、文件类型，输入文件名即可完成保存。

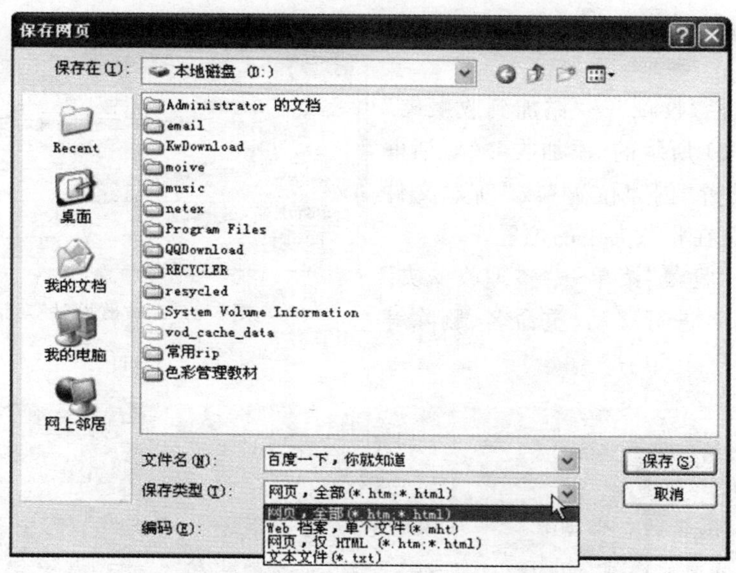

图 5-29　保存网页对话框

✍ 说明提示

● 网页，全部(＊.htm，＊.html)：形成一个网页文件和一个同名网页文件夹，包含了网页页面的布局、图片和样式表。

● Web 档案，单个文件(＊.mht)：形成一个扩展名为“.mht”的网页文件。

● 网页，仅“html”：形成一个网页文件，不包含网页图片等信息。

● 文本文件(＊.txt)：形成一个只包含网页文字的文本文件。

(3)保存网页文字

选择需要保存的网页文字→在选定区域上右击→从快捷菜单中选择“复制”[见图 5-30(b)]→切换到文字编辑软件中进行“粘贴”即可。

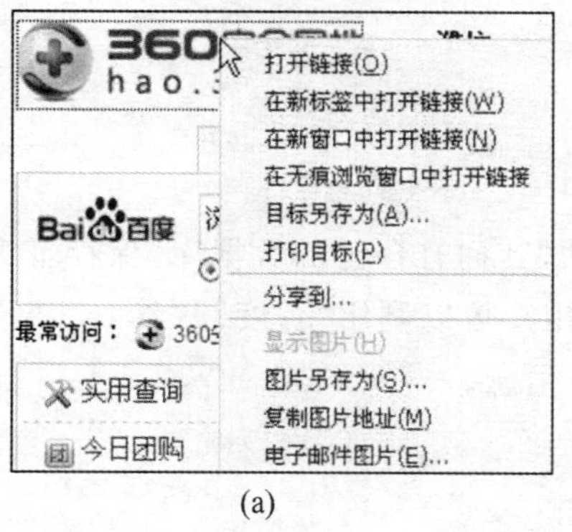

(a)

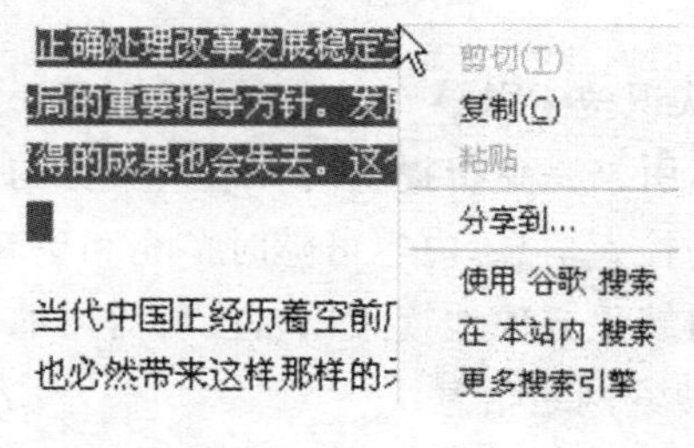

(b)

图 5-30　“保存网页图片”及“保存网页文字”示例

3. 收藏有用网站

操作方法：

单击菜单栏“收藏”→“添加到收藏夹”→出现如图 5-31 所示的“添加收藏”对话框→可以选择设置“创建位置”或“新建文件夹”以确定网页在收藏夹中的位置。

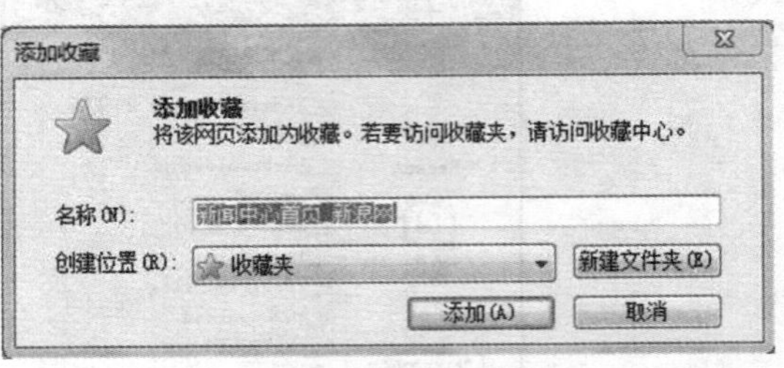

图 5-31 “收藏网站”对话框

可以单击“收藏”菜单→“整理收藏夹”→将收藏的网页进行移动、重命名、删除等操作。

课堂练习

选择题

1. 用户浏览的全部网页信息会根据 IE 配置不同会保存到(　　)中。

A. 临时文件夹　B. 收藏夹　C. 我的文档　D. 历史记录

2. IE 浏览器的“收藏夹”主要作用是收藏(　　)。

A. 图片　B. 邮件　C. 网址　D. 文档

3. 要浏览网页，必须知道该网页的(　　)。

A. E-mail　B. 邮政编码　C. 网址　D. 电话号码

4. (　　)文件类型一般代表网页文件。

A. htm 或 html　B. txt 或 text　C. gif 或 jpeg　D. wav 或 mp3

操作题

1. 设置 IE 的默认主页为搜狐主页 www. sohu. com。
2. 打开并浏览 IP 地址为 21.156.240.1 的网页。
3. 设置将网页的文字大小显示为“最小”。
4. 删除 Internet 中的用户个人 Cookies。

任务操作 3　搜索和下载网络信息

1. 认识搜索引擎

搜索引擎是免费提供网页检索服务的网站，其拥有自己的数据库，保存了 Web 上很多网页的检索信息，内容可随时扩充和更新。用户可以利用“百度”、“谷歌”、“雅虎”等常见搜索引擎很方便地搜索出自己所需要的网络信息。

2. 搜索网络信息

(1)模糊查找

模糊查找是检索网页最常用的方法，搜索引擎会把包括关键词的网址和与关键词意义相近的网址一起反馈给用户。如图 5-32 所示，在“百度”中设置“多媒体求职”关键字进行模糊查找，查找到大约 2250000 个相关网页。

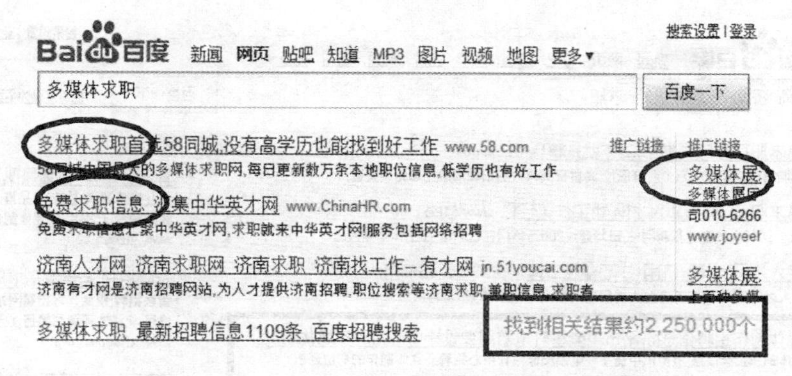

图 5-32　利用百度模糊查找“多媒体求职”

(2)精确查找

模糊查找往往会反馈回大量不需要的信息,如果想精确地查找某一个关键词,则可以使用将关键字加上双引号实现精确查找功能,查找到大约 1540 个相关网页,如图 5-33 所示。

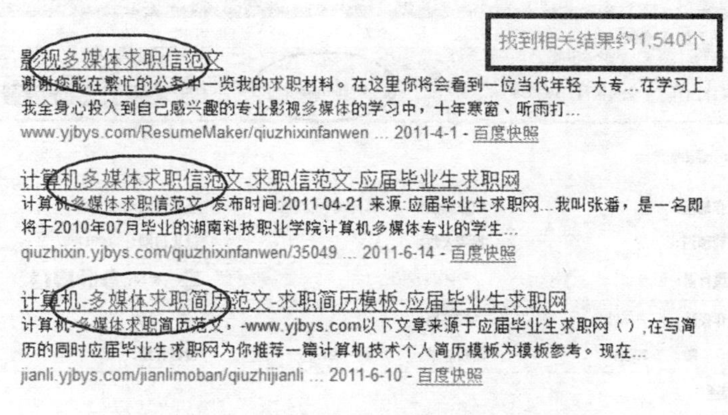

图 5-33　利用百度精确查找“多媒体求职”

(3)逻辑查找

可以使用操作符(AND、OR、NOT)查找与多个关键词相关的内容。

- “AND”或“&”:在中文中一般用空格或“+”号连接关键词。
- “OR”或“,”:表示查找的内容可以包括任何一个关键词即可。
- “NOT”或“-”:表示查找的关键字中排除某些关键字。

如图 5-34 所示为搜索“青岛 济南 多媒体设计 求职”关键字的查找网页,图 5-35 为单击图 5-34 中方框图示的超级链接打开的网页信息,列出了职位的有关详细情况。

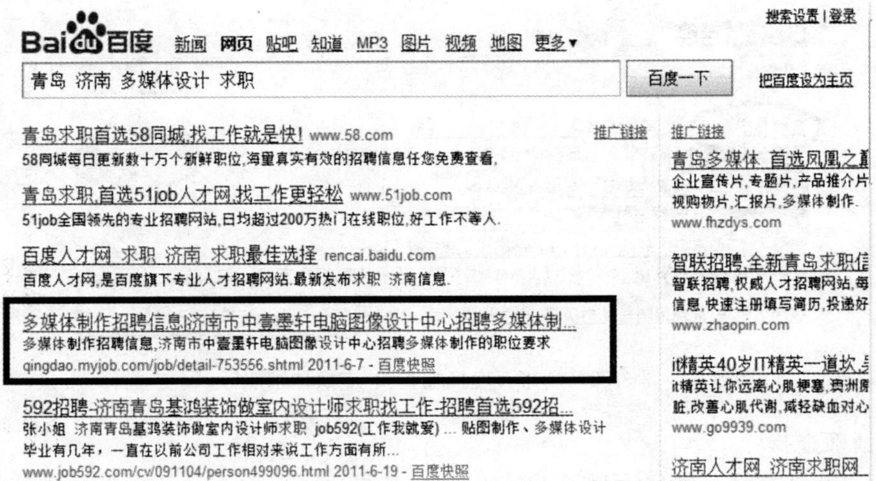

图 5-34 利用百度搜索关键字对话框

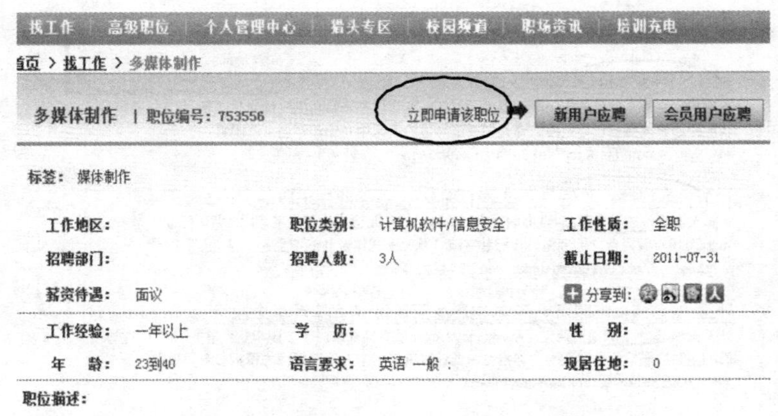

图 5-35 检索到的网页信息

3. 利用 WWW 下载网络信息

如果需要从 eNet 硅谷动力下载网站“http:// download. enet. com. cn/”下载一个压缩软件 WinRAR,其步骤为：

● 启动 IE 后,在“地址栏”中输入网址域名“download. enet. com. cn”后回车。

● 出现如图 5-36 所示的页面,在“软件搜索”文本框内填入“WinRAR”,回车或单击右侧的“软件搜索”按钮,得到如图 5-37 所示的结果。

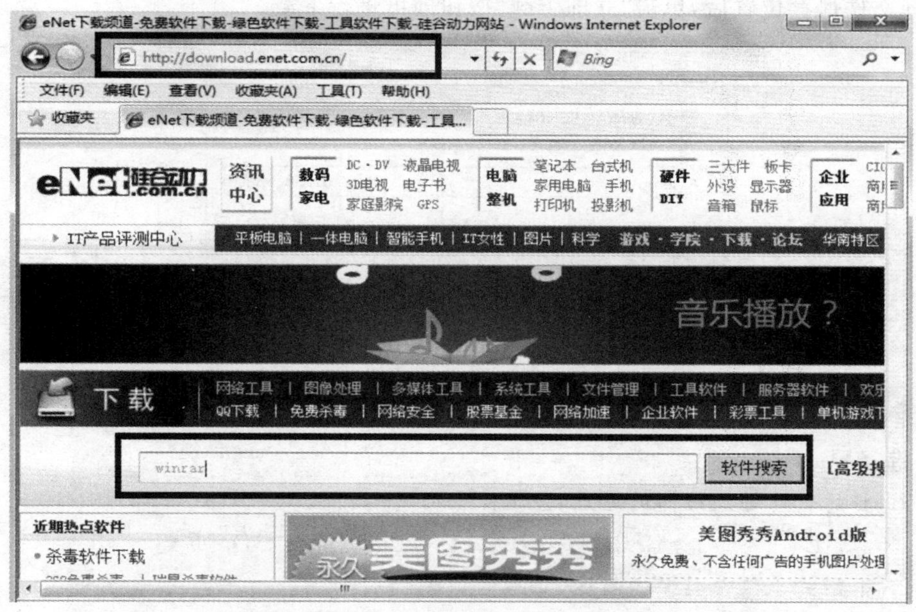

图 5-36　硅谷动力的软件下载网页

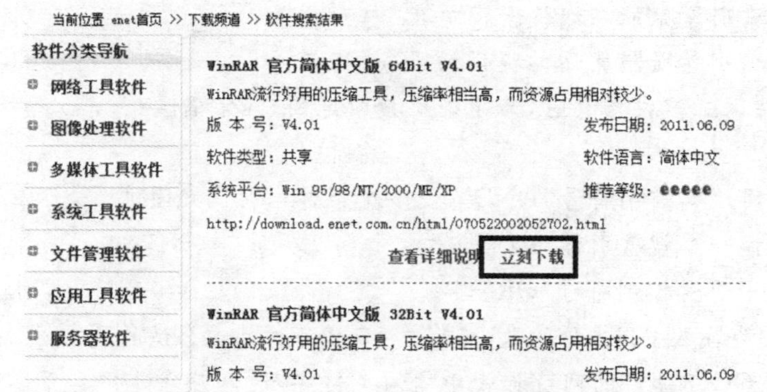

图 5-37　WinRAR 软件下载搜索结果

● 单击“立刻下载”按钮，出现文件下载有关链接地址，如图 5-38 所示，选择合适下载地址，就会出现“文件下载”对话框，单击“保存”并选择保存位置后，即可实现文件下载。

WinRAR 官方简体中文版 64Bit V4.01

图 5-38　WinRAR 文件下载链接地址

如果计算机安装了迅雷、快车等下载软件，就会出现“新建任务”对话框，如图 5-39 所示，选择文件保存位置后，单击“立即下载”按钮即可进行下载。

图 5-39　利用迅雷“新建下载任务”对话框

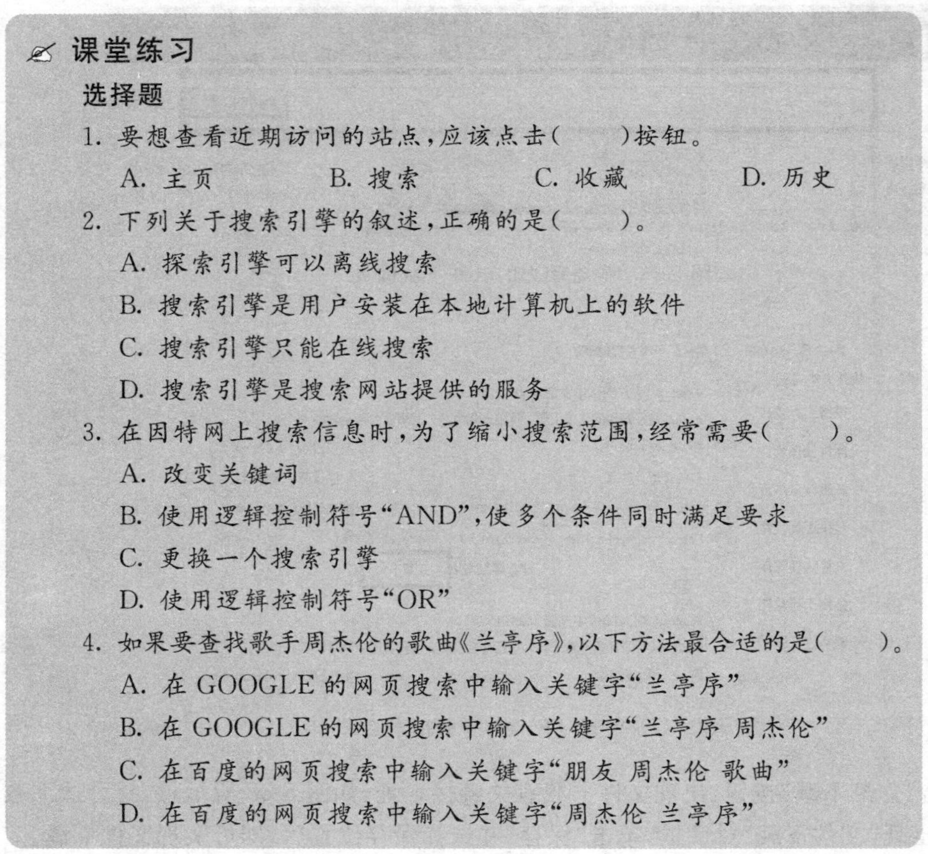

✍ 课堂练习

选择题

1. 要想查看近期访问的站点，应该点击(　　)按钮。

   A. 主页　　B. 搜索　　C. 收藏　　D. 历史

2. 下列关于搜索引擎的叙述，正确的是(　　)。

   A. 探索引擎可以离线搜索

   B. 搜索引擎是用户安装在本地计算机上的软件

   C. 搜索引擎只能在线搜索

   D. 搜索引擎是搜索网站提供的服务

3. 在因特网上搜索信息时，为了缩小搜索范围，经常需要(　　)。

   A. 改变关键词

   B. 使用逻辑控制符号“AND”，使多个条件同时满足要求

   C. 更换一个搜索引擎

   D. 使用逻辑控制符号“OR”

4. 如果要查找歌手周杰伦的歌曲《兰亭序》，以下方法最合适的是(　　)。

   A. 在 GOOGLE 的网页搜索中输入关键字“兰亭序”

   B. 在 GOOGLE 的网页搜索中输入关键字“兰亭序 周杰伦”

   C. 在百度的网页搜索中输入关键字“朋友 周杰伦 歌曲”

   D. 在百度的网页搜索中输入关键字“周杰伦 兰亭序”

任务四　电子邮件交流

【任务引入】

小李的爷爷看到小李每次都通过 E-mail 邮箱给朋友发送文稿、照片、音乐等邮件，感到非常羡慕，也想有一个与朋友沟通交流的邮箱，那么他该如何做呢？

【任务目标】

电子邮件是 Internet 上提供的一种方便快捷的网络通信方式，用户可以使用 WWW 方式和电子邮件管理软件来收发电子邮件。常用的电子邮件管理软件有 Windows 系统自带的 Outlook Express、Office 办公软件组件之一 Outlook、Foxmail 及网易提供的“网易闪电邮”等，利用它们，用户可以很方便地进行电子邮件的建立、发送、接收、转发、回复及管理等功能。

任务操作 1　申请免费电子邮箱

Internet 的电子邮件系统是采用客户机/服务器(C/S)模式，由邮件服务器提供邮件服务功能，用户客户机接受邮件服务器提供的邮件服务功能。

1. 电子邮件系统组成(见图 5-40)

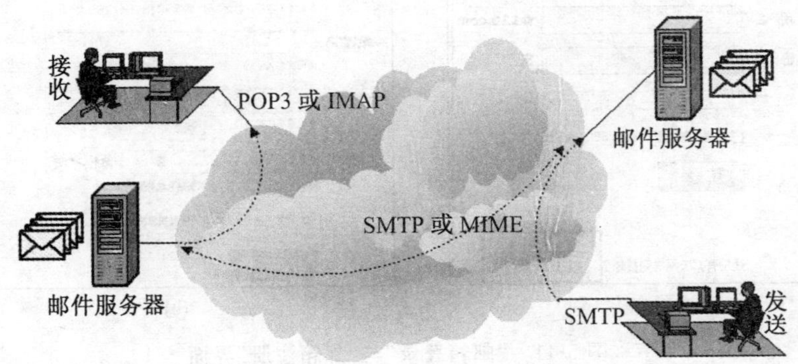

图 5-40　“电子邮件系统”组成与“电子邮件工作”示意图

(1)电子邮件服务器

电子邮件服务器是电子邮件服务系统的核心，主要功能是接收用户传送的邮件，并根据目的地址将其传送到对方的邮件服务器，或者接收从其他邮件服务器发来的邮件，并根据接收地址将其分发到用户邮箱中。

(2)电子邮件客户机

电子邮件客户机即是发送邮件的用户所使用的计算机，接收电子邮件服务器提供的邮件服务功能。

(3)电子邮箱地址

在邮件服务器中为每个合法用户开辟的一个存储用户邮件的空间，它由邮件服务器负责管理，主要用于存储接收的信件。用户只有各自拥有电子信箱，才能互传电子邮件。

电子邮箱地址格式：用户电子邮箱账号@邮件服务器域名，例 Rose@126. com。

(4)电子邮件协议

- SMTP 协议(简单邮件传送协议)：用于发送邮件，将邮件从一个邮件服务器传送到另一个邮件服务器或从客户机发送到邮件服务器，只能传送 ASCII 码的文本信息。
- POP3 协议(电子邮箱协议第三版)：用于从邮件服务器下载邮件于用户客户机上。
- MIME 协议(多用途因特网邮件扩展协议)：扩展 SMTP 协议的功能，可以传输多媒体等二进制信息数据。

如图 5-40 所示为“电子邮件系统”组成与“电子邮件工作”示意图。

2. 申请免费电子邮箱

很多门户网站都提供免费电子邮箱,其中“网易 126”就是专业的电子邮局,为用户提供了很多服务功能。

(1)登陆 126 电子邮局“www. 126. com”,单击登录 126 网易邮箱的“立即注册”,如图 5-41(a)所示。

(2)出现如图 5-41(b)所示的申请电子邮箱向导的第一步,按照要求输入的信息进行注册。

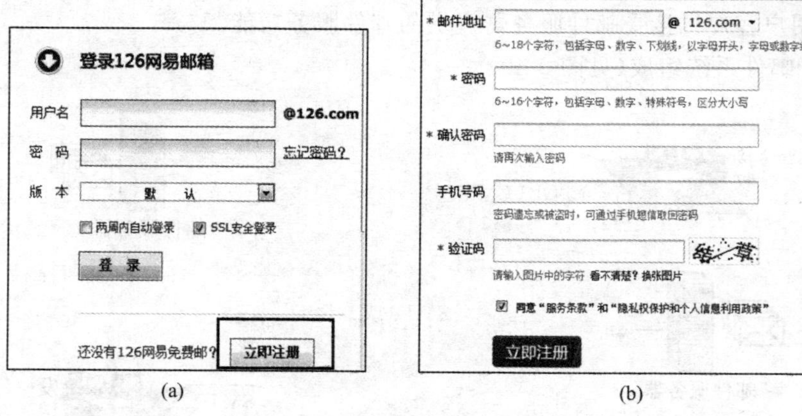

图 5-41　“邮箱登录”与“邮箱注册”界面

(3)填写注册信息时,在“邮件地址”框中输入自己为邮箱所取的名字。要注意的是,邮箱名称只能由英文字母、数字和下划线等组成,在注册网页上一般都由详细说明。网页中带“*”标志的项目必须填写。其中“密码”是最重要的内容,网站会根据用户密码来判断密码的强弱程度,从而能够更好地使用密码来保护自己的邮箱安全。

(4)信息填写完成后,出现邮箱申请成功的提示页面,显示用户所申请的免费邮箱地址,如图 5-42 所示。这时用户可以单击图片右下角的“进入邮箱”,即可利用邮件功能来实现“发送”、“接收”、“回复”、“转发”等邮件服务,如图 5-43 所示。

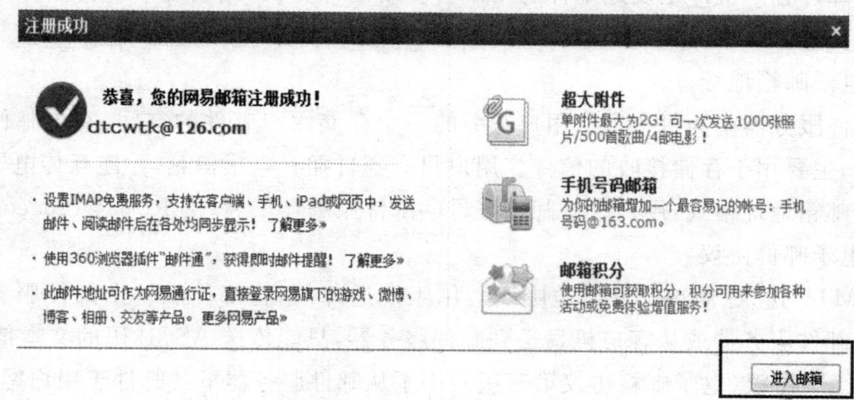

图 5-42　网易邮箱成功申请的网页信息

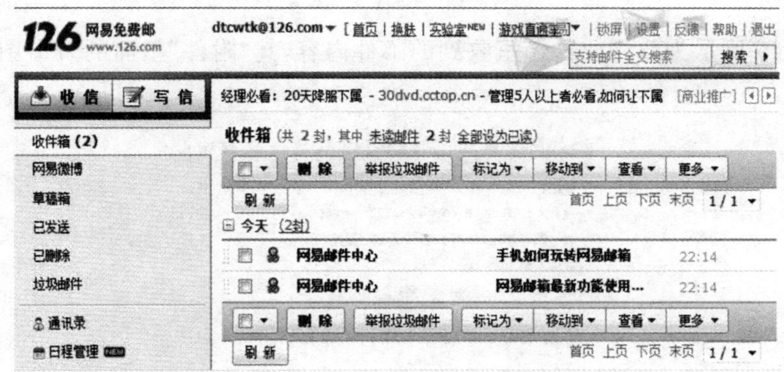

图 5-43　126 免费电子邮箱

任务操作 2　收发邮件

1. 写信

如图 5-44 所示为给朋友送的一个邮件,邮件主体包括:发件人、收件人、主题、邮件正文(内容)等,可以利用“附件”功能发送多媒体文件。

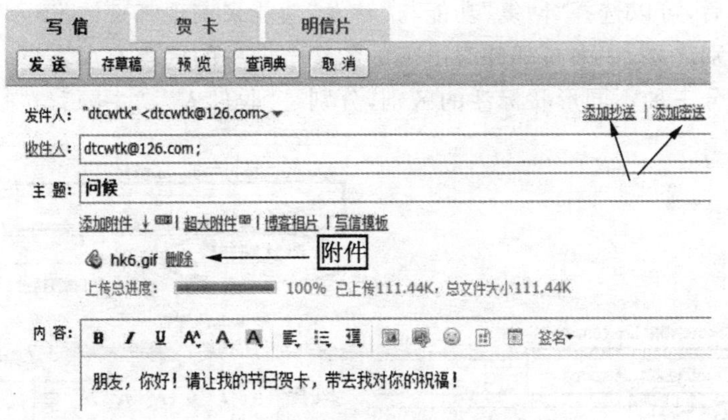

图 5-44　书写邮件的窗口

✍ 说明提示

抄送和密送

抄送:电子邮件可以实现“一信多投”功能,即一次可以给多个人写信,单击如图 5-44 所示的“添加抄送”命令,可在“收件人”文本框下面出现“抄送”文本框,用户可以使用英文半角的“逗号”来分隔各收件人邮箱。

密送:与“抄送”不同的是,当其他人收到邮件时,会看到发件人所发送的所有收件人信箱,但“密送”文本框中的收件人却不被其他收件人看到,起到一定的保密作用。

2. 收信

如图 5-45 所示为收到收件箱里收到的邮件内容,其"附件"里面的贺卡图片出现缩略图预览方式。

图 5-45 "收件箱"的邮件信息

3. 转发与回复

收到邮件后,可以选择"回复"功能与"转发"功能来实现邮件的发送,但两者之间除了服务的功能区别之外,在书写邮件时出现的各文本框中的内容有所不同,如图 5-46 所示,要注意比较区分三种不同形状标注的区别,分别是"收件人"、"主题"与"邮件正文"。

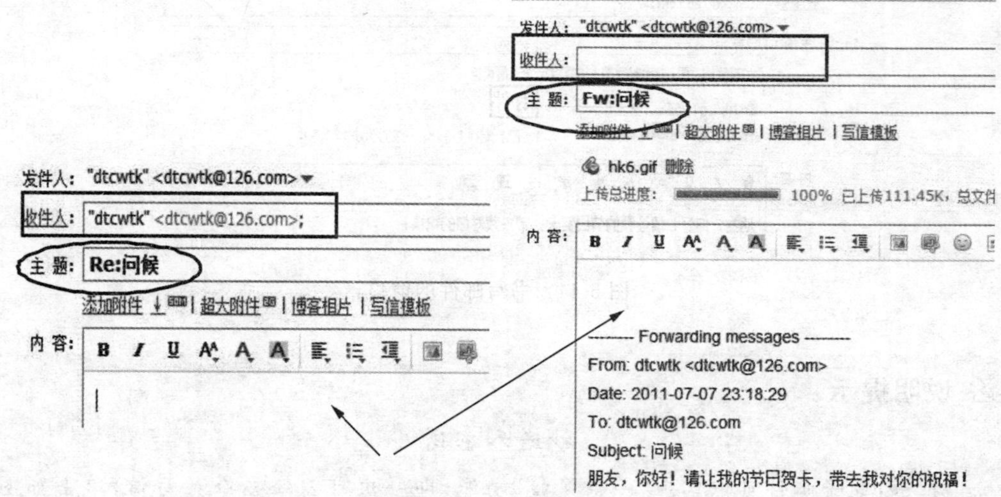

图 5-46 "回复邮件"与"转发邮件"的操作比较

✍ 课堂练习

选择题

1. 用户电子邮件地址必须包括(　　)所给出的内容,才算是完整。

A. 用户名,用户口令,电子邮箱所在的主机域名

B. 用户名,用户口令

C. 用户口令,电子邮箱所在的主机域名

D. 用户名,电子邮箱所在的主机域名

2. 有关“电子信箱”的说法中,以下不正确的是(　　)。

A. 电子信箱可以通过“抄送”功能实现“一信多投”

B. 电子信箱实际上是邮件服务器上的一块存储区域

C. 若收件人没有开机,则发送的邮件会丢失。

D. 电子信箱的“用户名”又被称作“用户账号”

操作题

1. 为什么发送邮件时,照片等多媒体信息必须使用“附件”方式发送?
2. 在126网站上申请免费电子邮箱并进行收发邮件。

技能拓展

WinRAR 压缩软件使用

如果在发送邮件时,需要发送的文件比较多,可以使用WinRAR软件进行文件的压缩。如果收到朋友的邮件是压缩文件,需要使用WinRAR软件才能正常读取。下面三个操作为WinRAR经常使用的操作:快速压缩与解压缩、安全压缩、压缩成可自动执行的文件。

1. 快速压缩与解压缩

(1)快速压缩文件

在资源管理器中→选择需要的多个文件(此时选中的是几幅矢量图片)→鼠标指向选定位置右击→选择快捷菜单中的“添加到‘矢量图.rar’”即可在当前文件夹下得到压缩后的文件“矢量图.rar”,如图5-47(a)所示。

(2)快速解压缩文件

在“我的电脑”或“资源管理器”中→选择压缩文件→鼠标指向选定位置右击→选择快捷菜单中的“解压到当前文件夹”或“解压矢量图”,后一种方式会生成一个名称为“矢量图”的文件夹,里面包含了压缩文件,如图5-47(b)所示。

2. 安全压缩

文件压缩可以选择设置密码,操作方法是:选择需要的多个文件→鼠标指向选定位置右击→选择快捷菜单中的“添加到压缩文件”→打开对话框“压缩文件名和参数”→“高级”选项卡→“设置密码”按钮→在“带密码压缩”对话框设置口令密码,如图5-48(a)所示。当

用户进行解压缩时会弹出对话框,如图 5-48(b)所示。

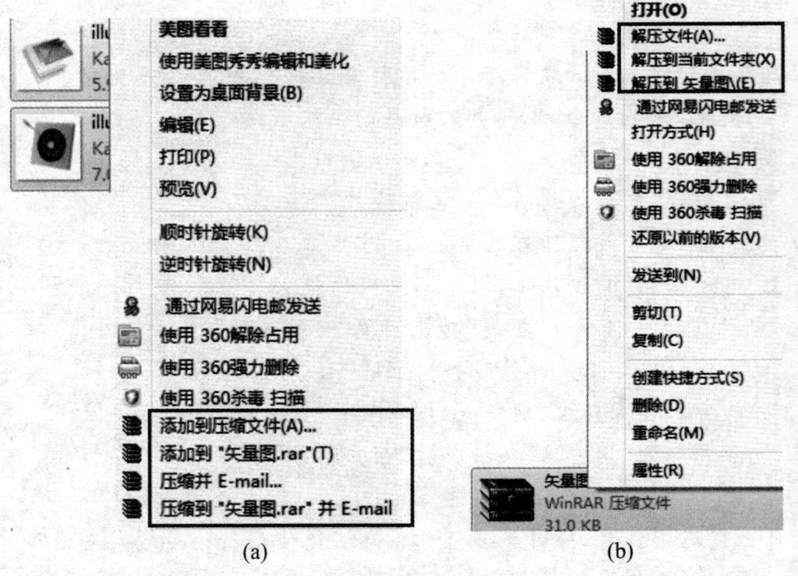

图 5-47 快速压缩与解压缩文件

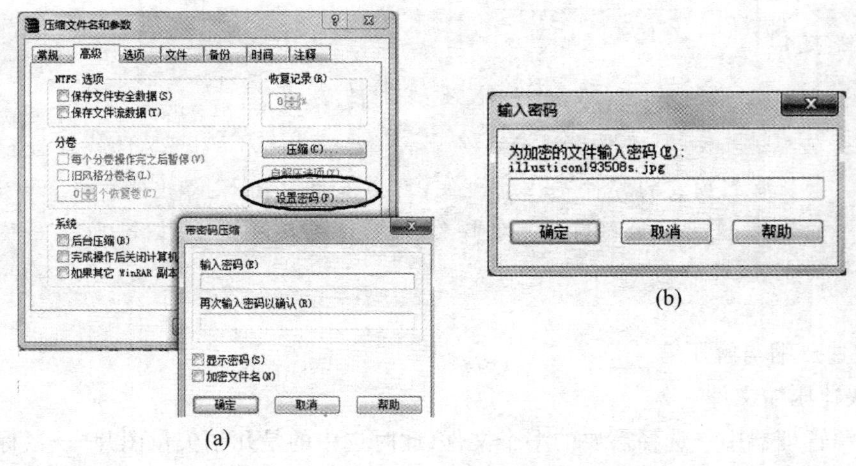

图 5-48 “带密码压缩”和解压时“输入密码”对话框

3. 压缩成可自动执行的文件

如果在压缩邮件发送到朋友的信箱时,朋友不会使用压缩软件,那该怎么办呢?

在“我的电脑”或“资源管理器”中→选择需要的多个文件→鼠标指向选定位置右击→选择快捷菜单中的“添加到压缩文件”→“常规”选项卡→选中“创建自解压格式压缩文件”复选框→生成扩展名为“.exe”的可执行文件。这样,当朋友双击该文件就可实现自动安装,非常方便。

任务操作 3　电子邮件管理软件

通过 WWW 收发邮件非常有用,但是也有一点不方便之处,那就是需要用户每次都打开浏览器,登录邮箱所在的服务器并进入个人邮箱才能使用,那有没有更好更快的解决办法呢?答案是肯定的,可以采用电子邮件管理软件实现。

Outlook Express 是 Windows 系统自带的电子邮件管理软件,可以实现方便地收发和管理邮件,进行系统化的管理,从而大大地提高工作效率,主要包括创建邮件账户、创建和发送电子邮件、接收和阅读电子邮件和删除电子邮件等。目前 Outlook Express、Microsoft Office 办公软件组件之一的 Outlook 与 Foxmail 是目前应用较广的电子邮件管理软件。

1. 认识 Outlook Express

单击"开始"→"程序"→"Outlook Express"→出现 Outlook Express 窗口页面,如图 5-49 所示。

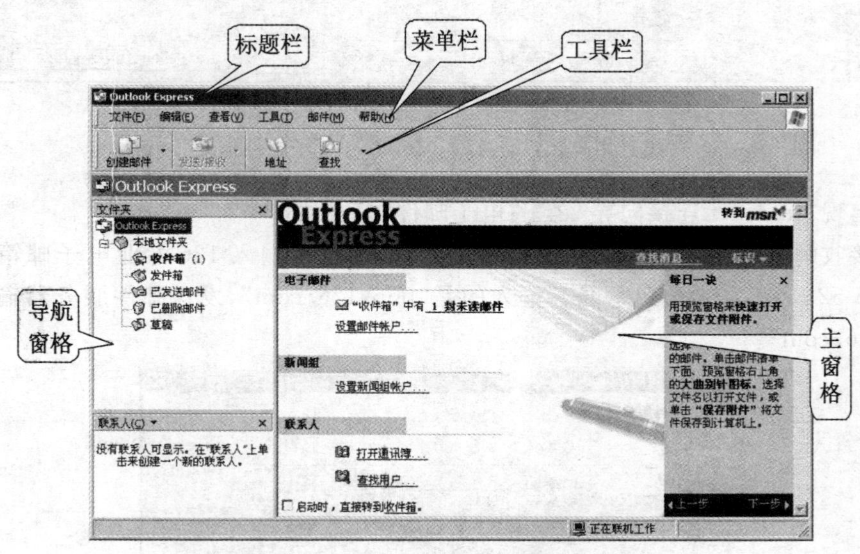

图 5-49　Outlook Express 主界面

2. 配置 Outlook Express 邮箱账户

(1)单击"工具"菜单→"账户"→出现"Internet 账户"对话框→选择"邮件"选项卡→"添加"→"邮件",如图 5-50 所示。

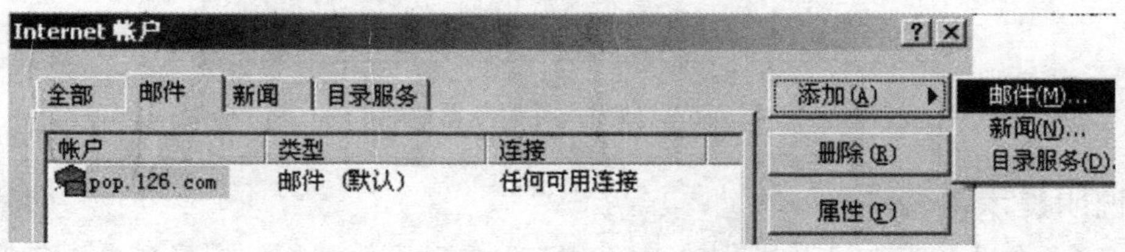

图 5-50　"Internet 账户"对话框

(2)出现“Internet 连接向导”之一:您的姓名

在“显示名”文本框中输入用户账号名称,这样发送邮件时会出现在“发件人”字段,如图 5-51(a)所示输入的显示名为“小王”。

(3)出现“Internet 连接向导”之二:Internet 电子邮件地址

在“电子邮件地址”文本框中输入用户申请的电子信箱,如图 5-51(b)所示,输入是“dtcwtk@126. com”。

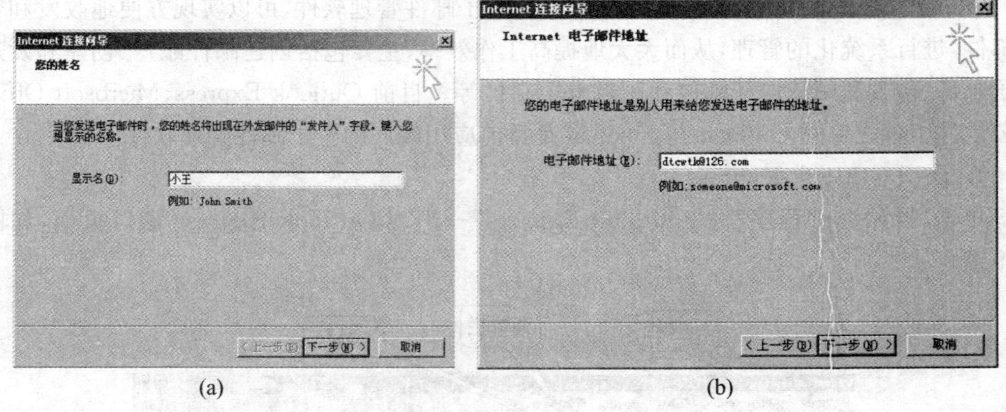

(a)　　(b)

图 5-51 “设置用户账户名称”与“Internet 电子邮件地址”对话框

(4)出现“Internet 连接向导”之三:电子邮件服务器名

在“接收邮件服务器”和“发送邮件服务器”文本框中输入 126 专业电子邮箱的服务器,如图 5-52 所示,接收邮件服务器输入的是“pop. 126. com”,发送邮件服务器输入的是“smtp. 126. com”。

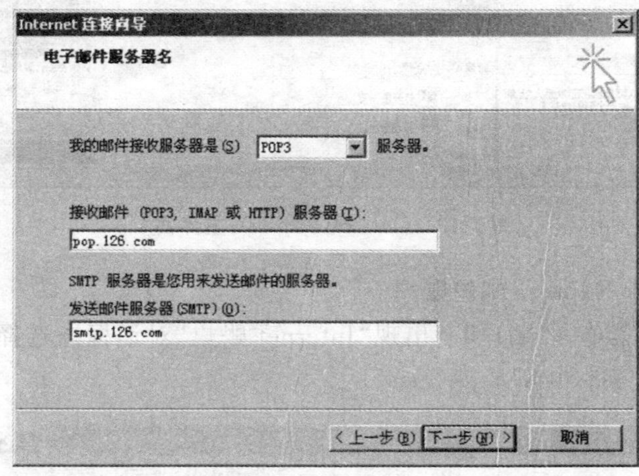

图 5-52 收发邮件服务器地址

✍ 说明提示

“接收邮件服务器”与“发送邮件服务器”用户不能随意设置,需要到申请免费邮箱的服务器网站查询对应的服务器地址。

(5)出现“Internet 连接向导”之四:Internet Mail 登录

在“用户名”文本框中输入用户账户名称,在“密码”文本框中输入用户的邮箱密码,如图 5-53(a)所示。

(a)

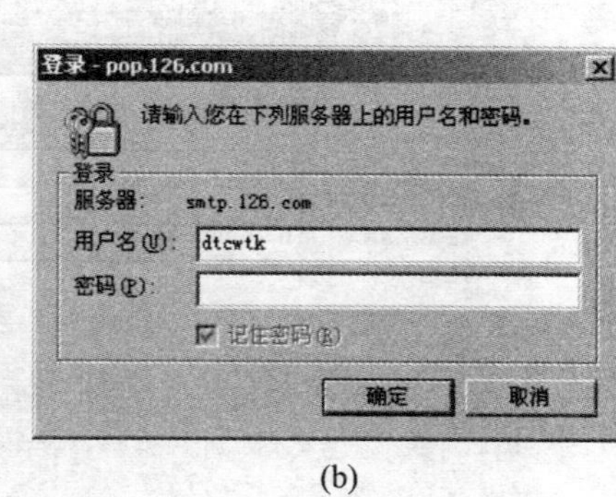

(b)

图 5-53　Internet Mail 登录

✍ 说明提示

● “密码”可以不进行输入,这样在接收和发送邮件时会提示输入密码,增强安全性,如图 5-53(b)所示。当所使用的计算机保密措施比较好时,也可以输入密码,方便用户操作,不用每次收发邮件都要输入密码。

● 如图 5-53(a)所示对话框中的“使用安全密码验证登录”复选框不用选择,否则在发送和接收邮件时可能出现错误,不能正常发送邮件。

(6)出现“Internet 连接向导”之五:完成配置。

(7)账号属性设置:

用户账户配置成功后,如果对有些账户信息设置需要重新调整,步骤为:

单击“工具”→“账户”→“邮件”→选择需要设置的账户→“属性”,如图 5-54 所示。

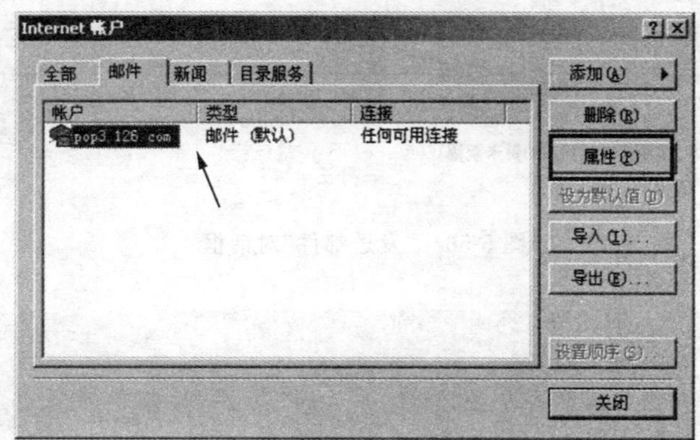

图 5-54　Internet 账户的属性设置

出现如图 5-55 所示的“pop. 126. com 属性”的对话框→可以设置“常规”、“服务器”等选项卡设置内容，如图 5-55(a)为其“常规”选项卡设置，如图 5-55(b)所示为“服务器”选项卡设置。

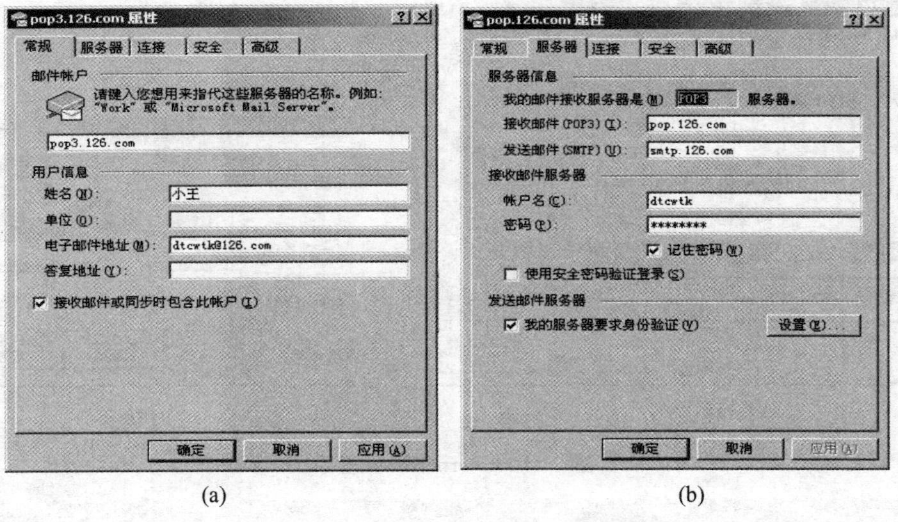

图 5-55 “pop. 126. com 属性”对话框

3. 接收和发送邮件

(1)发送邮件

单击 Outlook 工具栏的“创建邮件”按钮→打开发送邮件窗口→填写“收件人”、“主题”、“邮件正文内容”等信息→单击“发送”按钮即可实现发送，如图 5-56 所示。

图 5-56 “发送邮件”对话框

说明提示

要发送的“附件”可以单击如图 5-56 所示的“附件”按钮实现选择要发送的文件。

(2)接收邮件

单击 Outlook 工具栏的“发送/接收”按钮，就实现接收邮件。

如果接收的邮件列表中有“回形针符号”，表示邮件包含附件，如图 5-57 小圆圈中所示。可以单击矩形框所示的“回形针符号”，出现保存附件的对话框，如图 5-58 所示，选择文件的保存位置及文件名即可实现保存操作。

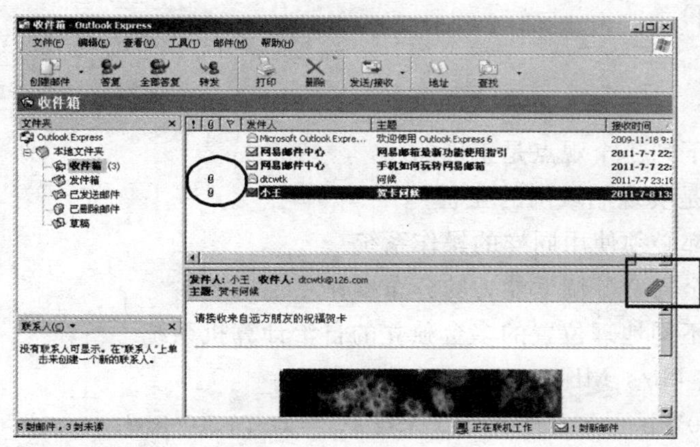

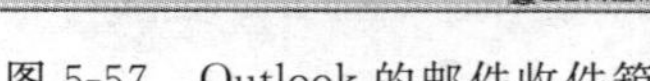

图 5-57　Outlook 的邮件收件箱

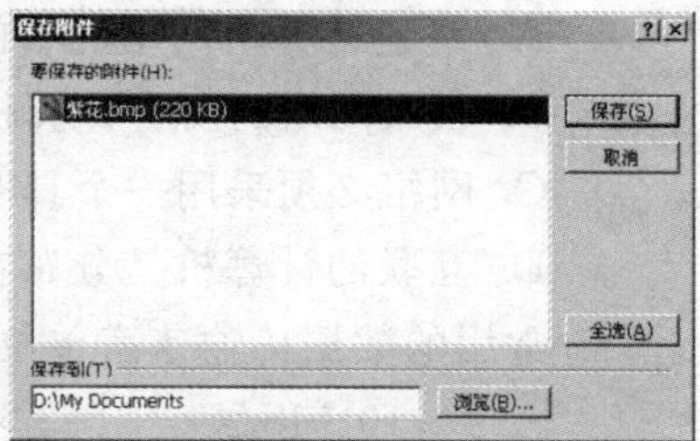

图 5-58　保存附件对话框

如图 5-57 所示为“收件箱”里所接收的邮件“贺卡问候”，其中邮件里面的附件图片已经预览出来了，可以采用图片上右击选择“复制”或“图片另存为”实现快速保存附件文件。

✍ 课堂练习

选择题

1. 电子邮件系统的核心是(　　)。

   A. 电子邮箱　B. 电子邮件服务器　C. 邮件地址　D. 邮件客户机软件

2. 下列不属于电子邮件协议的是(　　)。

   A. POP3　B. SMTP　C. TCP　D. MIME

3. 电子邮件地址 wang@sohu. com 中没有包含的信息是(　　)。

   A. 发送邮件服务器　B. 接收邮件服务器

   C. 邮件客户机　D. 邮箱所有者

操作题

利用 Outlook Express 发送邮件，收件人为：userdaming@126. com，并抄送给 userwangtk@126. com 和 DJ98@163. com，主题为“会议通知”，邮件内容为“请准时参加会议”。

任务五　综合实训

实训操作1　练练手(网络基础)

一、单项选择题

1. 关于计算机网络的讨论中,下列哪个观点是正确的(　　)?

A. 组建计算机网络的目的是实现局域网的互联

B. 联入网络的所有计算机都必须使用同样的操作系统

C. 网络必须采用一个具有全局资源调度能力的分布操作系统

D. 互联的计算机是分布在不同地理位置的多台独立的自治计算机系统

2. 常用的数据传输速率单位有 kb/s、Mb/s、Gb/s,1Gb/s 等于(　　)。

A. 1×10^3 Mb/s　　B. 1×10^3 kb/s　　C. 1×10^6 Mb/s　　D. 1×10^9 kb/s

3. 关于 www 服务,下列哪种说法是错误的(　　)?

A. WWW 服务采用的主要传输协议是 HTTP

B. WWW 服务以超文本方式组织网络多媒体信息

C. 用户访问 Web 服务器可以使用统一的图形用户界面

D. 用户访问 Web 服务器不需要知道服务器的 URL 地址

4. 以下是组建计算机网络的一些基本步骤,选出顺序排列正确的一组是(　　)。

①计算机操作系统的安装与配置　②网络设备硬件的准备和安装

③确定网络组建方案,绘制网络拓扑　④授权网络资源共享⑤网络协议的选择与安装

A. ③②①⑤④　　B. ③②⑤①④　　C. ③①②⑤④　　D. ③①⑤②④

5. 在未来的 IPv6 版和目前的 IPv4 版的因特网上,主机的 IP 地址分别是由(　　)位和(　　)二进制数字表示的。

A. 64,32　　B. 128,64　　C. 128,32　　D. 64,16

6. 在以下协议中,(　　)不是 Internet 收发 E-Mail 的协议。

A. TCP　　B. POP3　　C. SMTP　　D. IMAP

7. 对地址 http://www. tsinghua. edu. cn 提供的信息说法错误的是(　　)。

A. http:指该 Web 服务器适用于 HTTP 协议

B. www:指该节点在 Word Wide Web 上

C. edu 属于政府机构

D. tsinghua:服务器在清华大学

8. 下面对 E-Mail 的描述中,只有(　　)是正确的。

A. 不能给自己发送 E-Mail　　B. 一封 E-Mail 只能发给一个人

C. 不能将 E-Mail 转发给他人　　D. 一封 E-Mail 能发送给多个人

9. 从 E-mail 服务器中取回来的邮件,通常都保存在客户机的(　　)里。

A. 发件箱　　B. 收件箱　　C. 已发送邮件箱　　D. 已删除邮件箱

10. Modem 的主要功能是(　　)。

A. 将数据信号转换为模拟信号　　B. 将模拟信号转换为数据信号

C. A 答案和 B 答案都不是　　D. 兼有 A 答案和 B 答案的功能

11. 用 IE 浏览器浏览网页,在地址栏中输入网址时,通常可以省略的是(　　)。

A. http://　　B. ftp://　　C. mailto://　　D. news://

12. 为了使自己的文件让其他同学浏览,又不想让他们修改文件,一般可将包含该文件的文件夹共享属性的访问类型设置为(　　)。

A. 隐藏　　B. 完全　　C. 只读　　D. 不共享

13. 学生宿舍楼内的计算机互联成的网络可以称为(　　)。

A. LAN　　B. MAN　　C. WAN　　D. Internet

14. Internet 实现计算机互联的技术基础是(　　)。

A. ARPAnet　　B. 网络操作系统

C. TCP/IP 协议　　D. Windows 系列操作系统

15. 有关 Internet 中的 IP 地址,下列说法错误的是(　　)。

A. Internet 网中的每台计算机 IP 地址是惟一的。

B. IP 地址可用 24 位二进制数表示。

C. IP 地址是 Internet 上主机的数字标识。

D. IP 地址由类别、网络号、主机号三部分组成。

16. 万维网引进了超文本的概念,超文本指的是(　　)。

A. 包含多种文本的文本　　B. 包含图象的文本

C. 包含多种颜色的文本　　D. 包含链接的文本

17. Outlook Express 的"收件箱"中,如果邮件左侧有一个回形针图标,表示(　　)。

A. 此邮件附带有其他文件　　B. 此邮件有病毒

C. 此邮件尚未阅读　　D. 此邮件已经阅读

18. 要在百度上搜索同时包含"服装"和"美国"的网页,其表达式为(　　)。

A. 服装 or 美国　　B. 服装 美国

C. 服装—美国　　D. 服装-美国

19. 在 Outlook Express 发送新邮件时使用密件抄送或者使用抄送,二者有(　　)不同。

A. "抄送"栏的邮件地址用";"分隔开来,而密件抄送用","分隔开来

B. 收件人可以看到抄送栏的邮箱地址,而看不到密件抄送栏的邮箱地址

C. "密件抄送"栏可以写入多个邮件地址,而抄送不行

D. "抄送"栏可以写入多个邮件地址,而密件抄送不行

20. Internet 接入方式中基于同轴电缆传输技术的是(　　),属于非对称数字用户线的是(　　)。

A. ISDN　　B. ADSL　　C. DDN　　D. Cable Modem

二、基础操作题

1. 在 E 盘建立一个文件夹，命名为“myShare”，将该文件夹设为网络共享。

2. 查看当前所使用计算机的名称与所在的网络工作组。

3. 设置共享的文件夹“myShare”为可以被网络用户更改数据。

4. 将 Windows XP 系统的计算机加入局域网，设置 IP 为“192.168.0.8”，子网掩码为“255.255.255.0”。

5. 将计算机的 IP 地址由手动分配 IP 地址改为自动分配。

实训操作 2 网络冲浪(IE 网络信息浏览)

1. 设置新浪网站主页“//www.sina.com.cn”为 IE 的默认主页。

2. 利用“百度”搜索含有单词“basketball”的页面，将搜索到的第一个超链接网页内容以文本文件的格式保存到 E 盘“myshare”文件夹下，命名为“SS.txt”。

3. 设置网页在历史记录中保存 10 天。

4. 搜狐体育网站地图地址是 http://sports.sohu.com/map.shtml，打开此主页，浏览“欧冠”页面，选择喜欢的图片保存到考生文件夹下，命名为“football.jpg”。

5. 为了加快网页的下载速度，修改 Internet 选项，使得 IE 在下载网页时不显示网页上的图片。

6. 将新浪网页(www.sina.com.cn)添加到收藏夹的新建文件夹“商业网站”中，并命名为“新浪主页”。

7. 在 IE 收藏夹中新建文件夹“英语学习”，将旺旺英语学习网 www.wwenglish.com 以“旺旺”为名称，添加收藏到“英语学习”中。

8. 打开并浏览 Http 地址为 21.156.240.1 的网页。

9. 在 IE 中怎样消除网页的背景音乐?

10. 在百度中查找“SWF 格式转 AVI 格式”的所有简体中文网页，并将查询结果的第一页页面保存在“E:\myshare”文件夹下，文件名为：“Filel.htm”。

实训操作 3 邮件沟通(电子邮件使用)

1. 使用用户申请的免费邮箱发送邮件：

收件人邮箱地址：zhangsan@163.com，lizhao@126.com，liming@yahoo.com。

主题：计算机应用基础知识，并将 Word 文件“计算机应用基础知识.doc”，以附件的形式发送出去。

2. 利用免费邮箱在通讯簿里新添加一个联系人：姓：王，名：明。

电子邮件地址：wanglaoshi@sina.com.cn。

3. 利用 Outlook Express 发送邮件：

收件人邮箱地址为：a@163.com，并抄送给：b@163.com，邮件主题：小行的邮件，

邮件内容：朋友们，这是我的邮件，有空常联系！你的朋友小行。

4. 在 Outlook Express 中添加“TTT@sd. net. cn”这个账号，其中姓名为 Sina，邮件接收和发送服务器相同，均为 mail. sd. net. cn，密码为 572。

5. 利用 Outlook Express 转发邮件：进入信箱，打开“收件箱”中的主题为“报箱”的邮件，将此邮件转发给小张，小张的电子邮件地址为：fox@public. tpt. tj. cn。

6. 利用 Outlook Express 删除邮件：进入信箱，删除“收件箱”中的主题为“目录”的邮件。

7. 利用 Outlook Express 给自己发送一封邮件，并将自己的照片文件“2. jpg”与“3. jpg”进行压缩，形成压缩文件“照片 . jpg”，作为附件发送。

邮件主题：保存图片。

邮件内容：很喜欢这个图片，保存在邮箱中。

8. 利用 WinRaR 将某文件夹下的文件“1. jpg”、“2. jpg”、“3. jpg”进行压缩，并设置打开密码“213”，形成压缩文件“图片 . rar”。

9. 将网上下载的文件“图片 . rar”解压到 E 盘“myshare”文件夹的“图片”文件夹下。

10. 利用 Outlook Express 新建邮件，最后将该邮件保存到草稿中。

收件人邮箱地址为：aa@hotmail. com，并密件抄送给：liwei@hotmail. com。

邮件主题：计算机，邮件内容：计算机科学与技术。